网络空间安全学科系列教材

U0156520

分组密码设计与评估

李艳俊 吴文玲 项勇 霍珊珊 刘健 编著

清华大学出版社

北京

内 容 简 介

本书主要介绍对称密码(尤其是分组密码)的设计思想、实现原则和评估指标,以及分组密码工作模式特点。全书共 9 章。第 1 章介绍分组密码发展历史、现状,以及基本数学模型、设计原则和安全性评估方法概况;第 2 章介绍分组密码整体结构,包含目前最流行的 5 种结构及其安全性;第 3、4 章分别介绍非线性组件、线性组件的安全性指标及设计方法;第 5~7 章分别介绍基于 Feistel 结构、SP 结构、广义 Feistel 结构的典型分组密码设计及其安全性评估;第 8 章介绍基于其他 4 种结构的典型分组密码设计及其安全性评估;第 9 章介绍 3 种功能的分组密码工作模式以及相关国际标准等。

本书既传承了经典又纳入了现代先进技术,既面向国际化又展现了本土化和自主化。本书适合作为密码科学与技术专业高年级本科生和网络空间安全、信息安全专业硕士生的教材,也可作为密码应用技术职业培训教材。

图书在版编目(CIP)数据

分组密码设计与评估/李艳俊等编著. —北京:清华大学出版社,2024.4
网络空间安全学科系列教材
ISBN 978-7-302-66038-5

Ⅰ.①分…　Ⅱ.①李…　Ⅲ.①密码术—教材　Ⅳ.①TN918.4

中国国家版本馆 CIP 数据核字(2024)第 070879 号

责任编辑:张　民　战晓雷
封面设计:刘　键
责任校对:申晓焕
责任印制:沈　露

出版发行:清华大学出版社
　　　　网　　　址:https://www.tup.com.cn,https://www.wqxuetang.com
　　　　地　　　址:北京清华大学学研大厦 A 座　　　　　邮　　编:100084
　　　　社 总 机:010-83470000　　　　　　　　　　　　邮　　购:010-62786544
　　　　投稿与读者服务:010-62776969,c-service@tup.tsinghua.edu.cn
　　　　质量反馈:010-62772015,zhiliang@tup.tsinghua.edu.cn
　　　　课件下载:https://www.tup.com.cn,010-83470236
印 装 者:三河市铭诚印务有限公司
经　　销:全国新华书店
开　　本:185mm×260mm　　　　印　张:15.25　　　　字　　数:352 千字
版　　次:2024 年 5 月第 1 版　　　　　　　　　　　　印　　次:2024 年 5 月第 1 次印刷
定　　价:49.00 元

产品编号:097898-01

出版说明

21世纪是信息时代,信息已成为社会发展的重要战略资源,社会的信息化已成为当今世界发展的潮流和核心,而信息安全在信息社会中将扮演极为重要的角色,它会直接关系到国家安全、企业经营和人们的日常生活。随着信息安全产业的快速发展,全球对信息安全人才的需求量不断增加,但我国目前信息安全人才极度匮乏,远远不能满足金融、商业、公安、军事和政府等部门的需求。要解决供需矛盾,必须加快信息安全人才的培养,以满足社会对信息安全人才的需求。为此,教育部继2001年批准在武汉大学开设信息安全本科专业之后,又批准了多所高等院校设立信息安全本科专业,而且许多高校和科研院所已设立了信息安全方向的具有硕士和博士学位授予权的学科点。

信息安全是计算机、通信、物理、数学等领域的交叉学科,对于这一新兴学科的培养模式和课程设置,各高校普遍缺乏经验,因此中国计算机学会教育专业委员会和清华大学出版社联合主办了“信息安全专业教育教学研讨会”等一系列研讨活动,并成立了“高等院校信息安全专业系列教材”编委会,由我国信息安全领域著名专家肖国镇教授担任编委会主任,指导“高等院校信息安全专业系列教材”的编写工作。编委会本着研究先行的指导原则,认真研讨国内外高等院校信息安全专业的教学体系和课程设置,进行了大量具有前瞻性的研究工作,而且这种研究工作将随着我国信息安全专业的发展不断深入。系列教材的作者都是既在本专业领域有深厚的学术造诣,又在教学第一线有丰富的教学经验的学者、专家。

该系列教材是我国第一套专门针对信息安全专业的教材,其特点是:

① 体系完整、结构合理、内容先进。

② 适应面广。能够满足信息安全、计算机、通信工程等相关专业对信息安全领域课程的教材要求。

③ 立体配套。除主教材外,还配有多媒体电子教案、习题与实验指导等。

④ 版本更新及时,紧跟科学技术的新发展。

在全力做好本版教材,满足学生用书的基础上,还经由专家的推荐和审定,遴选了一批国外信息安全领域优秀的教材加入系列教材中,以进一步满足大家对外版书的需求。“高等院校信息安全专业系列教材”已于2006年年初正式列入普通高等教育“十一五”国家级教材规划。

2007年6月,教育部高等学校信息安全类专业教学指导委员会成立大会暨第一次会议在北京胜利召开。本次会议由教育部高等学校信息安全类专业教学指导委员会主任单位北京工业大学和北京电子科技学院主办,清华大学出版社协办。教育部高等学校信息安全类专业教学指导委员会的成立对我国信息安全专业的发展起到重要的指导和推动作用。2006年,教育部给武汉大学下达了"信息安全专业指导性专业规范研制"的教学科研项目。2007年起,该项目由教育部高等学校信息安全类专业教学指导委员会组织实施。在高教司和教指委的指导下,项目组团结一致,努力工作,克服困难,历时5年,制定出我国第一个信息安全专业指导性专业规范,于2012年年底通过经教育部高等教育司理工科教育处授权组织的专家组评审,并且已经得到武汉大学等许多高校的实际使用。2013年,新一届教育部高等学校信息安全专业教学指导委员会成立。经组织审查和研究决定,2014年,以教育部高等学校信息安全专业教学指导委员会的名义正式发布《高等学校信息安全专业指导性专业规范》(由清华大学出版社正式出版)。

2015年6月,国务院学位委员会、教育部出台增设"网络空间安全"为一级学科的决定,将高校培养网络空间安全人才提到新的高度。2016年6月,中央网络安全和信息化领导小组办公室(下文简称"中央网信办")、国家发展和改革委员会、教育部、科学技术部、工业和信息化部及人力资源和社会保障部六大部门联合发布《关于加强网络安全学科建设和人才培养的意见》(中网办发文〔2016〕4号)。2019年6月,教育部高等学校网络空间安全专业教学指导委员会召开成立大会。为贯彻落实《关于加强网络安全学科建设和人才培养的意见》,进一步深化高等教育教学改革,促进网络安全学科专业建设和人才培养,促进网络空间安全相关核心课程和教材建设,在教育部高等学校网络空间安全专业教学指导委员会和中央网信办组织的"网络空间安全教材体系建设研究"课题组的指导下,启动了"网络空间安全学科系列教材"的工作,由教育部高等学校网络空间安全专业教学指导委员会秘书长封化民教授担任编委会主任。本丛书基于"高等院校信息安全专业系列教材"坚实的工作基础和成果、阵容强大的编委会和优秀的作者队伍,目前已有多部图书荣获中央网信办与教育部指导和组织评选的"网络安全优秀教材奖",以及"普通高等教育本科国家级规划教材""普通高等教育精品教材""中国大学出版社图书奖"等多个奖项。

"网络空间安全学科系列教材"将根据《高等学校信息安全专业指导性专业规范》(及后续版本)和相关教材建设课题组的研究成果不断更新和扩展,进一步体现科学性、系统性和新颖性,及时反映教学改革和课程建设的新成果,并随着我国网络空间安全学科的发展不断完善,力争为我国网络空间安全相关学科专业的本科和研究生教材建设、学术出版与人才培养做出更大的贡献。

我们的 E-mail 地址是 zhangm@tup.tsinghua.edu.cn,联系人:张民。

"网络空间安全学科系列教材"编委会

前 言

    密码学是一门关乎国家安全、经济发展、社会稳定的重要学科,在军事、金融、通信、电子、计算机等诸多领域中具有重要的战略地位。随着全球网络化数字化时代的到来,密码技术更是成为捍卫网络主权、开展网络治理、推动数字经济发展以及保护网络系统设施安全的重要基础技术。党和国家高度重视密码事业发展,以《中华人民共和国密码法》为代表的法律法规和密码领域技术标准的持续完善,标志着我国在密码的应用和管理等方面有了专门性的法律保障。在高水平的法制化基础上继续推进密码工作,推进密码学科的基础理论与应用研究发展,是当前教育与科技的重要工作。

    随着通信网络迅速发展,人类开始向信息化社会迈进。这就要求信息作业的标准化,加密算法当然也不能例外。标准化对于技术的发展、降低成本和推广使用有重要意义。从 20 世纪 70 年代初期美国 IBM 公司设计的 DES,到 1990 年我国学者来学嘉教授与其导师 Messey 教授设计的 IDEA 密码,再到 2001 年 11 月 26 日美国国家标准与技术研究院颁布的高级加密标准 AES、日本电信推出的分组密码标准 Camellia、韩国推出的分组密码标准 ARIA,以及 2006 年 1 月中国国家密码管理局公布的商用密码 SM4,展现了分组密码标准化、本土化的发展历程。同时,信息技术、计算机技术以及微电子技术的高速发展推动了 RFID 技术在生产自动化、门禁、公路收费、停车场管理、物流跟踪等领域的应用。2006 年之后,相继出现了 DESL、HIGHT、PRESENT、MIBS、LBlock 等轻量级分组密码,部分加密算法安全性强、实现紧凑、可兼顾软硬件平台,大大推动了分组密码设计水平的飞速提升。

    本书是作者在长期从事密码类教学和科研的基础上完成的,在知识结构方面系统性强,从整体结构到算法组件,从经典结构到扩展结构,从安全性指标到构造方法,从设计原则到安全性评估,从具体分组密码到工作模式,都精心设计了很多小规模例子进行讲解和说明,内容上前后呼应、互相支撑,做到了数学理论、电子技术、计算机科学、通信技术等多学科交叉融合。本书作为教材的研究工作先后得到"十二五""十三五"国家密码专项、教育部新工科研究与实践项目、北京高校"优质本科课程"重点项目、密码科学与技术国家重点实验室、广西密码学与信息安全重点实验室、河南省网络密码技术重点实验室开放课题的资助。本书已在北京电子科技学院作为密码科学与技术专业(原信息与计算科学专业)本科生教材、网络空间安全硕士研究生教材进行了 5 年以上的实践。

本书不仅适合作为密码科学与技术专业高年级本科生教材、网络空间安全或信息安全专业硕士生教材、密码应用技术职业培训教材,还适合网络空间安全、信息安全、密码学相关行业的研究开发人员作为入门资料或参考资料。

李艳俊副教授完成了第1～6章的编写,并设计和编写了第1～8章习题;吴文玲研究员完成了全书的内容结构安排和第7～9章的编写;刘健高级工程师完成了第2章的结构整理及内容组织;项勇和霍珊珊高级工程师对各章习题进行了审核,并设计和编写了第9章习题。研究生林昊、李寅霜、罗昕锐、景小宇、毕鑫杰编写和验证了各章程序,并对本书的公式、图片、参考文献等进行了修改和整理。

此外,感谢北京电子科技学院欧海文和张克君、中国科学院软件研究所张蕾和眭晗、国防科技大学孙兵等老师对本书提出的中肯建议。

限于作者水平,书中难免会有不妥之处,恳请读者批评指正。

作　者

2024 年 3 月

目 录

第1章　绪论 ··· 1

　1.1　引言 ·· 1

　1.2　数学模型 ·· 3

　1.3　设计原则和要求 ·· 5

　1.4　安全性评估方法 ·· 7

　习题1 ·· 10

第2章　整体结构 ··· 11

　2.1　Feistel 结构 ·· 11

　　2.1.1　Feistel 结构描述 ·· 11

　　2.1.2　Feistel 结构安全性 ··· 13

　2.2　SP 结构 ·· 15

　　2.2.1　SP 结构描述 ··· 15

　　2.2.2　SP 结构安全性 ·· 16

　2.3　广义 Feistel 结构 ··· 18

　　2.3.1　广义 Feistel 结构描述 ·· 18

　　2.3.2　广义 Feistel 结构安全性 ··· 23

　2.4　Lai-Massey 结构 ·· 26

　　2.4.1　Lai-Massey 结构描述 ··· 26

　　2.4.2　Lai-Massey 结构安全性 ·· 27

　　2.4.3　Lai-Massey 结构和 Feistel 结构 ···································· 28

　2.5　MISTY 结构 ·· 30

　　2.5.1　MISTY 结构描述 ·· 30

　　2.5.2　MISTY 结构安全性 ·· 31

　习题2 ·· 32

第3章　非线性组件 ··· 34

　3.1　S 盒的密码指标 ··· 34

　　3.1.1　差分均匀度 ··· 35

3.1.2 非线性度 ·································· 36

3.1.3 代数次数和项数 ························ 38

3.1.4 代数免疫度 ···························· 40

3.1.5 扩散特性和严格雪崩特性 ············ 42

3.2 S 盒的设计方法 ······························ 44

3.2.1 随机生成 ······························ 44

3.2.2 基于数学函数设计 ···················· 47

3.2.3 基于已有组件设计 ···················· 50

3.2.4 S 盒轻量化设计 ······················ 54

习题 3 ··· 56

第 4 章 线性组件 ··································· 57

4.1 扩散层的密码指标 ···························· 57

4.1.1 分支数的概念 ·························· 57

4.1.2 分支数测试方法 ························ 59

4.1.3 分支数的作用 ·························· 61

4.2 扩散层的设计方法 ···························· 62

4.2.1 基础构造方法 ·························· 62

4.2.2 轻量级 MDS 矩阵设计 ················ 66

4.2.3 轻量级二元域矩阵设计 ················ 74

习题 4 ··· 79

第 5 章 Feistel 结构分组密码 ····················· 81

5.1 DES ·· 81

5.1.1 DES 设计 ······························ 81

5.1.2 DES 安全性评估 ······················ 85

5.2 Camellia ······································ 94

5.2.1 Camellia 设计 ·························· 94

5.2.2 Camellia 安全性评估 ·················· 98

习题 5 ·· 103

第 6 章 SP 结构分组密码 ························· 104

6.1 PRESENT ···································· 104

6.1.1 PRESENT 设计 ······················· 104

6.1.2 PRESENT 安全性评估 ················ 108

6.2 AES ·· 111

6.2.1 AES 设计 ····························· 112

6.2.2 AES 安全性评估 ······················ 117

6.3　ARIA ··· 123

6.3.1　ARIA 设计 ··· 123

6.3.2　ARIA 安全性评估 ·· 127

6.4　uBlock ·· 132

6.4.1　uBlock 设计 ·· 132

6.4.2　uBlock 安全性评估 ·· 137

习题 6 ·· 139

第 7 章　广义 Feistel 结构分组密码 ····································· 141

7.1　SM4 ··· 141

7.1.1　SM4 设计 ··· 141

7.1.2　SM4 安全性评估 ·· 144

7.2　LBlock ·· 146

7.2.1　LBlock 设计 ·· 147

7.2.2　LBlock 安全性评估 ·· 149

7.3　CLEFIA ·· 152

7.3.1　CLEFIA 设计 ··· 152

7.3.2　CLEFIA 安全性评估 ··· 156

习题 7 ·· **162**

第 8 章　其他结构分组密码 ·· 163

8.1　IDEA ·· 163

8.1.1　IDEA 设计 ·· 163

8.1.2　IDEA 的中间相遇攻击 ··· 165

8.2　MISTY1 ·· 167

8.2.1　MISTY1 设计 ··· 167

8.2.2　MISTY1 的积分分析 ··· 170

8.3　KATAN ·· 178

8.3.1　KATAN 设计 ·· 179

8.3.2　KATAN 的积分分析 ··· 180

8.4　LEA ··· 181

8.4.1　LEA 设计 ··· 181

8.4.2　LEA 的差分分析 ·· 183

习题 8 ·· 186

第 9 章　分组密码工作模式 ·· 187

9.1　保密工作模式 ··· 187

9.1.1　ECB 模式 ·· 189

9.1.2　CBC 模式 ┈┈┈┈┈┈┈┈┈┈┈┈┈┈┈┈┈┈┈┈┈┈┈┈┈┈ 191

9.1.3　OFB 模式 ┈┈┈┈┈┈┈┈┈┈┈┈┈┈┈┈┈┈┈┈┈┈┈┈┈┈ 195

9.1.4　CFB 模式 ┈┈┈┈┈┈┈┈┈┈┈┈┈┈┈┈┈┈┈┈┈┈┈┈┈┈ 196

9.1.5　CTR 模式 ┈┈┈┈┈┈┈┈┈┈┈┈┈┈┈┈┈┈┈┈┈┈┈┈┈┈ 197

9.2　认证工作模式 ┈┈┈┈┈┈┈┈┈┈┈┈┈┈┈┈┈┈┈┈┈┈┈┈┈┈ 200

9.2.1　CBC-MAC ┈┈┈┈┈┈┈┈┈┈┈┈┈┈┈┈┈┈┈┈┈┈┈┈┈ 201

9.2.2　CMAC ┈┈┈┈┈┈┈┈┈┈┈┈┈┈┈┈┈┈┈┈┈┈┈┈┈┈┈ 202

9.2.3　CBCR ┈┈┈┈┈┈┈┈┈┈┈┈┈┈┈┈┈┈┈┈┈┈┈┈┈┈┈┈ 204

9.2.4　TrCBC ┈┈┈┈┈┈┈┈┈┈┈┈┈┈┈┈┈┈┈┈┈┈┈┈┈┈┈ 205

9.3　认证加密工作模式 ┈┈┈┈┈┈┈┈┈┈┈┈┈┈┈┈┈┈┈┈┈┈┈ 206

9.3.1　Encrypt-then-MAC ┈┈┈┈┈┈┈┈┈┈┈┈┈┈┈┈┈┈ 208

9.3.2　OCB ┈┈┈┈┈┈┈┈┈┈┈┈┈┈┈┈┈┈┈┈┈┈┈┈┈┈┈┈┈ 209

9.3.3　CCM ┈┈┈┈┈┈┈┈┈┈┈┈┈┈┈┈┈┈┈┈┈┈┈┈┈┈┈┈┈ 211

9.3.4　GCM ┈┈┈┈┈┈┈┈┈┈┈┈┈┈┈┈┈┈┈┈┈┈┈┈┈┈┈┈┈ 214

习题 9 ┈┈┈┈┈┈┈┈┈┈┈┈┈┈┈┈┈┈┈┈┈┈┈┈┈┈┈┈┈┈┈┈┈┈┈┈┈ 217

参考文献 ┈┈┈┈┈┈┈┈┈┈┈┈┈┈┈┈┈┈┈┈┈┈┈┈┈┈┈┈┈┈┈┈┈┈ 219

第1章

绪　　论

　　20 世纪中叶,随着计算机的普及和通信网络的迅速发展,人类开始向信息化社会迈进。这就要求信息技术标准化,作为实现信息安全的核心技术——密码算法当然也不能例外。标准化对于技术的发展、降低成本和推广使用具有重要意义。从 20 世纪 70 年代初期 IBM 公司设计的 DES 到 1990 年我国学者来学嘉教授与其导师 Massey 教授设计的 IDEA 密码,再到 2001 年 11 月 26 日美国国家标准与技术研究院(National Institute of Standards and Technology,NIST)颁布的高级加密标准 AES、随后日本电信推出的分组密码标准 Camellia、韩国推出的分组密码标准 ARIA 以及 2006 年 1 月我国国家密码管理局公布的商用密码 SM4,展现了国家分组密码标准化、本土化的发展历程。

　　本章首先以分组密码发展历程为主线,重点介绍几种典型分组密码或标准化分组密码的产生,接着介绍分组密码的数学模型,然后对分组密码设计原则和要求进行简要介绍,最后介绍分组密码安全性评估方法的发展。

1.1　引言

　　1949 年 Shannon 公开发表了《保密系统的通信理论》[1],开辟了用信息论研究密码学的新方向,使他成为密码学的先驱、近代密码理论的奠基人,《波士顿环球报》称此文将密码从艺术变成科学。Shannon 在此文中首次定义了无条件安全的概念。他提出,当密钥与明文等长并且使用一次一密的方式加密时,可以做到无条件安全。序列密码的设计应运而生。也许是因为当时设计生成的密钥流总是无法达到让人满意的随机性,所以序列密码更多地被秘密用在军事和外交中,要求算法和密钥同时保密。Shannon 还在此文中提出了扩散(diffusion)和混淆(confusion)的原则。基于这两个原则,结合古典密码中的代替和移位密码技术,部分学者开始简化密钥生成器的设计,将注意力更多地放在加密变换部分,提高加密变换的复杂性,然后对信息逐组进行加密,即分组密码设计思想。

　　随着 1946 年世界上第一台通用计算机出现,20 世纪 60 年代末开始了通信与计算机技术相结合的发展趋势,商业领域产生的数据量大增。在对这些数据进行保护的同时需要使它们互联互通,这就对可公开的密码算法产生了迫切需求。用于商业领域的加密算法要与军事、政治等领域保护国家秘密的算法独立开来,密码算法标准化、公开化成为趋势。在 20 世纪 60 年代初期,IBM 公司的密码学者 Feistel 在设计密码算法时提出了 Feistel 结构。1967 年,Feistel 公开发表了几篇技术报告,为该结构的研究奠定了基础。1977 年,IBM 公司提交了基于 Feistel 结构设计的 Lucifer 密码,分组长度为 64 比特,密钥长度为 56 比特,对应的密钥量为 2 的 56 次方,不低于恩尼格玛(Enigma)机的密钥量,而且操作远比恩尼格玛机简单快捷。这项研究成果被采纳成为加密商用信息的美国联邦信息处理标准,即数据加密标准(Data Encryption Standard,DES)[2],从此揭开了商用密码研究的序幕。在后来的将近 20 年中,DES 一直是世界范围内许多金融机构进行安全电子商务活动的标准算法。然而,随着计算机计算能力的提高以及差分分析[3]、线性分析[4]等分析方法的出现,DES 的安全性逐渐受到了实际威胁。1997 年 7 月,电子前沿基金会(Electronic Frontier Foundation,EFF)使用一台售价为 25 万美元的计算机在 56 小时内破译了 56 位 DES。1998 年 12 月,美国正式决定不再使用 DES。

1990 年,我国学者来学嘉教授在读博士期间与其导师 Messey 教授共同设计了 IDEA 密码[5],其设计思想是混合使用来自不同代数群中的运算[6],该算法的出现打破了 DES 类密码的垄断局面。随后出现的 Square[7]、Shark[8]、Safer-64[9]都采用了结构非常清晰的代替-置换(Substitution-Permutation,SP)网络,每一轮由混淆层和扩散层组成,最大的优点是能够从理论上给出最大差分特征概率和最佳线性逼近优势的界,也就是对差分分析和线性分析是可证明安全的。

1997 年 1 月,美国国家标准与技术研究院发布公告征集新的加密标准[10],即高级加密标准(Advanced Encryption Standard,AES)。该加密标准取代了 DES 成为美国新的联邦信息处理标准。1997 年 9 月,AES 候选提名的最终要求公布了,最基本的要求是分组长度为 128 比特,密钥长度支持 128 比特、192 比特和 256 比特,这样使得密钥量更大,即使用当时最快的计算机也没有办法进行穷举搜索。经过 3 年多的公开评选,2000 年 10 月 2 日,美国国家标准与技术研究院正式宣布比利时学者设计的 Rijndael[11]被选为新的加密标准 AES,并于 2001 年 11 月 26 日开始启用[12]。该算法采用宽轨迹策略,基于 SP 结构设计,适用于多种平台,被广泛应用于各个领域。到目前为止 AES 已经历时 20 余年,差分分析、线性分析、代数攻击等分析方法都对它束手无策。甚至在 2013 年由 NIST 资助的认证加密算法竞赛——CAESAR 竞赛中,很多学者提交的算法都是以 AES 作为基础模块设计的。

随着美国 AES 计划的实施,欧洲于 2000 年启动了 NESSIE(New European Schemes for Signatures,Integrity,and Encryption,新欧洲签名、完整性和加密方案)计划[13],以适应 21 世纪信息安全发展的全面需求,主要目的是提出一套高效的密码标准,以保持欧洲工业界在密码学研究领域的领先地位。2003 年,NESSIE 计划在其公布的 17 个标准中包含了 Camellia、MISTY、SHACAL-2,这 3 个分组密码连同 AES 一起作为欧洲 21 世纪的分组密码标准算法。

同时期日本 CRYPTREC 计划开始实施[14],日本政府专门成立了密码研究与评估委员会(Cryptographic Research and Evaluation Committee,CREC),负责在全社会征集密码技术,目的是为电子政务推选安全高效的密码算法。2002 年 10 月,该委员会公布了密码名单初选结果,包含 Camellia、MISTY、Hicrocrypt 等分组密码。随后,韩国于 2004 年推出了分组密码标准 ARIA[15]。2006 年 1 月,中国国家密码管理局公布了无线局域网产品中适用的一系列建议密码算法,其中包括分组密码 SM4[16]。这些标准密码算法的安全性分析被国际密码学者广泛关注,极大地推动了分组密码分析与设计工作的发展。

此外,由于在实际应用中分组密码往往需要结合不同工作模式,如加密模式、认证模式和认证加密模式[17-21],以及可变长度的分组密码等[22,23],所以工作模式的安全评估工作也在逐步推进和深入。

21 世纪以来,密码学者对分组密码安全性的研究越来越重视,从差分分析、线性分析、积分分析、中间相遇攻击等理论分析到基于 MILP(Mixed Integer Linear Programming,混合整数线性规划)[24]、SAT(Satisfiability Problem,可满足性问题)[25]等数学自动化搜索工具的设计和运用,一些简单密码算法的特征逐渐显现,密码编码与密码破译的对抗进一步激化。

随着国际密码学者广泛而深入的研究,分组密码理论日趋完善,人们对设计出安全、高效的分组密码更有信心,在后来的 SHA-3 候选计划[26]以及 2018 年 NIST 轻量级认证算法标准化过程中,多数哈希函数和认证算法的压缩函数都采用了分组密码设计理念或者直接采用分组密码组件[27,28]。与此同时,序列密码的设计也引入了分组密码组件,如 ZUC 算法中的 SP 组件等[29],几种对称密码算法呈现逐步融合的趋势,分组密码的设计与评估理论将得到更进一步的发展。

1.2　数学模型

分组密码就是将明文消息进行分组并逐组加解密,使用的加密密钥与解密密钥相同或等价。它是一种对称密码体制。

假设长度单位为比特,将明文消息编码表示后的数字序列 $x_0, x_1, \cdots, x_i, \cdots$ 划分成长为 n 的组,$X_i = (x_{ni+0}, x_{ni+1}, \cdots, x_{ni+n-1})$ 表示第 i 组,i 为非负整数。各组分别在密钥 $K = (k_0, k_1, \cdots, k_{t-1})$ 控制下变换成输出序列 $Y_i = (y_{mi+0}, y_{mi+1}, \cdots, y_{mi+m-1})$,其中 m 为输出序列的长度。加密变换表示为函数 $E: V_n \times K_t \to V_m$,$V_n$ 和 V_m 分别是 n 维明文 X_i 和 m 维密文 Y_i 的向量空间(通常可以看作二元域 F_2 上的向量空间),K_t 为密钥空间,如图 1-1 所示。

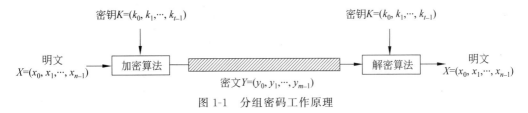

图 1-1　分组密码工作原理

若分组密码的输入长度为 n,密钥长度为 t,输出长度为 m,根据 Shannon 提出的一次一密理论,通常取 $m \leqslant t$;输出长度通常满足 $m = n$。若 $m > n$,则为有数据扩展的分组密码(即 $m - n$ 长度用于认证);若 $m < n$,则为有数据压缩的分组密码(用于认证)。在以

比特表示的情形下,明文 X 和密文 Y 均为二元序列,它们的每个分量 $x_i,y_i \in F_2$,即二进制比特。本章主要讨论二元情况,这也是当前分组密码研究的主流。

为使分组密码可以解密,每一个明文分组都应产生唯一的密文分组,这样整体结构的变换就是可逆的。明文分组到密文分组的可逆变换可以称为代换,与古典密码中的代替表同义,即代换是输入集合 V_n 到输出集合 V'_n 上的双射变换 $E_K:V_n \to V'_n$,其中 K 是控制变量,即密钥。密钥 K 决定了使用哪一个代换,是代换函数的一部分,双射条件保证在给定 K 的前提下可从密文唯一恢复明文。在现代计算机处理中,代换的数量可以由分组长度计算,假设明文和密文的分组长度都为 n 比特,则明文、密文的每一个分组都有 2^n 个可能的取值,加密变换为 $E_K:F_2^n \to F_2^n$,不同代换的个数不超过 $2^n!$ 个。

例 1-1 图 1-2 表示 $n=4$ 的代替表的一般形式,等同于 4 比特输入、4 比特输出的 S 盒。4 比特输入产生 16 个可能输入状态中的一个,由代替表将这一状态映射为 16 个可能输出状态中的一个,每一输出状态由 4 个密文比特表示。这样的代替表 S 共有 $2^4!=16!$ 种可能置换。

图 1-2 $n=4$ 的代替表

加密映射和解密映射也可由代替表定义,这种定义法是分组密码最常用的形式,能用于定义明文和密文之间的任何可逆映射。表 1-1 是图 1-2 代替表的另一种表示方式。

表 1-1 对应的加密代替表和解密代替表

加密代替表				解密代替表			
明文	密文	明文	密文	密文	明文	密文	明文
0000	1110	1000	0011	0000	1110	1000	0111
0001	0100	1001	1010	0001	0011	1001	1101
0010	1101	1010	0110	0010	0100	1010	1001
0011	0001	1011	1100	0011	1000	1011	0110
0100	0010	1100	0101	0100	0001	1100	1011
0101	1111	1101	1001	0101	1100	1101	0010
0110	1011	1110	0000	0110	1010	1110	0000
0111	1000	1111	0111	0111	1111	1111	0101

在实际应用中,使用例 1-1 代替表的代换密码分组长度不宜太小,否则等价于古典密码的单表代换,敌手容易通过对明密文进行统计分析而攻破它。这个弱点不是代换密码固有的,只是因为分组长度太小。如果分组长度 n 足够大,而且从明文到密文可有任意可逆的代换,那么明密文的特征将无法被穷举测试,从而使以上攻击不能奏效。所以实际

密码体制通常以小规模代替表为组件,进一步组合成输入输出规模较大的代换网络来
实现。

定义 1-1 由多个运算组件组成,实现代换 E_K 的运算网络称作代换网络。

代换网络通常利用一些简单的代换组件进行组合,实现较复杂的、元素个数较多的代
换。每个具体分组密码的整体结构都可以称为代换网络,它可以由输入输出规模小的非
线性代换和线性代换等组件组合生成。

例 1-2 将例 1-1 中的代替表 S 作为代换组件,以图 1-3 所示的方式组合而成的 8 比
特输入、8 比特输出的代换网络满足可逆,其中 $\oplus$ 表示逐比特异或运算。

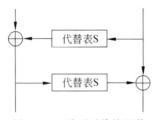

图 1-3 一种可逆代换网络

设输入为 (X_0, X_1),输出为 (Y_0, Y_1),则有 $Y_0 = X_0 \oplus S(X_1)$,$Y_1 = S(X_0 \oplus S(X_1)) \oplus X_1$。假设有输入 $(X_0', X_1') \neq (X_0, X_1)$,使得 $(Y_0', Y_1') = (Y_0, Y_1)$ 成立,那么

$$X_0' \oplus S(X_1') = X_0 \oplus S(X_1) \tag{1-1}$$

$$S(X_0' \oplus S(X_1')) \oplus X_1' = S(X_0 \oplus S(X_1)) \oplus X_1 \tag{1-2}$$

把式(1-1)代入式(1-2),得 $S(X_0 \oplus S(X_1)) \oplus X_1' = S(X_0 \oplus S(X_1)) \oplus X_1$,即 $X_1' = X_1$,将此式代入式(1-1),得 $X_0' = X_0$。与假设矛盾。因此,图 1-3 为可逆代换网络。

根据以上思想还可以设计规模更大的代换组件。

1.3 设计原则和要求

在古典密码中,小规模的单表代换或多表代换都具有明显的统计特性,难以抵抗敌手
对密文的统计分析,需要组合成更安全的代换结构。1949 年,Shannon 从设计角度提出
了扩散和混淆两大原则,目的是使明文与密文之间没有明显的统计规律,即满足一定的安
全性[1,30]。

定义 1-2 扩散是指将明文的统计特性散布到密文中,实现方式是使得明文的每一
比特影响密文中至少一半以上的比特值。

例 1-3 对英文消息 $M = m_1 m_2 m_3 \cdots$ 进行加密变换:

$$y_n = \mathrm{chr}\left(\sum_{i=1}^{7} \mathrm{ord}(m_{n+i}) \pmod{26} \right)$$

其中,$\mathrm{ord}(m_i)$ 是求字母 m_i 对应的序号,$\mathrm{chr}(i)$ 是求序号 i 对应的字母,这时明文的统计
特性将被散布到密文中,因而每一字母在密文中出现的频率比在明文中出现的频率更接
近相等,双字母及多字母出现的频率也更接近相等。

定义 1-3 混淆使密文和密钥之间的统计关系变得尽可能复杂,以使敌手无法得到

密钥。

使用复杂的代换组件,特别是非线性变换,可以得到预期的混淆效果;基于简单的线性变换得到的混淆效果则不够理想。扩散和混淆成功地使分组密码明文、密钥和密文之间呈现多种伪随机性质,因而成为现代分组密码的设计原则。

设计性能优秀的分组密码既要满足安全性要求,还要满足实现要求。

1. 安全性要求

分组密码设计的目的在于找到一种算法,能在密钥控制下从一个足够大且足够好的置换子集中简单而迅速地选出一个置换,用来对当前输入的明文组(通常以比特作为长度单位)进行加密变换。

1) 分组长度

分组长度 n 要足够大,使明文空间中元素个数 2^n 足够大,防止明文穷举攻击法和生日攻击法奏效。

定义 1-4 随机选取 m 个人,至少有两个人生日相同的概率为 $p=1-365\times364\times\cdots\times(365-m+1)/356^m$。利用这一原理的攻击称为生日攻击。

显然,当 $m=64$ 时,两人生日相同的概率 $p=0.997$,接近 1。所以,为了不产生碰撞,明文空间元素个数需足够大[31]。

例如,DES、IDEA、FEAL 和 LOKI 等分组密码都采用 $n=64$,在生日攻击下用 2^{32} 组密文映射成功概率为 1/2,同时要求 $2^{32}\times64b=2^{15}MB=32GB$ 存储空间,故现在采用穷举攻击已经可以威胁到算法的安全性,这种牺牲存储空间以降低搜索时间的攻击又称为时间-存储折中攻击。

2) 密钥长度

密钥要足够长,即置换子集中由密钥控制的变换足够多。尽可能消除弱密钥并使所有密钥同等地好,以防止密钥穷举攻击奏效。同时,为了便于管理,密钥又不能过长。

例如,DES 采用 56 比特密钥,太短;AES 采用 128 比特密钥,目前够用。据估计,在今后 10 年内分组密码至少采用 80 比特密钥才够安全。

3) 加解密算法

由密钥确定的加解密算法要足够复杂,充分实现明文与密钥的扩散和混淆,且没有简单的关系可循,能抗击各种已知的攻击,如差分攻击、线性攻击和积分攻击等。

理想的安全算法是使对手破译时除了用穷举法攻击外无其他捷径可循。

2. 实现要求

优秀的密码算法不仅要安全,还要高效。算法实现需要满足运行速度、存储量(程序代码的长度、数据分组长度、高速缓存大小)、实现平台(硬件、软件、芯片)、运行模式等限制条件。这些实现要求可以与安全性要求进行适当的折中,使选择的算法安全冗余适中,加密和解密运算简单,易于软件和硬件高速实现,等等。

1) 使用子块和简单的运算

在软件实现时,应选用简单的运算,使作用于子块上的密码运算易于以标准处理器的基本运算(如加、乘、移位等)实现,避免使用软件难于实现的逐比特置换,如将分组 n 划分为子块,每段长为 8 比特、16 比特或者 32 比特。

为了便于硬件实现,加解密算法应具有相似性,差别应仅在于由主密钥所生成的密钥表不同。这样,加密和解密就可以用同一结构实现。

2) 采用规则的组件结构

例如,算法设计中采用多轮迭代等。多轮迭代是乘积密码的特例,指同一基本加密结构的多次执行,便于软件快速实现。若以一个简单函数 Q 进行多次迭代,就称其为迭代密码。每次迭代称作一轮,相应的函数 Q 称作轮函数。每一轮输入都是前一轮输出的函数,即第 i 轮的变换为 $y(i) = Q[y(i-1), k(i)]$,其中 $k(i)$ 是第 i 轮迭代用的轮密钥,由主密钥 k 通过密钥扩展算法产生。

3) 灵活地用于扩展应用

分组密码加解密除了简捷、快速,容易标准化之外,灵活地用于扩展应用也成为其设计的一个考核点。最常见的扩展应用有以下几种:

(1) 构造伪随机数生成器。用于产生性能良好的随机数,适合生成少量随机数。

(2) 构造序列密码。一般在硬件平台上实现速度比移位寄存器慢;但软件实现方便,采用适当的密文反馈模式或输出反馈模式即可实现。

(3) 构造消息认证算法和哈希函数。通过作为基本置换模块构造消息认证算法和哈希函数,实现消息认证和数据完整性保护。

要实现上述几点并不容易,首先要在理论上研究有效而可靠的设计方法,然后进行严格的安全性检验,并且要易于实现。

1.4 安全性评估方法

对于分组密码的安全性评估主要分为两种:

第一种,抵抗现有分析方法,尤其是抵抗传统差分分析、线性分析、中间相遇攻击、不可能差分分析、零相关线性分析等。在基础组件的相关密码特性给定的情形下,可以通过人工推导或者自动化搜索量化分组密码抵抗相应分析方法的能力。

第二种,可证明安全性。假定关键基础组件是理想的(随机函数或置换),证明各类结构需要迭代多少轮能达到伪随机或超伪随机。

本书主要介绍第一种分析方法。在第 9 章讨论分组密码工作模式的安全性时会给出第二种方法,即可证明安全性的简要概念。

一个密码体制不安全通常是指敌手可以直接求出密文对应的明文,或者可以求出密钥进而解密得到明文。本书对于分组密码的安全性评估是基于 Kerckhoffs 假设进行的,即假设敌手知道除密钥之外的所有知识,安全性取决于敌手能否得到密钥[32]。在密码体制的基本分析模型中,密码分析者的任务是获取适量的明文及对应的密文,进而可以对明密文有选择地进行统计分析,再利用得到的统计规律进行密钥求解。

1. 攻击类型

根据密码分析者获取明密文的方式或条件的不同,可以将密码攻击分为 4 种类型。

（1）唯密文攻击。密码分析者拥有一个或多个用相同密钥加密的密文，通过对这些截获的密文进行分析得出明文或密钥。

（2）已知明文攻击。密码分析者拥有一些明文和用相同密钥加密这些明文的密文，通过对已知明文和相应密文的分析恢复密钥。

（3）选择明文攻击。密码分析者可以随意选择自己想要的明文并得到相同密钥加密的密文，根据选择的明文和相应的密文恢复密钥。

（4）选择密文攻击。密码分析者可以随意选择自己想要的密文并解密，根据选择的密文和相应的明文恢复密钥。

以上 4 种密码攻击类型的强度是递增的，对应地，能抵抗这些攻击类型的密码体制安全强度也是递增的。例如，一个能抵抗选择密文攻击的密码系统一定能够抵抗其余较弱的 3 种攻击。

2. 攻击方法

根据攻击者采用的攻击方法又可以将密码攻击分为强力攻击和统计攻击。强力攻击又可以细分为穷尽密钥搜索、字典攻击、查表攻击和时间-空间折中攻击，在密钥量不大或者统计特性不明显时，这些方法会取得不错的效果。进一步，公开的分组密码结构固定，根据其特有的数学统计特点，往往还会有其他的攻击方法。目前统计方法中最有效的是差分分析、截断差分分析、不可能差分分析、线性分析、积分分析、中间相遇攻击等。

1）差分分析

差分分析（differential cryptanalysis）方法由 Biham 和 Shamir 于 1991 年针对 DES 提出[3]。差分的思想起源于计算机二进制的规范，许多密码算法都使用了异或运算，这就使得差分在密码算法中会以一定的概率传播。从 20 世纪 90 年代末开始，差分分析衍生出截断差分分析、不可能差分分析、高阶差分分析、飞去来器攻击、矩形攻击、相关密钥差分分析等方法，本质上都是寻找密码算法中存在的高概率差分特征或差分路径。这些扩展或变形是针对不同的分组密码产生的，或者说对具有某些特定结构的分组密码作用效果不同。

早期的差分分析主要针对具有 SPN 结构的分组密码。Matsui 提出了一种针对 S 盒结构的自动化搜索差分路径算法[33]，通过统计每个 S 盒的差分分布表（Differential Distribution Table，DDT），将每轮差分输出作为下一轮的差分输入，构造一条高概率差分路径。进入 21 世纪之后，差分自动化搜索技术得到了快速发展，基于 MILP、SAT 等数学工具涌现出一批高效搜索方法，针对 ARX 结构、基于比特设计的轻量级分组密码搜索效率明显提高[24,25,34]。

2）截断差分分析

对于某些分组密码，寻找高概率差分特征几乎是不可能的，因为差分特征需要知道输入输出的具体差分值。多条差分特征的组合放松了这一要求，同时增大了输入输出差分概率，即截断差分分析（truncated differential cryptanalysis），由 Knudsen 于 1994 年 FSE 会议上提出[35]。

　　截断差分分析只需要知道部分比特上的差分值,甚至只需要知道 1 比特的差分值,就可以攻击一个分组密码或其低轮变形。这种分析方法一般用于 SPN 结构的分组密码,通过搜索活跃 S 盒个数的下界确定差分路径概率。比起传统的差分密码分析,截断差分分析可以攻击更多的轮数,或者攻击轮数相同时攻击复杂度大大降低。

　　3) 不可能差分分析

　　1999 年,Biham 于欧密会(EUROCRYPT)上提出不可能差分分析(impossible differential cryptanalysis)方法[36],利用概率为 0 的差分构建区分器,然后排除导致这样的区分器存在的候选密钥,进而缩小需要猜测的密钥范围。寻找不可能差分区分器是不可能差分分析的关键步骤,一般采用的是中间相遇产生矛盾的方法,即采用相反方向概率为 1 的两条截断差分路径,使之无法相遇。

　　起初不可能差分区分器是手工推导得到的。但是,对于轮函数比较复杂的密码算法,手工推导效率很低,基于自动化搜索不可能差分区分器的算法就应运而生了。例如,Kim 提出的 U-方法就是利用矩阵搜索出多种分组密码不可能差分区分器的有效工具[37]。随后,Luo 等人对 U-方法进行了改进,并提出归一化不可能差分区分器搜索方法[38]。

　　4) 线性分析

　　线性分析(linear cryptanalysis)最早由 Matsui 在 1993 年的欧密会上针对 DES 提出,此后在 1994 年的美密会(CRYPTO)上改进了结果,第一次用实验给出了对 16 轮 DES 的攻击[39]。与差分分析不同的是,线性分析是一种已知明文攻击方法,即攻击者能获取当前密钥下的一些明文-密文对,其基本思想是通过寻找一个给定密码算法的有效的线性近似表达式恢复密钥信息。在个别情况下,线性分析可用于唯密文攻击。

　　线性分析很快得到了推广。多线性分析的提出改进了现有算法的安全性评估结果,例如多线性分析给出了 PRESENT 现存最好的攻击结果[40]。Bogdanov 和 Rijmen 首次提出零相关线性分析的概念,通过对线性掩码在分组密码组件中的传播性质的讨论,展示了如何为分组密码构建以概率 1/2 成立的线性逼近等式,即相关度(correlation)为零的线性逼近[41]。在 2012 年的亚密会(ASIACRYPT)上,Bogdanov 等人首次揭示了零相关区分器、积分区分器和多维线性区分器之间的关系[42]。与差分分析类似,目前也有很多基于 MILP、SAT 等数学工具设计的线性自动化搜索方法。

　　5) 积分分析

　　积分分析(integral cryptanalysis)起源于 1997 年 FSE 会议上 Daemen 针对 Square 算法提出的 Square 攻击[7],此后由其扩展得到饱和攻击[43],这些攻击方法都与高阶差分分析本质相似[44]。2002 年,Knudsen 等将这些攻击方法统一归纳为积分攻击,并给出了积分攻击和高阶积分攻击的一般原理和方法[45]。

　　2008 年,Muhammad 等人针对基于比特设计的分组密码提出了基于比特的积分分析,并对 Serpent、Neokoen 和 PRESENT 进行了攻击[46]。2015 年,Todo 等人充分考虑了 S 盒的代数次数,提出可分性自动化搜索工具[47],并于 2016 年对 MISTY1 进行了全轮破译[48],由此引起了密码学领域基于 MILP、SAT 等数学工具进行密码自动化分析方法设计的潮流。为了有效抵抗积分分析,必须提高密码算法输出比特的布尔函数代数次数,使得代数次数在较少轮数内就可以达到或超过明文分组长度。

6）中间相遇攻击

Diffie 和 Hellman 于 1977 年分析双重 DES 算法时,提出了最原始的中间相遇攻击(meet-in-the-middle attack)[49],这种攻击能够综合利用加密与解密两个方向的信息泄露规律,与差分攻击、线性攻击或积分攻击等相比较而言,所需的明密文对数量较少。在 2010 年亚密会上,Dunkelman 等人提出了差分枚举技术,减少了建立中间相遇区分器时猜测的数据量,因此减小了预计算阶段产生的存储复杂度[50]。

随着计算机性能的快速提升,密码学者将目光倾注于自动化搜索技术。Derbez 等人在 FSE 2013 上对先前 AES 算法的中间相遇攻击进行了梳理总结,利用自动化搜索工具寻找最优的攻击路径,得到了 AES-192/256 的中间相遇攻击新结果[51]。3 年之后,Derbez 和 Fouque 在 2016 年美密会上提出了一个针对任意轮分组密码的中间相遇攻击自动化搜索算法,实现了 Demirci-Selcuk 中间相遇攻击的自动化搜索[52]。在 2018 年亚密会上,Shi 等人提出了一个利用 MILP 求解器对 Demirci-Selcuk 中间相遇攻击进行自动化搜索的方法[53]。

除了以上几种主要的分析评估方法,还有滑动攻击、插值攻击、代数攻击、高阶差分分析、Biclique 攻击、相关密钥攻击、不变子空间攻击等安全性评估方法[54-59]。对不同结构的算法可以采用不同攻击方法,具体使用时需考虑密码算法结构特点。

本书结合分组密码结构特征主要介绍差分分析、线性分析、不可能差分分析和积分分析方法,而对截断差分分析、中间相遇攻击和相关密钥差分分析在个别分组密码分析中简要介绍。在对具体分组密码进行安全性评估时,重点介绍区分器构建原理,大部分密钥恢复可作为课后练习。

 习题 1

（1）简述分组密码的设计原则,比较其与序列密码、哈希函数的不同。

（2）分组密码的安全性评估方法有哪些？分别需要具备哪些条件？调研各种分析方法的发展现状。

（3）设有分组长度为 3 比特的代换密码 2,5,3,7,6,4,0,1。

① 计算输入差分为 2,输出差分分别为 0,1,2,3,4,5,6,7 的概率。

② 计算输入掩码为 3,输出掩码分别为 0,1,2,3,4,5,6,7 的概率。

③ 写出此密码体制的 3 个布尔函数表达式。

第 2 章

整 体 结 构

不同的代换组件通过迭代组合成不同的整体结构,目前分组密码中主流的整体结构有 Feistel 结构、SP 结构、广义 Feistel 结构、Lai-Massey 结构、MISTY 结构等。随着分组密码设计与分析的发展,一方面整体结构设计方面的研究越来越精细化,例如 Feistel-SP 组合结构、ARX 结构,以及近几年基于逻辑门设计的电路结构等[60,61];另一方面对结构的安全性评估和证明也有了丰富的成果[62-70]。本章对 5 种主要的整体结构进行介绍,并对部分结构进行差分路径、不可能差分区分器或积分区分器的证明。

2.1 Feistel 结构

20 世纪 60 年代,Horst Feistel 就职于 IBM 公司,他是一位物理学家兼密码学家,在他为 IBM 公司工作的时候设计出基于 Feistel 结构的 Lucifer 体制,在该体制中没有给出具体的 S 盒。此后,由于加解密不同,需要消耗更多的硬件电路,于是 Feistel 由流水线想到每次加密一半的密码结构,进一步由硬件资源占用考虑到加解密相同,最后设计出的结构以 Feistel 命名。1967 年公开发表的几篇技术报告为 Feistel 结构密码的研究奠定了基础。加解密相似是 Feistel 结构密码的一个实现优点,但每轮只对一部分数据进行处理,需要两轮甚至多轮才能改变输入的每一比特,所以其扩散速度较慢。基于 Feistel 结构设计的密码算法代表有 DES、Camellia 等。

2.1.1 Feistel 结构描述

定义 2-1 Feistel 结构的输入数据分为两支,即 (X_0, X_1)。假设轮函数为 Q_K,输出 (Y_0, Y_1) 的单轮加密可以表示为

$$Q_K : (X_0, X_1) \to (Y_0, Y_1)$$
$$Y_0 = X_1, \quad Y_1 = X_0 \oplus F(K, X_1)$$

单轮 Feistel 结构如图 2-1 所示。

若函数 F 随机,则一定轮数的 Feistel 结构能够实现扩散与混淆作用,构成安全强度高的密码算法。值得注意的是,函数 F 不一定要求可逆也可以实现加解密,它可由一些非线性组件和线性组件构成,起到局部扩散

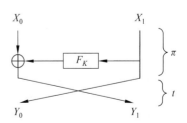

图 2-1　单轮 Feistel 结构

和混淆的效果。

注意，轮函数 Q_K 可以被分解为 $t \circ \pi$，这里 π 由 $\pi(X_0, X_1) = (X_0 \oplus F_K(X_1), X_1)$ 定义。容易验证：π 是对合变换，即 π 的逆是它自身；t 是交换，也是对合变换。容易得到轮函数 Q_K 的逆 $Q_K^{-1} = \pi \circ t$。

将 Feistel 结构迭代 r 轮，最后一轮去掉交换时解密过程与加密过程相似，这是因为 $E_K = \pi_r \circ t \circ \cdots \circ \pi_2 \circ t \circ \pi_1$，$E_K^{-1} = \pi_1 \circ t \circ \cdots \circ \pi_{r-1} \circ t \circ \pi_r$，当每一轮中函数 F 使用的 K 相同时，$\pi_1 = \cdots \pi_{r-1} = \pi_r$，则有 $E_K^{-1} = E_K$。所以，解密时只需将密文作为输入，轮密钥的使用次序与加密时相反即可。例 2-1 有助于理解 Feistel 加解密结构的特点。

例 2-1 16 轮 Feistel 加解密流程如图 2-2 所示。加密过程由上而下，每轮的左右两部分用 LE_i 和 RE_i 表示；解密过程由下而上，每轮的左右两部分用 LD_i 和 RD_i 表示。图 2-2 中右边标出了解密过程中每一轮中间值与左边加密过程中间值的对应关系，即加密过程第 i 轮的输出是 $\mathrm{LE}_i \| \mathrm{RE}_i$（$\|$ 表示链接），解密过程第 $17-i$ 轮相应的输入是 $\mathrm{RD}_i \| \mathrm{LD}_i$。加密过程的最后一轮执行完后，两部分输出再经交换，因此密文是 $\mathrm{RE}_{16} \| \mathrm{LE}_{16}$。解密过程取以上密文作为同一算法的输入，即第 1 轮输入是 $\mathrm{RE}_{16} \| \mathrm{LE}_{16}$，等于加密过程第 16 轮左右两部分输出交换后的结果。

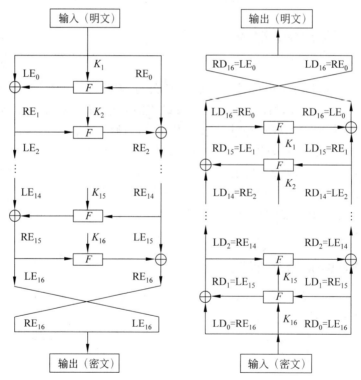

图 2-2 16 轮 Feistel 加解密流程

平衡 Feistel 结构指的是算法将长度为 $2n$ 比特的明文分组平均分为两部分，即 X_0、X_1 各为 n 比特。在轮函数设计满足安全指标（含随机性指标）的情形下，明文分组长度越大，敌手破译的难度也越大，但为了兼顾实现效率，分组的长度不宜太长。

2.1.2 Feistel 结构安全性

Feistel 结构中函数 F 分别为随机函数和随机置换时,安全性分析结果不同。以下列出几个比较简单的结论。

1. 差分路径

定义 2-2 给定群 G 上两个 n 比特元素 X、X',它们之间的差分定义为 $\Delta X = X \otimes X'^{-1}$。

其中,$\otimes$ 表示群 G 上定义的二元运算,X'^{-1} 表示 X' 关于该运算的逆元素。通常情况下,本书中涉及差分的代数结构为二元域 F_2,运算 $\otimes$ 指的是 F_2 上的异或运算 $\oplus$。

性质 2-1 假设函数 F 为随机函数,F_i 表示第 i 轮由子密钥 K_i 控制的函数,则 3 轮 Feistel 结构不存在有效差分路径。

容易看出,Feistel 结构只存在如图 2-3 所示的两轮有效差分路径,即 $(\alpha, 0) \to (\alpha, ?)$;由于 F 是随机函数,所经过第 3 轮变换之后输出差分为 $(?, ?)$。

因此,当 F 为随机函数时,3 轮 Feistel 结构通常被认为与随机置换不可区分。

2. 不可能差分区分器

定义 2-3 对于 r 轮迭代结构的分组密码,假设输入差分为 α,经过 $r-1$ 轮变换后的输出差分为 β,且满足差分概率 $P(\alpha \to \beta) = 0$,则称之为 $r-1$ 轮不可能差分或 $r-1$ 轮不可能差分区分器。

性质 2-2 假设函数 F 为随机置换,则 Feistel 结构存在 5 轮不可能差分区分器。

证明:如图 2-4 所示,对于一个 5 轮 Feistel 结构,当输入差分形式为 $(0, \alpha)$ 时,输出差分形式为 $(0, \alpha)$ 的概率为 0。这是因为当 $x_0 = 0$,$y_0 = \alpha$ 时,0 差分通过函数 F 变换之后仍为 0 差分,所以 $y_1 = y_0 = \alpha$;当这个差分通过第 2 轮函数 F 后差分必定非零,即差分 $x_1 \neq 0$;经过第 3 轮函数 F 之后,仍为非零差分,这时函数 F 的输出差分与 y_1 异或得到 y_2,显然 $y_2 \neq \alpha$。如果第 5 轮的输出差分为 $x_2 = 0$,$y_3 = \alpha$,则反推到第 4 轮有 $y_2 = \alpha$,这就出现矛盾,所以对于 5 轮 Feistel 结构,$(0, \alpha) \to (0, \alpha)$ 构成一个 5 轮不可能差分区分器。

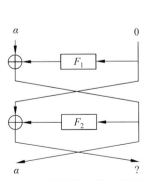

图 2-3 Feistel 结构的两轮有效差分路径

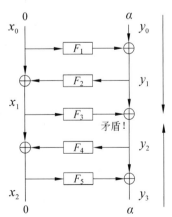

图 2-4 Feistel 结构的 5 轮不可能差分区分器

若基于 5 轮 Feistel 结构的分组密码是一个输入为 n 比特的随机置换,则形如 $(0,\alpha)\rightarrow$ $(0,\alpha)$ 的输入输出差分概率为 2^{-n},然而实际上概率为 0。所以 F 为随机置换不能保证 5 轮 Feistel 结构随机,这里区分器指的是与随机置换区分开。

3. 积分区分器

积分包括不定积分和定积分。对于离散函数,此处多为定积分。

例 2-2 令布尔函数 $y=f(x_0,x_1,x_2,x_3)=x_1x_0\oplus x_0\oplus x_2x_1\oplus 1$,当 x_2、x_0 取遍 0、1 值时,即定义自变量 $x_3x_2x_1x_0$ 集合为 $X=\{0000,0001,0100,0101\}$,对因变量 y 进行集合 X 上的积分运算:

$$\sum_{x_3x_2x_1x_0\in X}y=\sum_{x_3x_2x_1x_0\in X}(x_1x_0\oplus x_0\oplus x_2x_1\oplus 1)$$
$$=\sum_{x_3x_2x_1x_0\in X}x_1x_0\oplus\sum_{x_3x_2x_1x_0\in X}x_0\oplus\sum_{x_3x_2x_1x_0\in X}x_2x_1\oplus\sum_{x_3x_2x_1x_0\in X}1=0$$

对于 Feistel 结构中使用的随机置换 F,设其规模为 m 比特,那么遍历其所有输入值时,对应的所有输出值异或和为 0。以下是对基于小规模非线性变换组件设计的密码算法进行积分分析的常见概念。

活跃集合(active set):一个集合 x(如一字节)取遍所有值,称之为活跃集合,即 $\{x_i\mid x_i\in F_{2^m},0\leqslant i\leqslant 2^m-1\}$,$0\leqslant i<j\leqslant 2^m-1,x_i\neq x_j$。

常数集合(constant set):一个集合 x(如一字节)取值为常数,称之为常数集合,即 $\{x_i\mid x_i\in F_{2^m},0\leqslant i\leqslant 2^m-1\}$,$0\leqslant i\leqslant 2^m-1,x_i=x_0$。

平衡集合(balanced set):一个集合 x(如一字节)取值之和为零,称之为平衡集合,即 $\{x_i\mid x_i\in F_{2^m},0\leqslant i\leqslant 2^m-1\}$,$\sum_{i=0}^{2^m-1}x_i=0$。

活跃块记为 A,平衡块记为 B,常数块记为 C。

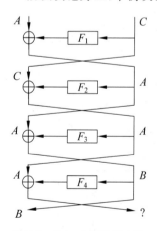

图 2-5 Feistel 结构的 4 轮积分区分器

性质 2-3 假设函数 F 为随机置换,则 Feistel 结构存在 4 轮积分区分器。

证明: 如图 2-5 所示,4 轮 Feistel 结构输入值满足形式 (A,C),即左边一半输入数据遍历所有值,右边一半数据取常数值,经过第 1 轮加密之后,输出 (C,A);在第 2 轮中,活跃集合 A 输入 F_2,由于 F_2 是可逆置换,即一一映射,所以输出遍历所有值,即仍为 A;在第 3 轮中,F_3 输出为 A,与 A 异或之后只能确定满足 B 性质;再输入第 4 轮,则 F_4 的输出无法确定是否平衡,积分性质不再继续传播。因此第 4 轮输出的一半数据满足平衡性质,积分区分器为 4 轮。

目前在实际分组密码设计中,函数 F 无法达到真随机,因此针对基于 Feistel 结构设计的分组密码,其积分区分器轮数往往比上述轮数多几轮。

2.2　SP 结构

SP 结构由 S 盒层和 P 扩散层组合生成。S 盒层一般被称为混淆层,主要起混淆作用;线性变换一般组成 P 扩散层,主要起扩散作用。在明确 S 盒和置换 P 的某些密码指标后,设计者便能估计 SP 结构密码抵抗差分分析和线性分析的能力。

一般地,相同轮数的 SP 结构与 Feistel 结构相比,可以得到更快速的扩散,但是 SP 结构分组密码的加解密通常不相似。若要相似,则需采用对合结构设计。SP 结构代表算法有 AES、ARIA、PRESENT 等。

2.2.1　SP 结构描述

定义 2-4　单轮 SP 结构包含两层变换:先是将一组 n 比特数据分为 t 个子块,每子块查询 S 盒,S 盒的输出进入 P 扩散层,输出数据进入下一轮迭代。设 S 盒是规模为 m 比特的随机置换,S 盒输入为 X_i、K_i,输出为 Y_i;P 扩散层输入为 $[Y_0, Y_1, \cdots, Y_{t-1}]^{\mathrm{T}}$,输出为 $[Z_0, Z_1, \cdots, Z_{t-1}]^{\mathrm{T}}$,其中 $0 \leqslant i \leqslant t-1$, $t \times m = n$。单轮 SP 结构如图 2-6 所示。SP 结构轮函数用公式描述为

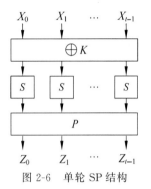

图 2-6　单轮 SP 结构

$Q_K : (X_0, X_1, \cdots, X_{t-1}) \rightarrow (Z_0, Z_1, \cdots, Z_{t-1})$

S 盒层变换: $Y_i = S(X_i \oplus K_i)$

P 扩散层变换: $[Z_0, Z_1, \cdots, Z_{t-1}]^{\mathrm{T}} = P[Y_0, Y_1, \cdots, Y_{t-1}]^{\mathrm{T}}$

由于最后一轮的线性变换没有加强密码性能,同时为了减小加解密变换的差异,因此在设计迭代结构时通常将最后一轮的线性变换省略。这种 SP 结构既可以用来构建分组密码的整体结构,例如 AES、PRESENT、uBlock;也可以作为 Feistel 整体结构中轮函数的组件,例如 CLEFIA、Camellia、LBlock 等。

AES 密码基于 SP 结构设计,设计者首次提出了宽轨迹策略的概念。此后,SP 结构中的 P 扩散层设计大都是建立在宽轨迹策略基础上的。简单地说,宽轨迹策略就是提供抗线性分析和差分分析能力的一种设计,目标是使输入差分(或线性)特征尽快扩散到所有 S 盒,即所有 S 盒都活跃。在 S 盒满足一定密码指标的前提下,对加密变换中活跃 S 盒的计数评估具体分组密码的安全性能。

SP 结构设计要遵循扩散和混淆原则,即输入特征由一个 S 盒逐步扩散到所有 S 盒。考虑实现代价,很难做到一轮全扩散,通常只能够做到两轮全扩散。例如,AES 算法,当改变输入使得一个 S 盒活跃时,两轮加密后全部扩散;ARIA 算法,输入一个 S 盒活跃,两轮加密之后达到全部扩散。但是二者还是有所区别的:两轮加密之后,前者 S 盒全部活跃的概率为 1;后者全部活跃的概率小于 1,例如只有一个 S 盒活跃的概率为 $2^{-6 \times 7}$。

如果基于 SP 结构设计的分组密码不要求加解密结构相同,则解密变换需要使用 S 盒的逆和 P 扩散层的逆,在安全性等同的条件下,实现代价比对合结构要大。

如果 SP 结构加解密结构相同,称之为对合 SP 结构。设加密变换 $E = S_1 \circ P \circ S_2$,则解密变换为 $D = S_2^{-1} \circ P^{-1} \circ S_1^{-1}$,若加密结构与解密结构相同,即 $E = D$,则只需要满足 $S_1 = S_2^{-1}$、$S_2 = S_1^{-1}$、$P = P^{-1}$ 即可。

例 2-3 设图 2-7 的两个结构中组件满足 $P = P^{-1}$,S 盒为任一随机置换,则对应的加密结构与解密结构相同,只是轮密钥顺序相反。ARIA 算法就采用了这种方法设计。

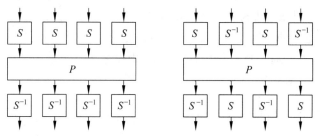

图 2-7 对合 SP 结构(省略了密钥异或层)

图 2-7 中奇数轮与偶数轮关于 S 盒的组合互逆,设计整体结构时需进行偶数次轮加密,最后一轮不加 P 变换,这样解密结构与加密结构相同。除本例的方法之外,对 S 盒还可以进行其他组合排列以构造对合结构。

基于软件平台实现时,S 盒规模通常为 4×4、8×8,目前虽然出现了 16×16 的 S 盒,但是与前两者相比查询速度较慢,硬件实现代价更大;P 变换基于半字节、字节、字设计时一般在软件平台实现效率比较高;若基于比特设计,一般会尽量减少异或运算,在硬件平台实现效率比较高。

基于硬件平台实现时,S 盒和 P 变换都需要考虑轻量化设计。S 盒规模通常为 4×4、5×5,需考虑逻辑电路门数;P 变换也需考虑逻辑异或次数。整个算法实现既要求电路门数少,还要求电路深度小。

2.2.2 SP 结构安全性

假设 SP 结构中 S 盒为随机置换,针对该结构的安全性分析具有以下几个结论。

1. 差分、线性路径

对 SP 结构的差分、线性安全性评估通过搜索活跃 S 盒个数说明。活跃 S 盒指的是输入差分非零或者输入线性掩码非零的 S 盒。

性质 2-4 在 SP 结构中,假设 P 变换输入输出至少 t 个分量非零,则其分支数为 t(具体定义见 3.2 节)。对于两轮 SP 结构,至少有 t 个活跃 S 盒;对于 r 轮 SP 结构,r 为偶数时,至少有 $rt/2$ 个活跃 S 盒,r 为奇数时,则至少有 $(r-1)t/2 + 1$ 个活跃 S 盒。

现以差分分析为例说明活跃 S 盒个数对差分路径概率的影响,由于 S 盒是随机置换,任一输入输出非零差分概率为 2^{-m},所以满足上述 r 轮最少活跃 S 盒模式的差分路径概率为 $2^{-rtm/2}$(r 为偶数)或 $2^{-(r-1)tm/2-m}$(r 为奇数)。

2. 不可能差分区分器

性质 2-5 在 SP 结构中,假设 S 盒为随机置换,那么无论 P 扩散层取哪一种线性变换,必存在两轮不可能差分区分器。

证明过程可以作为练习。

性质 2-6　若 P 扩散层对应系数矩阵中含零元素,则基于字节(半字节)设计的 SP 结构存在 3 轮不可能差分区分器。

证明:值得注意的是,若 P 扩散层对应的是二元域上矩阵,则矩阵中必有零元素出现。3 轮区分器构建过程如下。不失一般性,设明文输入的第一个 S 盒活跃,则第 1 轮 P 变换之后得到的非零模式与 P 对应的系数矩阵第一列相同,若该列全为非零,则寻找 P^{-1} 对应的系数矩阵中存在零元素的列,由于 P 变换可逆,所以这样的列必然存在,假设为 β_j,那么取第 3 轮 S 盒输出对应分量非零,其余输出分量全为零,反方向解密一轮便出现矛盾,即构成 3 轮不可能差分区分器,如图 2-8 所示。

在实际使用的分组密码中,SP 结构中的 P 扩散层通常由多级扩散构成,结合 S 盒差分分布表,通常存在更多轮数的不可能差分区分器。

3. 积分区分器

性质 2-7　设有基于块(m 比特)设计的线性变换 P。若 P 对应的系数矩阵为 GF(2^m)上 MDS(Maximum Distance Separable,最大距离可分)矩阵,则至少存在 2 轮积分区分器;若 P 对应的系数矩阵含零元素,则至少存在 3 轮积分区分器,如图 2-9 所示。

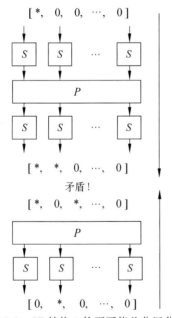

图 2-8　SP 结构 3 轮不可能差分区分器

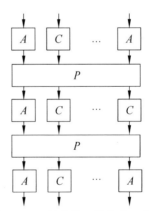

图 2-9　SP 结构的 3 轮积分区分器

证明:若 P 变换对应的系数矩阵为 n 阶 MDS 矩阵,结论显然成立。

下面证明第二种情况。若 P 变换对应的系数矩阵中含零元素,假设 0 在第 i 行、第 j 列,则选择明文中第 j 个块活跃。经过第 1 轮 P 变换之后,第 2 轮第 i 个 S 盒为常数块;经过第 2 轮 P 变换之后,每个块都满足和为 0 的性质。由于 P 对应的系数矩阵中含有零元素,所以 P^{-1} 中必然也存在零元素,假设 0 在第 s 行、第 t 列。在 2 轮区分器的基础上向前加一轮,使得输入明文的第 s 个 S 盒为常数,其余为活跃 S 盒,则可以得到如图 2-9 所示的 3 轮区分器,具体证明可参考 5.2.2 节 Camellia 算法的积分区分器证明。

在实用分组密码中,若 S 盒代数次数达到最优,则积分区分器轮数主要与 P 扩散层有关;若 S 盒代数次数没有达到最优,则积分区分器可以拓展为可分性质,通过数学工具建模进行搜索,从而得到更细致的结论。

2.3 广义 Feistel 结构

广义 Feistel 结构(Generalized Feistel Structure,GFS)是 Feistel 结构的推广,其特点是对明文分组进行两个以上的小分块处理,使同时处理的子块长度较小。目前出现的主要有 TYPE-Ⅰ、TYPE-Ⅱ、TYPE-Ⅲ 3 种结构。2010 年 FSE 会议上 Suzaki 等人基于图论对 TYPE-Ⅱ型进行了改进,减小了全扩散的轮数。

基于 TYPE-Ⅰ 结构设计的分组密码有 CAST、SMS4 等,基于 TYPE-Ⅱ 结构设计的分组密码有 CLEFIA 等,基于 TYPE-Ⅲ 结构设计的分组密码有 MARS、轻量级 LEA 等,基于改进 TYPE-Ⅱ 结构设计的分组密码有轻量级 LBlock、TWINE 等。

2.3.1 广义 Feistel 结构描述

本节主要介绍 TYPE-Ⅰ、TYPE-Ⅱ、TYPE-Ⅲ以及改进的 TYPE-Ⅱ这 4 种结构。

1. TYPE-Ⅰ 结构

定义 2-5 假设输入一组数据分成 n 个子块,即 $X_0, X_1, \cdots, X_{n-1}$,定义一个函数 F_K(不要求可逆),则轮函数可以表示成

$$Q_K : (X_0, X_1, \cdots, X_{n-1}) \rightarrow (Y_0, Y_1, \cdots, Y_{n-1})$$
$$Y_0 = F_K(X_0) \bigoplus X_1, Y_1 = X_2, \cdots, Y_{n-1} = X_0$$

称这种函数对应的结构为 TYPE-Ⅰ 结构,如图 2-10 所示。

例 2-4 对于 CAST-256,由于每轮只加密分组长度的 1/4,不到分组长度一半的数据,也称为非平衡 Feistel 结构,需要至少 4 轮才能达到全扩散,其结构如图 2-11 所示。

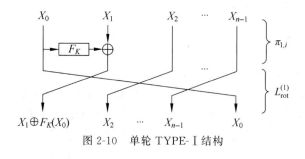

图 2-10 单轮 TYPE-Ⅰ 结构

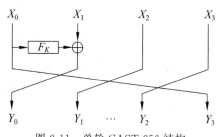

图 2-11 单轮 CAST-256 结构

在 CAST-256 结构中，每一轮输入只有第二个子块（从左至右）数据受第一个子块数据的影响而发生变化，与 SM4 类似，在最后一轮进行子块间的位置变换。

注意，TYPE-Ⅰ 结构可以被分解为 $L_{\rm rot}^{(1)} \circ \pi_{1,i}$，这里 $\pi_{1,i}$ 由 $\pi_{1,i}(X_0, X_1, \cdots, X_{n-1}) = (X_0, X_1 \oplus F_K(X_0), X_2, \cdots, X_{n-1})$ 定义。容易验证 $\pi_{1,i} \circ \pi_{1,i}$ 是恒等变换，换句话说，$\pi_{1,i}$ 是对合函数。现在可以看到轮函数 Q_K 是一个可逆排列，并且它的逆为 $Q_K^{-1} = \pi_{1,i} \circ R_{\rm rot}^{(1)}$。

TYPE-Ⅰ 结构迭代 r 轮后，加密变换 $E_K = \pi_{1,r} \circ L_{\rm rot}^{(1)} \circ \cdots \circ \pi_{1,2} \circ L_{\rm rot}^{(1)} \circ \pi_{1,1}$，解密变换 $E_K^{-1} = \pi_{1,1} \circ R_{\rm rot}^{(1)} \circ \cdots \circ \pi_{1,r-1} \circ R_{\rm rot}^{(1)} \circ \pi_{1,r}$，不仅要变换轮密钥顺序，而且要改变循环移位的方向。

2. TYPE-Ⅱ 结构

定义 2-6　假设输入一组数据分成 n 个子块，即 $X_0, X_1, \cdots, X_{n-1}$，定义一个函数 F_K（一般情况下是双射），则轮函数可以表示成

$$Q_K: (X_0, X_1, \cdots, X_{n-1}) \to (Y_0, Y_1, \cdots, Y_{n-1})$$
$$Y_0 = X_1 \oplus F_{K_0}(X_0), Y_1 = X_2, \cdots, Y_{n-2} = X_{n-1} \oplus F_{K_t}(X_{n-2}), Y_{n-1} = X_0$$

其中 $t = n/2 - 1$，称这种函数对应的结构为 TYPE-Ⅱ 结构，如图 2-12 所示。

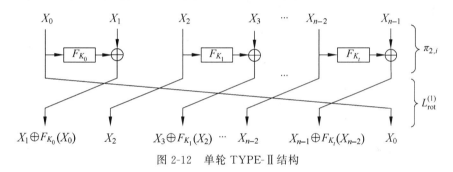

图 2-12　单轮 TYPE-Ⅱ 结构

例 2-5　对于 CLEFIA 的轮结构，如图 2-13 所示，假设输入为 X_0, X_1, X_2, X_3，使用函数为 F_0、F_1，则 CLEFIA 轮加密可以表示为

$$Y_0 = X_1, \quad Y_1 = X_2 \oplus F_1(K_1, X_3)$$
$$Y_2 = X_3, \quad Y_3 = X_0 \oplus F_0(K_0, X_1)$$

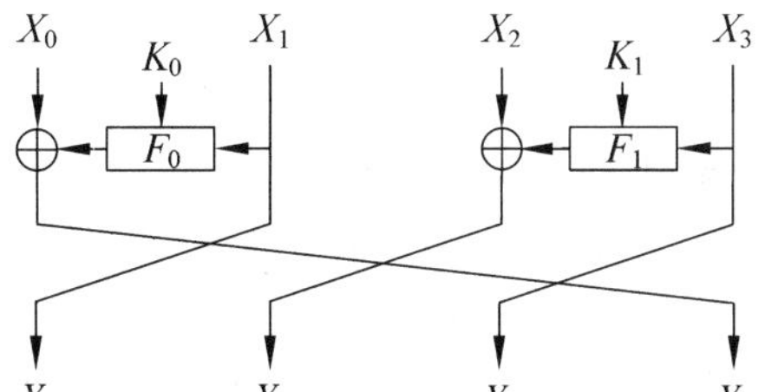

图 2-13　单轮 CLEFIA 结构

注意，TYPE-Ⅱ 结构可以被分解为 $L_{\rm rot}^{(1)} \circ \pi_{2,i}$，这里 $\pi_{2,i}$ 由 $\pi_{2,i}(X_0, X_1, \cdots, X_{n-1}) = (X_0, X_1 \oplus F_{K_0}(X_0), \cdots, X_{n-2}, X_{n-1} \oplus F_{K_t}(X_{n-2}))$ 定义。容易验证 $\pi_{2,i} \circ \pi_{2,i}$ 是恒等变换，换句

话说，$\pi_{2,i}$ 是对合函数。现在可以看到轮函数 Q_K 是一个可逆变换，并且它的逆为 $Q_K^{-1} = \pi_{2,i} \circ R_{\text{rot}}^{(1)}$。

TYPE-Ⅱ结构迭代 r 轮后，加密变换 $E_K = \pi_{2,r} \circ L_{\text{rot}}^{(1)} \circ \cdots \circ \pi_{2,2} \circ L_{\text{rot}}^{(1)} \circ \pi_{2,1}$，解密变换 $E_K^{-1} = \pi_{2,1} \circ R_{\text{rot}}^{(1)} \circ \cdots \circ \pi_{2,r-1} \circ R_{\text{rot}}^{(1)} \circ \pi_{2,r}$，不仅要变换轮密钥顺序，而且要改变循环移位的方向。

3. TYPE-Ⅲ 结构

定义 2-7 假设输入一组数据分成 n 个子块，即 $X_0, X_1, \cdots, X_{n-1}$，定义一个函数 F_K（一般情况下是双射），则轮函数可以表示成

$$Q_K : (X_0, X_1, \cdots, X_{n-1}) \to (Y_0, Y_1, \cdots, Y_{n-1})$$

$$Y_0 = X_1 \oplus F_{K_0}(X_0), Y_1 = X_2 \oplus F_{K_1}(X_1), \cdots, Y_{n-2} = X_{n-1} \oplus F_{K_t}(X_{n-2}), Y_{n-1} = X_0$$

其中 $t = n-2$，称这种函数对应的结构为 TYPE-Ⅲ结构，如图 2-14 所示。

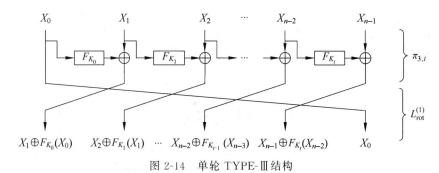

图 2-14 单轮 TYPE-Ⅲ结构

基于 TYPE-Ⅲ结构设计的分组密码相对较少，分组密码 MARS 和 LEA 基于这种结构设计。关于 LEA 的详细介绍参考 8.4 节。

注意，TYPE-Ⅲ结构可以被分解为 $L_{\text{rot}}^{(1)} \circ \pi_{3,i}$，这里 $\pi_{3,i}$ 由 $\pi_{3,i}(X_0, X_1, \cdots, X_{n-1}) = (X_0, X_1 \oplus F_{K_0}(X_0), X_2 \oplus F_{K_1}(X_1), \cdots, X_{n-1} \oplus F_{K_t}(X_{n-2}))$ 定义。容易验证 $\pi_{3,i} \circ \pi_{3,i}$ 不再是恒等变换。轮函数 Q_K 是一个可逆变换，并且它的逆为 $Q_K^{-1} = \pi_{3,i}^{-1} \circ R_{\text{rot}}^{(1)}$。

TYPE-Ⅱ结构迭代 r 轮后，加密变换 $E_K = \pi_{3,r} \circ L_{\text{rot}}^{(1)} \circ \cdots \circ \pi_{3,2} \circ L_{\text{rot}}^{(1)} \circ \pi_{3,1}$，解密变换 $E_K^{-1} = \pi_{3,1}^{-1} \circ R_{\text{rot}}^{(1)} \circ \cdots \circ \pi_{3,r-1}^{-1} \circ R_{\text{rot}}^{(1)} \circ \pi_{3,r}^{-1}$，不仅要变换轮密钥顺序，而且要改变循环移位的方向。

4. 改进的 TYPE-Ⅱ 结构

一般情况下，假设函数 F 为随机函数，则有 n 个子块的改进的 TYPE-Ⅱ结构的全扩散轮数为 n 轮。

例 2-6 设改进的 TYPE-Ⅱ结构中明文输入分块为 8，如图 2-15 所示，在输入的最后一支引入差分，经过 2 轮差分扩散到 2 支，经过 3 轮差分扩散到 3 支，以此类推，经过 8 轮变换可以达到全扩散。

本例中扩散层的设计以循环移位实现，其缺点是扩散速度慢，通常需要足够多的轮数才能保证算法的安全性。例如，CLEFIA 算法全扩散轮数为 4，对应 128 比特密钥需要 18

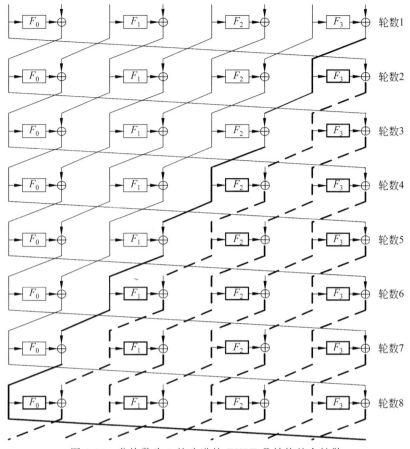

图 2-15　分块数为 8 的改进的 TYPE-Ⅱ 结构的全扩散

轮。对于攻击者来说,这种扩散速度有利于找到长的差分路径或线性逼近路径。

在 2010 年 FSE 会议上,Suzaki 等人对广义 Feistel 结构的扩散层进行了改进,提出了一个衡量扩散层好坏的标准——最大扩散轮数 Drmax,即非零差分全扩散的最大轮数。

定义 2-8　对于扩散层为 π 的广义 Feistel 结构 GFS_π,使得第 1 轮的第 i 子块 X_i^0 扩散到每一个子块的最小轮数称为 $\text{DR}_i(\pi)$,则 GFS_π 最大扩散轮数表示为 $\text{DRmax}(\pi)$,定义为

$$\text{DRmax}(\pi) = \max_{0 \leqslant i \leqslant k-1} \text{DR}_i(\pi)$$

最大扩散轮数越小说明扩散越快,因此 $\text{DRmax}(\pi)$ 的下界是设计者追求的目标。按照这个原则,Suzaki 给出了一个新的结构,改变了 TYPE-Ⅱ 结构中的 $L_{\text{rot}}^{(1)}$,如图 2-16 所示,记为 GFS-Ⅱ。显然,这个结构的最大扩散轮数为 6,扩散速度比 TYPE-Ⅱ 结构更快。

例 2-7　LBlock 和 TWINE 的最大扩散轮数都达到了 16 支输入的下界,即 8 轮全扩散,如图 2-17 所示。

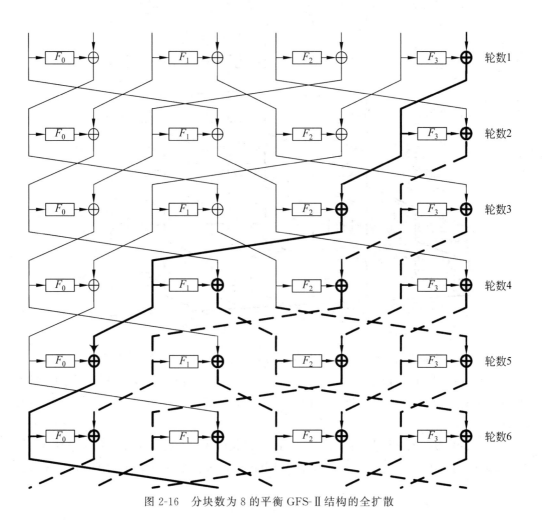

图 2-16　分块数为 8 的平衡 GFS-Ⅱ结构的全扩散

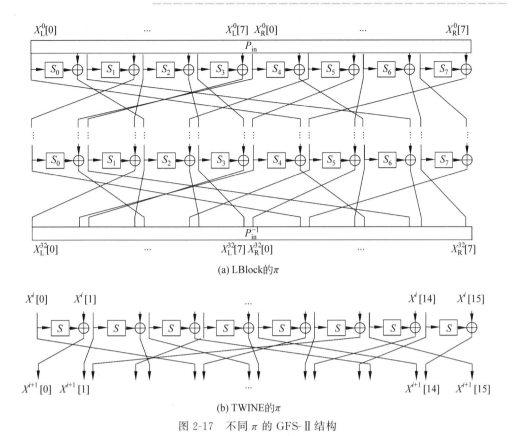

(a) LBlock的π

(b) TWINE的π

图 2-17　不同 π 的 GFS-Ⅱ 结构

广义 Feistel 结构中扩散层 π 设计是关键,可以通过搜索得到。搜索原则为:偶数支进入奇数支,奇数支进入偶数支,即奇偶互换。输入分块数为 8 时,穷举搜索 4!×4! 个置换;输入分块数为 16 时,穷举搜索 8!×8! 个置换。8!＝40 320,大于 2^{15}(＝32 768),当分块数大于 16 时,需要加入其他限制条件,例如避免出现阶数过小的轮换等。

2.3.2　广义 Feistel 结构安全性

基于广义 Feistel 结构设计的分组密码安全性与其全扩散轮数紧密相关,扩散速度比较慢的结构往往区分器较长。

1. 不可能差分区分器

性质 2-8　设轮函数中函数 F 是随机置换,则 n 轮全扩散的 TYPE-Ⅱ 分组密码必有 $2n+1$ 轮不可能差分区分器。

证明:容易得到 n 轮全扩散的 TYPE-Ⅱ 结构分块数为 n。下面从加密方向和解密方向推导不可能差分区分器。

在加密方向,假设 n 个子块 $X_0,X_1,\cdots,X_{n-1}$ 的输入差分模式为 $0,0,\cdots,0,\alpha$,即 X_{n-1} 处差分非 0,其余子块差分全为 0,经过 n 轮变换之后输出差分模式为 $*,*,\cdots,*,\alpha$。

在解密方向,假设第 $2n+1$ 轮输出的 n 个子块 $X_0,X_1,\cdots,X_{n-1}$ 差分模式为 $0,0,\cdots,$

α，0，即 X_{n-2} 处差分非 0，其余子块差分全为 0，经过 n 轮解密变换之后得到第 $n+1$ 轮输出差分模式为 $*,*,\cdots,\alpha,*$。

由于第 $n+1$ 轮输入 X_{n-2} 的差分非 0，所以此处出现矛盾，即不可能出现 $F_k(X_{n-2})\oplus\alpha=\alpha$。如图 2-18 所示，由此构成了 $2n+1$ 轮不可能差分区分器。

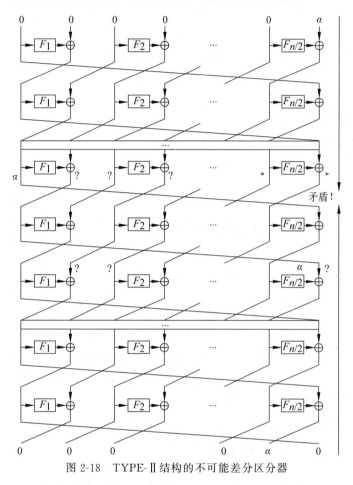

图 2-18　TYPE-Ⅱ 结构的不可能差分区分器

根据性质 2-8，分块数为 4 的 TYPE-Ⅱ 分组密码存在 9 轮不可能差分区分器，分块数为 6 的 TYPE-Ⅱ 分组密码存在 13 轮不可能差分区分器，等等。同理，可以推导得到 TYPE-Ⅰ 和 TYPE-Ⅲ 分组密码结构的不可能差分区分器，留作课后练习。

2. 积分区分器

性质 2-9　假设有 n 个子块的 TYPE-Ⅱ 广义 Feistel 结构，若一个子块活跃至少可以保证 $n+2$ 轮之后有平衡字节，而向上扩展则可以保证 $n-1$ 轮不遍历所有子块，即积分区分器的轮数至少为 $2n+1$ 轮。

证明：类似于不可能差分区分器的推导过程，下面从加密方向和解密方向分别进行推导。

在加密方向，假设 n 个子块 $X_0,X_1,\cdots,X_{n-1}$ 的输入活跃模式为 $[C,C,\cdots,C,A]$，即

X_{n-1} 处为活跃集合,其余子块全为常数 C,经过 $n+2$ 轮变换之后输出积分模式为 $[?,$
$?,\cdots,?,B,?,?]$。

在解密方向,假设第 -1 轮输出的 n 个子块 $X_0,X_1,\cdots,X_{n-1}$ 的积分模式为 $[A,A,$
$C,\cdots,C,C]$,即 X_0,X_1 处为活跃子块,其余子块的积分模式全为 C,经过 $n-2$ 轮解密变
换之后得到第 $-(n-2)$ 轮输出积分模式为 $[A,A,C,A,\cdots,A]$。

如图 2-19 所示,由此构成了 $2n$ 轮积分区分器。

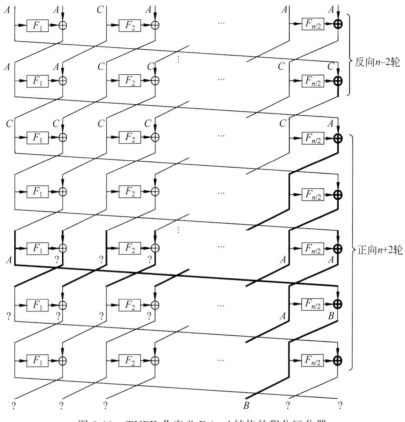

图 2-19　TYPE-Ⅱ广义 Feistel 结构的积分区分器

根据性质 2-9,容易得到分块数为 4 的 TYPE-Ⅱ分组密码结构存在 8 轮积分区分
器,分块数为 6 的 TYPE-Ⅱ分组密码存在 12 轮积分区分器,等等。

性质 2-10　分块数为 n 的 TYPE-Ⅲ分组密码结构存在 2n−1 轮积分区分器。

证明留作课后练习。

根据性质 2-10,分块数为 4 的 TYPE-Ⅲ分组密码结构存在 7 轮积分区分器,如
图 2-20 所示。

虽然与 TYPE-Ⅰ、TYPE-Ⅱ结构相比,TYPE-Ⅲ结构的不可能差分区分器、积分区
分器轮数都比较少,但是每轮进行操作的函数 F 比前两者要多,同时解密结构更复杂,即实
现效率较低,所以设计实用分组密码需要从安全性和实现两方面折中考虑。

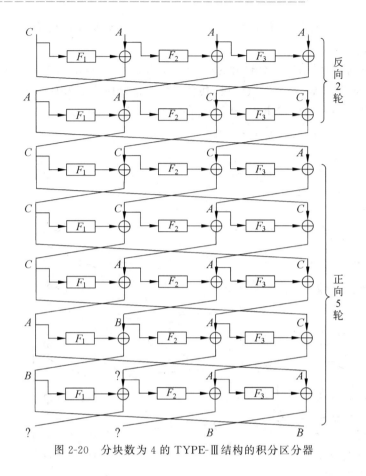

图 2-20 分块数为 4 的 TYPE-Ⅲ 结构的积分区分器

2.4 Lai-Massey 结构

Lai-Massey 结构是来学嘉教授和其导师 Massey 教授提出的,首次用在 IDEA 分组密码设计中,此后还用于 FOX 等分组密码设计中。

2.4.1 Lai-Massey 结构描述

基于 Lai-Massey 结构设计的分组密码实现效率高,因其加密结构与解密结构相同,只需轮密钥顺序相反,如图 2-21 所示。

定义 2-9 假设 F_K 和 σ 是 $\{0,1\}^n$ 到 $\{0,1\}^n$ 的映射且 σ 是双射,$(\{0,1\}^n,+)$ 为交换群,K 是轮密钥,则称以

$$Q_K:(X_0,X_1) \to (Y_0,Y_1)$$

$$Y_0 = \sigma(X_0 + F_K(X_0 - X_1)), \quad Y_1 = X_1 + F_K(X_0 - X_1)$$

为轮函数的分组密码为 Lai-Massey 结构密码,并称 F_K 是轮函数 Q_K 的 F 函数,称 σ 是轮函数 Q_K 的 σ 函数。

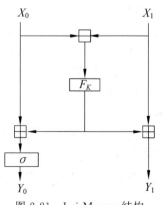

图 2-21 Lai-Massey 结构

为保证 Lai-Massey 结构加解密的相似性,最后一轮的轮函数一般设置为

$$Q_K(x,y) = (x + F_K(x-y), y + F_K(x-y))$$

为使描述更加简单,将最后一轮的轮函数也按 $Q_K(x,y) = (\sigma(x + F_K(x-y)), y + F_K(x-y))$ 对待,该处理并不影响该结构安全性结论的适用性。

例 2-8　FOX、IDEA 等分组密码采用了这种结构,交换群的加法都采用了异或运算,如图 2-22 所示。

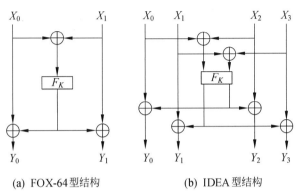

(a) FOX-64 型结构　　　　(b) IDEA 型结构

图 2-22　两种 Lai-Massey 结构

(1) FOX-64 型结构。假设输入为 X_0 和 X_1,轮函数中使用 F 函数,则 FOX-64 型 1 轮加密可以表示为

$$Y_0 = X_0 \oplus F(K_1, X_0 \oplus X_1), Y_1 = X_1 \oplus F(K_1, X_0 \oplus X_1)$$

(2) IDEA 型结构。假设输入为 X_0, X_1, X_2, X_3,轮函数中使用的 F 函数有两支输出 F_1 和 F_2,则 IDEA 型 1 轮加密可以表示为

$$Y_0 = X_0 \oplus F_2(K_1, X_0 \oplus X_2, X_1 \oplus X_3)$$
$$Y_1 = X_1 \oplus F_1(K_1, X_0 \oplus X_2, X_1 \oplus X_3)$$
$$Y_2 = X_2 \oplus F_2(K_1, X_0 \oplus X_2, X_1 \oplus X_3)$$
$$Y_3 = X_3 \oplus F_1(K_1, X_0 \oplus X_2, X_1 \oplus X_3)$$

容易看出,图 2-22(b)是(a)的扩展结构,基于这种结构还可以继续扩展。

2.4.2　Lai-Massey 结构安全性

首先分析 Lai-Massey 结构轮函数的输入输出差分形如 $(\alpha, \alpha) \rightarrow (\alpha, \alpha)$ 的概率。

性质 2-11　设 Lai-Massey 结构轮函数 Q_k 的输入输出差分为 $(\alpha, \alpha) \rightarrow (\alpha, \alpha)$,则对应的概率为 $p_\sigma(\alpha \rightarrow \alpha)$。

证明:设 Lai-Massey 结构的两个输入分别为 $(x+\alpha, y+\alpha)$ 和 (x, y),其中 $F, \sigma: G \rightarrow G$, $Q_k: G^2 \rightarrow G^2$,则 F 函数对应的两个输出均为 $F_k(x-y)$,因而轮函数 Q_k 的两个输出差分为

$$Q_k(x+\alpha, y+\alpha) - Q_k(x, y)$$
$$= (\sigma(x+\alpha+F_k(x-y)), y+\alpha+F_k(x-y)) - (\sigma(x+F_k(x-y)), y+F_k(x-y))$$
$$= (\sigma(x+\alpha+F_k(x-y)) - \sigma(x+F_k(x-y)), \alpha)$$

从而使得该输出差分为(α,α)的概率为

$$\frac{1}{|G|^2}\#\{(x,y)\mid Q_k(x+\alpha,y+\alpha)-Q_k(x,y)=(\alpha,\alpha)\}$$

$$=\frac{1}{|G|^2}\#\{(x,y)\mid(\sigma(x+\alpha+F_k(x-y))-\sigma(x+F_k(x-y)),\alpha)=(\alpha,\alpha)\}$$

$$=\frac{1}{|G|^2}\#\{(x,y)\mid\sigma(x+\alpha+F_k(x-y))-\sigma(x+F_k(x-y))=\alpha\}$$

记$x-y\triangleq z$,则有

$$\frac{1}{|G|^2}\#\{(x,y)\mid\sigma(x+\alpha+F_k(x-y))-\sigma(x+F_k(x-y))=\alpha\}$$

$$=\frac{1}{|G|^2}\#\{(x,z)\mid\sigma(x+\alpha+F_k(z))-\sigma(x+F_k(z))=\alpha\}$$

$$=\frac{1}{|G|^2}\sum_z\#\{x\mid\sigma(x+\alpha+F_k(z))-\sigma(x+F_k(z))=\alpha\}$$

记$\alpha+F_k(z)\triangleq t$,则有

$$\frac{1}{|G|^2}\sum_z\#\{x\mid\sigma(x+\alpha+F_k(z))-\sigma(x+F_k(z))=\alpha\}$$

$$=\frac{1}{|G|^2}\sum_z\#\{t\mid\sigma(t+\alpha)-\sigma(t)=\alpha\}$$

$$=\frac{1}{|G|^2}\times|G|\#\{t\mid\sigma(t+\alpha)-\sigma(t)=\alpha\}$$

$$=\frac{1}{|G|}\#\{t\mid\sigma(t+\alpha)-\sigma(t)=\alpha\}$$

$$=p_\sigma(\alpha\to\alpha)$$

其中,$\#$指的是集合$\{\cdot\}$中元素的个数。以上推导说明轮函数Q_k输入输出差分$(\alpha,\alpha)\to(\alpha,\alpha)$的概率为$p_\sigma(\alpha\to\alpha)$。

定义 2-10 设$(\alpha_i,\beta_i)\to(\alpha_{i+1},\beta_{i+1})$是 Lai-Massey 结构第$i$轮轮函数的输入输出差分,则称

$$(\alpha_1,\beta_1)\to(\alpha_2,\beta_2)\to\cdots\to(\alpha_{r+1},\beta_{r+1})$$

为r轮 Lai-Massey 结构的一条起点为(α_1,β_1)、终点为$(\alpha_{r+1},\beta_{r+1})$的差分路径,并记$\prod_{i=1}^r p_{Q_{k_i}}((\alpha_i,\beta_i)\to(\alpha_{i+1},\beta_{i+1}))$为该差分路径的概率。

2.4.3 Lai-Massey 结构和 Feistel 结构

Lai-Massey 结构和 Feistel 结构都是对合的,这两种结构可以统一表示为图 2-23 的形式,A是线性变换对应的系数矩阵,当$A=I$(单位矩阵)时,该结构是 Lai-Massey 结构;当$A=O$(全零矩阵)时,该结构是 Feistel 结构。进一步,容易得到以下一般性结论。

定理 2-1 如图 2-24 所示结构为$\mathcal{F}_{ABCD}$,设A,B,C,D均为线性变换的系数矩阵,F是任意一个变换,z是F对应的输出,$\mathcal{F}_{ABCD}$对合的一个充分条件为$AC\oplus BD=O$。

证明：图 2-24 中，如果 $AC \oplus BD = O$，那么有
$$A(x \oplus Cz) \oplus B(y \oplus Dz) = Ax \oplus By$$

使用结构 $\mathcal{F}_{ABCD}$ 将 (x, y) 加密两轮，容易得到结果仍为 (x, y)，即结构 $\mathcal{F}_{ABCD}$ 是对合的。所以 $AC \oplus BD = O$ 是结构 $\mathcal{F}_{ABCD}$ 对合的一个充分条件。

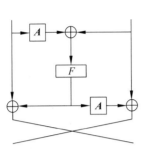

图 2-23　Lai-Massey 结构与 Feistel 结构（一）

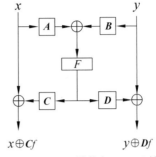

图 2-24　Lai-Massey 结构与 Feistel 结构（二）

值得注意的是，定理 2-1 中 $AC \oplus BD = O$ 不仅是结构 $\mathcal{F}_{ABCD}$ 对合的充分条件，也是必要条件。下面将 $\mathcal{F}_{ABCD}$ 进一步推广，对定理 2-1 完成充分必要性证明。如图 2-25 所示，将输入状态的 2 分块推广至 n 分块 $(x_0, x_1, \cdots, x_{n-1}) \in \mathbb{F}_2^{b \times n}$；令 $\boldsymbol{A} = [\boldsymbol{A}_0, \boldsymbol{A}_1, \cdots, \boldsymbol{A}_{n-1}]$ 和 $\boldsymbol{B} = [\boldsymbol{B}_0, \boldsymbol{B}_1, \cdots, \boldsymbol{B}_{n-1}]$，其中 $\boldsymbol{A}_i$、$\boldsymbol{B}_i$ 均为线性变换的系数矩阵，$\boldsymbol{A}_i$ 对应 $\mathbb{F}_2^b \to \mathbb{F}_2^t$ 上的映射，$\boldsymbol{B}_i$ 对应 $\mathbb{F}_2^t \to \mathbb{F}_2^b$ 上的映射，$0 \leq i \leq n-1$；F 是 $\mathbb{F}_2^t$ 上的任意一个映射。定义 $F_{\boldsymbol{A}, \boldsymbol{B}}: \mathbb{F}_2^{b \times n} \to \mathbb{F}_2^{b \times n}$ 为

$$y_i = x_i \oplus \boldsymbol{B}_i F(h), \quad 0 \leq i \leq n-1$$

其中 $(y_0, y_1, \cdots, y_{n-1}) = F_{\boldsymbol{A}, \boldsymbol{B}}(x_0, x_1, \cdots, x_{n-1})$，$h = \boldsymbol{A}_0 x_0 \oplus \boldsymbol{A}_1 x_1 \oplus \cdots \oplus \boldsymbol{A}_{n-1} x_{n-1}$，$x_i, y_i \in \mathbb{F}_2^b$。

将 $\mathbb{F}_2^t \to \mathbb{F}_2^t$ 上所有映射的集合记为 $\mathcal{B}_t$，结构 $\mathcal{F}_{\boldsymbol{A}, \boldsymbol{B}}$ 定义为 $\mathcal{F}_{\boldsymbol{A}, \boldsymbol{B}} = \{F_{\boldsymbol{A}, \boldsymbol{B}} \mid F \in \mathcal{B}_t\}$。如果对于所有 $F \in \mathcal{B}_t$，$F_{\boldsymbol{A}, \boldsymbol{B}}$ 都可逆，那么称结构 $\mathcal{F}_{\boldsymbol{A}, \boldsymbol{B}}$ 可逆。

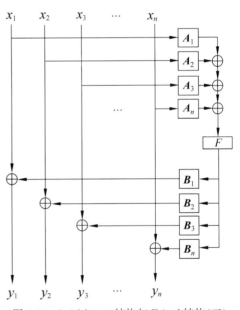

图 2-25　Lai-Massey 结构与 Feistel 结构（三）

定理 2-2　$\mathcal{F}_{\boldsymbol{A}, \boldsymbol{B}}$ 可逆当且仅当 $\boldsymbol{A}_0 \boldsymbol{B}_0 \oplus \boldsymbol{A}_1 \boldsymbol{B}_1 \oplus \cdots \oplus \boldsymbol{A}_{n-1} \boldsymbol{B}_{n-1} = O$。进一步，对于任意可逆的 $F_{\boldsymbol{A}, \boldsymbol{B}}$，始终有 $F_{\boldsymbol{A}, \boldsymbol{B}}^{-1} = F_{\boldsymbol{A}, \boldsymbol{B}}$。

证明：充分性。假设 $\boldsymbol{A}_0 \boldsymbol{B}_0 \oplus \boldsymbol{A}_1 \boldsymbol{B}_1 \oplus \cdots \oplus \boldsymbol{A}_{n-1} \boldsymbol{B}_{n-1} = 0$，那么 $\mathcal{F}_{\boldsymbol{A}, \boldsymbol{B}}$ 是可逆的。此外，对于任何可逆实例 $F_{\boldsymbol{A}, \boldsymbol{B}}$，$F_{\boldsymbol{A}, \boldsymbol{B}}^{-1} = F_{\boldsymbol{A}, \boldsymbol{B}}$ 始终成立。

如果 $\boldsymbol{A}_0 \boldsymbol{B}_0 \oplus \boldsymbol{A}_1 \boldsymbol{B}_1 \oplus \cdots \oplus \boldsymbol{A}_{n-1} \boldsymbol{B}_{n-1} = 0$，那么，当 $X = (x_0, x_1, \cdots, x_{n-1}) \in \mathbb{F}_2^{b \times n}$ 时可以得到以下等式成立：

$$\sum_{i=0}^{n-1} \boldsymbol{A}_i y_i = \sum_{i=0}^{n-1} \boldsymbol{A}_i (x_i \oplus \boldsymbol{B}_i F(h))$$

$$= \sum_{i=0}^{n-1} \boldsymbol{A}_i x_i \oplus \left(\sum_{i=0}^{n-1} \boldsymbol{A}_i \boldsymbol{B}_i \right) F(h) = \sum_{i=0}^{n-1} \boldsymbol{A}_i x_i$$

因此,对于任何 $F_{A,B}$,$F_{A,B} \circ F_{A,B}(X) = X$,这表明 $\mathcal{F}_{A,B}$ 是可逆的,并且 $F_{A,B}^{-1} = F_{A,B}$。

必要性。假设 $\mathcal{F}_{A,B}$ 是可逆的,那么总有 $\boldsymbol{A}_0 \boldsymbol{B}_0 \oplus \boldsymbol{A}_1 \boldsymbol{B}_1 \oplus \cdots \oplus \boldsymbol{A}_{n-1} \boldsymbol{B}_{n-1} = 0$。

反之,若 $\boldsymbol{A}_0 \boldsymbol{B}_0 \oplus \boldsymbol{A}_1 \boldsymbol{B}_1 \oplus \cdots \oplus \boldsymbol{A}_{n-1} \boldsymbol{B}_{n-1} \neq 0$,那么在 $\mathbb{F}_2^t$ 中存在一个非零向量 $\boldsymbol{\beta}$,使得

$$(\boldsymbol{A}_0 \boldsymbol{B}_0 \oplus \boldsymbol{A}_1 \boldsymbol{B}_1 \oplus \cdots \oplus \boldsymbol{A}_{n-1} \boldsymbol{B}_{n-1}) \boldsymbol{\beta} \neq 0$$

给定 $\boldsymbol{\beta}$,接下来构造映射 F,使得 $F_{A,B}$ 不可逆,即它将两个不同原像映射为相同的像。对于任意 $(x_0, x_1, \cdots, x_{n-1}) \in \mathbb{F}_2^{b \times n}$,设

$$\begin{cases} F(\boldsymbol{A}_0 x_0 \oplus \boldsymbol{A}_1 x_1 \oplus \cdots \oplus \boldsymbol{A}_{n-1} x_{n-1}) = 0 \\ F(\boldsymbol{A}_0 x_0 \oplus \boldsymbol{A}_1 x_1 \oplus \cdots \oplus \boldsymbol{A}_{n-1} x_{n-1} \oplus (\boldsymbol{A}_0 \boldsymbol{B}_0 \oplus \boldsymbol{A}_1 \boldsymbol{B}_1 \oplus \cdots \oplus \boldsymbol{A}_{n-1} \boldsymbol{B}_{n-1}) \beta) = \beta \end{cases}$$

那么,根据 $F_{A,B}$ 的结构可以得到

$$F_{A,B}(x_0, x_1, \cdots, x_{n-1}) = (x_0, x_1, \cdots, x_{n-1})$$

以及

$$F_{A,B}(x_0 \oplus \boldsymbol{B}_0 \boldsymbol{\beta}, x_1 \oplus \boldsymbol{B}_1 \boldsymbol{\beta}, \cdots, x_{n-1} \oplus \boldsymbol{B}_{n-1} \boldsymbol{\beta}) = (x_0, x_1, \cdots, x_{n-1})$$

显然,$(\boldsymbol{B}_0 \boldsymbol{\beta}, \boldsymbol{B}_1 \boldsymbol{\beta}, \cdots, \boldsymbol{B}_{n-1} \boldsymbol{\beta}) \neq 0$,否则不满足 $(\boldsymbol{A}_0 \boldsymbol{B}_0 \oplus \boldsymbol{A}_1 \boldsymbol{B}_1 \oplus \cdots \oplus \boldsymbol{A}_{n-1} \boldsymbol{B}_{n-1}) \boldsymbol{\beta} \neq 0$。所以,$F_{A,B}$ 至少两个不同的原像 $(x_0, x_1, \cdots, x_{n-1})$ 和 $(x_0 \oplus \boldsymbol{B}_0 \boldsymbol{\beta}, x_1 \oplus \boldsymbol{B}_1 \boldsymbol{\beta}, \cdots, x_{n-1} \oplus \boldsymbol{B}_{n-1} \boldsymbol{\beta})$ 对应相同的输出 $(x_0, x_1, \cdots, x_{n-1})$。

由此得出,对于如上定义的 F,$F_{A,B}$ 不是单射,故不可逆。

结构 $\mathcal{F}_{A,B}$ 中的矩阵 $\boldsymbol{A}_i$ 可以是扩展变换、压缩变换、双射、非双射等;相应地,$\boldsymbol{B}_i$ 则为压缩变换、扩展变换等。对于选定的 $\boldsymbol{A}_i$,矩阵 $\boldsymbol{B}_i$ 的选择可以不唯一。为了保证结构的安全性,$\boldsymbol{A}_i$、$\boldsymbol{B}_i$ 的选取需满足一定的基本要求。

容易证明,Feistel 结构、Lai-Massey 结构、广义 Feistel 结构都是该结构的特例,相关证明留作习题。

2.5 MISTY 结构

MISTY 结构由日本著名密码学家 Matsui 等人于 1995 年提出,基于此结构设计了系列算法,包括 MISTY1、MISTY2 和 KASUMI。

2.5.1 MISTY 结构描述

MISTY 结构类似于 Feistel 结构,每轮只对输入的一半数据加密,具体描述见定义 2-11,结构如图 2-26 所示。

定义 2-11 假设输入数据为 (X_0, X_1),使用 F 函数、密钥 K 控制的轮函数 Q_K 可以表示为

$$Q_K : (X_0, X_1) \rightarrow (Y_0, Y_1)$$

$$Y_0 = X_1, \quad Y_1 = X_1 \oplus F(K, X_0)$$

一轮变换后输出 (Y_0, Y_1)，对应的结构称为 MISTY 结构。

MISTY 结构中 F 函数与 Feistel 结构中 F 函数的位置不同，相同的是在密钥 K 控制下都只对输入的一半数据加密。

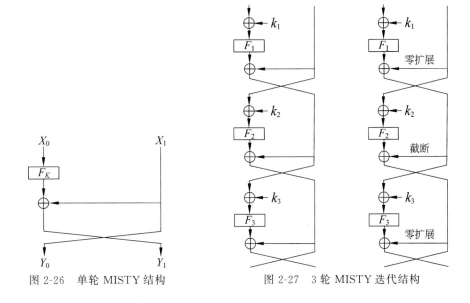

图 2-26　单轮 MISTY 结构　　　图 2-27　3 轮 MISTY 迭代结构

2.5.2　MISTY 结构安全性

假设图 2-27 中 F 函数为随机置换，那么针对 MISTY 结构的安全性分析具有以下几个结论。

1. 差分路径

性质 2-12　假设每个 F 函数都是置换，并且经过 F_i 的差分概率 DP^{F_i}（或线性概率 LP^{F_i}）小于 p，那么经过图 2-27 所示 3 轮整体结构 Q 的差分概率 DP^Q（或 LP^Q）小于 p^2。

即使输入明文被分成两个比特长度不等的字符串，类似的结论也成立。具体来说，将输入字符串分为 n_1 比特和 n_2 比特 $(n_1 \geqslant n_2)$。现在假设：在奇数轮中，右 n_2 比特字符串在左 n_1 比特字符串异或前被零扩展为 n_1 位；而在偶数轮中，右 n_1 比特字符串在左 n_2 比特字符串异或前被截断为 n_2 位。有性质 2-13 成立。

性质 2-13　在图 2-27 中，假设每个 F 函数都是置换，并且 DP^F（或 LP^{F_i}）小于 p。如果图 2-27 中所示的整个函数 $Q_k (k = k_1 \| k_2 \| k_3 \cdots)$ 至少有 3 轮，p_1、p_2、p_3 分别为每轮的差分概率，那么 DP^Q（或 LP^Q）小于

$$\max\{p_1 p_2, p_2 p_3, 2^{n_1 - n_2} p_1 p_3\}$$

证明过程留作练习。

2. 不可能差分区分器

性质 2-14　如图 2-28 所示，假设 MISTY 结构中 F_i 函数 $(1 \leqslant i \leqslant 4)$ 为随机置换，当

输入差分满足$(\alpha,0)$时,4轮变换之后输出差分为(β,β)的概率为0,即MISTY至少存在4轮不可能差分区分器。

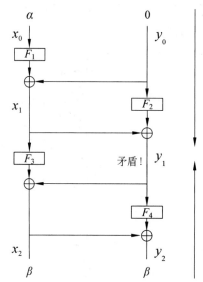

图2-28　MISTY的4轮不可能差分区分器

证明：假设输入差分满足$(x_0,y_0)=(\alpha,0)$,经过两轮变换之后在y_1处差分必非0;再假设4轮加密之后输出差分为$(x_2,y_2)=(\beta,\beta)$,经过两轮解密之后在y_1处差分必为0。由此出现矛盾,所以$(\alpha,0)\to(\beta,\beta)$为4轮不可能差分区分器。

与Feistel结构相比,MISTY结构除了以上性质之外,还具有一定轮数的积分区分器,有兴趣的读者可以将相关证明作为练习。

习题 2

（1）证明：Feistel结构为对合结构,即加解密结构相同。

（2）证明：当轮函数中F函数可逆时,则Feistel结构存在5轮不可能差分区分器,并举例说明。

（3）若n轮Feistel结构输入差分为α,输出差分仍为α,则定义其为n轮循环差分。假设Feistel结构F函数可逆,试证明其最多存在多少轮循环差分。

（4）为何Feistel结构中的F函数不要求可逆?结合Feistel结构和SP结构,构造一个整体对合结构。

（5）对于题（1）中构造的整体结构,分析其积分区分器轮数。

（6）在图2-6中,设每轮4个S盒并置,$\boldsymbol{P}=\begin{bmatrix}1&0&1&1\\1&1&0&1\\1&1&1&0\\0&1&1&1\end{bmatrix}$,求出$\boldsymbol{P}^{-1}$,并画出对应的

3轮区分器。

（7）假设 SP 结构中 P 扩散层是二元域上的矩阵，证明存在 4 轮不可能差分区分器。

（8）证明性质 2-5，即对于 SP 结构，设 S 盒为随机置换，那么无论 P 取哪一种线性变换，必存在 2 轮不可能差分区分器。

（9）当分块数为 4 时，TYPE-Ⅰ结构存在几轮不可能差分区分器/积分区分器？以 CAST-256 和 MARS 为例给出证明过程。

（10）当分块为 4 时，TYPE-Ⅲ结构存在几轮不可能差分区分器/积分区分器？给出证明过程。

（11）证明：Feistel 结构、Lai-Massey 结构、广义 Feistel 结构都是图 2-25 结构的特例。

（12）当 MISTY 结构中 F_i 函数为随机置换时，分析该结构存在的差分路径和积分区分器。

第 3 章 非线性组件

对于分组密码来说,密文随机性是衡量其是否安全的重要指标。从数学的角度解释,就是将明文作为自变量,将密文作为因变量,因变量越随机越好。如果密码变换是线性函数,则不安全;非线性变换相对安全,但是随着对确定型非线性函数的深入研究,简单的密码变换也不再安全。因此,要使用非确定型非线性函数作为密码变换,例如引入密钥或参数来增强非确定性;同时,若对于确定密钥无法列出该非线性函数的具体表达式,也能够使密码变换足够安全。

为了更好地实现非线性强度,只能在目前计算机可承受的计算能力范围内设计足够好的小规模非线性组件,如常用的 S 盒就是其中的一种,然后将这些组件通过一定的方式组合,大多数情况下采用某个代数结构上的线性组合,进而形成输入输出规模较大的可逆非线性函数,这样的函数经过多次重复迭代,每次迭代中加入不同密钥,最后形成具体的分组密码方案。

分组密码的非线性组件除了 S 盒之外,还有一种 ARX 结构,同样可以提供非线性功能,即模加(Add)、循环移位(Rotation)和异或(Xor)3 种运算组合在一起的结构,这种结构在很多分组密码和哈希函数中用到,具有优秀的混淆、扩散作用。目前发展最成熟的非线性组件是 S 盒,因此,S 盒的密码指标和设计方法备受关注[71-85],本章主要从这两方面进行介绍。

3.1 S 盒的密码指标

S 盒通常是分组密码和哈希函数中最重要的非线性组件之一,它的密码性能是决定整个密码算法安全性的关键,同时 S 盒的工作速度与整个算法的混淆速度成正比。对 S 盒的深入研究不仅有助于得到密码性能更优的非线性函数,进而提升分组密码的设计水平,而且对于密码算法分析也有相当重要的价值。

假设 S 盒输入为 n 比特,输出为 m 比特,则可以表示为映射

$$S(x) = (f_1(x), f_2(x), \cdots, f_m(x)) : F_2^n \rightarrow F_2^m$$

简称 $S(x)$ 是一个 $n \times m$ 的 S 盒,每一个分量函数 $f_i(x)$ 是 n 比特输入、1 比特输出的布尔函数($1 \leqslant i \leqslant m$)。当参数 m 和 n 选择得很大时,搜索某些攻击所用的统计特性比较困难;但是,m 和 n 过大会给 S 盒的设计实现带来困难,如增加算法的存储量、降低算法执

行速度等。从实现设计和安全性评估两个角度折中考虑,目前比较流行的是 4×4、8×8 的 S 盒。

S 盒的设计必须满足几个主要密码指标,通常包括差分均匀度、非线性度、代数次数、项数、代数免疫度、扩散特性和严格雪崩特性。

3.1.1　差分均匀度

差分分析和线性分析的提出给久经考验的 DES 密码以致命一击,尽管这两种攻击方法需要大量的选择明文或已知明文,但至少打破了 DES 牢不可破的梦想,可以在远少于强力攻击的时间内恢复主密钥,而导致分析成功的根本原因在于 DES 的 S 盒密码性能较弱。此后,越来越多的学者开始着力设计"强"的 S 盒,以增强基于 S 盒设计的分组密码的安全性。大量研究表明,S 盒抗差分分析的能力本质上取决于它的差分分布表和差分均匀度。

定义 3-1　称 $2^n\times2^m$ 阶矩阵 $\boldsymbol{\Lambda}(S)$ 为 $n\times m$ 的 S 盒的差分分布表,如果

$$\boldsymbol{\Lambda}(S)=\begin{pmatrix} \lambda_{00} & \lambda_{01} & \cdots & \lambda_{0(2^m-1)} \\ \lambda_{10} & \lambda_{11} & \cdots & \lambda_{1(2^m-1)} \\ \vdots & \vdots & \ddots & \vdots \\ \lambda_{(2^n-1)0} & \lambda_{(2^n-1)1} & \cdots & \lambda_{(2^n-1)(2^m-1)} \end{pmatrix}$$

其中 $\lambda_{\alpha\beta}=|\{x\in F_2^n\,|\,S(x)\oplus S(x\oplus\alpha)=\beta\}|$,$\alpha=0,1,\cdots,2^n-1$,$\beta=0,1,\cdots,2^m-1$。

显然,$\lambda_{0\beta}=\begin{cases}2^n(\beta=0)\\0(\beta\neq0)\end{cases}$,$2\,|\,\lambda_{\alpha\beta}$,并且 $\sum\limits_{\beta=0}^{2^m-1}\lambda_{\alpha\beta}=2^n$。特别地,当 S 为置换时,$\lambda_{\alpha0}=\begin{cases}2^n(\alpha=0)\\0(\alpha\neq0)\end{cases}$。

差分分析的关键在于利用了 S 盒差分分布表中的部分非零元素 $\lambda_{\alpha\beta}$,如果这些元素值明显大于其他各元素值,则对应的输入输出差分概率较大,即 $p(\alpha\rightarrow\beta)=\dfrac{\lambda_{\alpha\beta}}{2^n}$,有利于进行差分分析,为此引入差分均匀度的概念。

定义 3-2　设 $n\times m$ 的 S 盒的差分分布表为 $\boldsymbol{\Lambda}(S)=(\lambda_{\alpha\beta})$,则称

$$\delta(S)=\max\{\lambda_{\alpha\beta}\,|\,\alpha=1,2,\cdots,2^n-1,\beta=0,1,\cdots,2^m-1\}$$

为 S 盒的差分均匀度。

例 3-1　设 S 盒输入 3 比特,输出 3 比特,如表 3-1 所示。

表 3-1　S 盒的输入输出

输入	000	001	010	011	100	101	110	111
输出	010	101	011	111	110	100	000	001

对于每一个输入差分 α 和输出差分 β,遍历 $0\leqslant x\leqslant7$,对满足等式 $S(x)\oplus S(x\oplus\alpha)=\beta$ 的 x 计数,即得到 $\lambda_{\alpha\beta}$。以此类推,得到 $\boldsymbol{\Lambda}(S)$ 中的所有元素。S 盒的差分分布表如表 3-2 所示。

表 3-2　S盒的差分分布表

$\alpha\backslash\beta$	000	001	010	011	100	101	110	111
000	8	0	0	0	0	0	0	0
001	0	2	2	0	2	0	0	2
010	0	2	2	0	0	2	2	0
011	0	0	0	0	2	2	2	2
100	0	2	0	2	2	0	2	0
101	0	0	2	2	0	0	2	2
110	0	0	2	2	2	2	0	0
111	0	2	0	2	0	2	0	2

表 3-2 中输入差分为 001 时,输出差分为 001 的概率为 $p(001\rightarrow001)=\dfrac{2}{8}=\dfrac{1}{4}$,以此类推。容易看出,这个 S 盒的差分均匀度为 2,输入输出差分的最大概率为 $\dfrac{1}{4}$。

为了抵抗差分分析,S 盒的差分均匀度应当尽可能小。对于 $n\times m$ 的 S 盒,差分均匀度可能达到的最小值为 2^{n-m+1}。但当 $m>n$ 时,S 盒不具备正交性,因此只能寻求 $m<n$ 时 $\delta(S)\geqslant2^{n-m+1}$ 的 S 盒。

定义 3-3　给定 $n\times m$ 的 S 盒,若 $\Lambda(S)$ 的每一行(第一行除外)均有相等数目(一般为 2^{m-1})的 0 和非零元,且非零元的值均为 2^{n-m+1},则称 S 为几乎完全非线性(Almost Perfect Nonlinear,APN)置换,此时 $\delta(S)=2^{n-m+1}$。

特别地,当 S 为双射函数时,称 S 为 APN 置换,此时 $\delta(S)=2$,达到最小值。

定理 3-1　对于 $n\times n$ 的 S 盒,当 n 为奇数时有最小差分均匀度 $\delta(S)=2$,当 n 为偶数时通常有 $\delta(S)>2$。

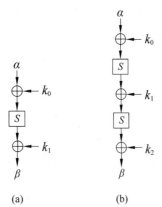

(a)　　　　(b)

图 3-1　采用相同 S 盒的两种迭代加密结构

图 3-1 是采用相同 S 盒的两种迭代加密结构,输入输出差分为 (α,β)。假设 S 盒输入和输出均为 n 比特,差分均匀度为 σ,则这两种结构的差分概率 $p(\alpha,\beta)$ 并不相同。

对于图 3-1(a) 的结构,最大差分特征概率由 S 盒的差分均匀度决定,即 $p(\alpha,\beta)\leqslant\sigma/2^n$;对于图 3-1(b) 的结构,最大差分特征概率由两个 S 盒的差分均匀度决定,即根据马尔可夫迭代法则,为 $p(\alpha,\beta)\leqslant\sigma^2/2^{2n}$,有可能小于随机函数概率。因此,多轮迭代会减小特定差分路径的概率。

3.1.2　非线性度

非线性度的概念最初由 Pieprzyk 等人在 1988 年提出,它是 S 盒的主要设计指标之一,决定了基于 S 盒设计的密码算法抵抗线性分析的能力。由于 $n \times m$ 的 S 盒都可以表示成 m 个布尔函数,所以下面先给出布尔函数 f 的非线性度定义。

定义 3-4　令 $f: F_2^n \rightarrow F_2$ 是一个 n 元布尔函数,$f(x)$ 的非线性度如下表示:

$$N_f = \min_{l \in L_n} d_H(f, l)$$

其中,L_n 表示全体 n 元线性和仿射函数之集,$d_H(f, l)$ 为 f 和 l 之间的海明距离。

定理 3-2　n 元布尔函数 f 的非线性度上界为 $2^{n-1} - 2^{(n/2)-1}$,当且仅当 f 为 Bent 函数时达到该上界 $2^{n-1} - 2^{(n/2)-1}$。

在定理 3-2 中,n 元 Bent 函数是指和每个线性布尔函数的距离都是 $2^{n-1} - 2^{(n/2)-1}$ 的 n 元布尔函数。因为 N_f 为正整数,所以 $n/2$ 必为整数,这说明 n 为偶数。故 Bent 函数存在的必要条件是 n 为偶数。虽然 Bent 函数的非线性度最佳,但它存在一些缺陷。例如,它不是平衡的(即输出的 0、1 个数不相等),还有它的代数次数不超过 $n/2$,等等。

定义 3-5　令 $S(x) = (f_1(x), f_2(x), \cdots, f_m(x)): F_2^n \rightarrow F_2^m$ 是一个多输出函数,则 $S(x)$ 的非线性度表示为

$$N_s = \min_{\substack{l(x) \in L_n \\ v \neq 0 \in GF(2)^m}} d_H(v \cdot S(x), l(x))$$

S 盒的非线性度指标可以由线性分布表表示,二者本质相同。非线性度考察满足 $v \cdot S(x) \oplus u \cdot x = 1$ 或 $v \cdot S(x) \oplus u \cdot x = 0$ 的 x 个数的最小值,线性分布表考察满足 $v \cdot S(x) \oplus u \cdot x = 0$ 的 x 的个数,即类似于差分分布表,对于输入 u 和 v 的每组值,遍历 S 盒输入 x,计算线性分布表中的每个值:

$$n_{uv} = |\{x \in GF(2)^n \mid v \cdot S(x) \oplus u \cdot x = 0\}|$$

其中,$u = 0, 1, \cdots, 2^n - 1$,$v = 0, 1, \cdots, 2^m - 1$,点乘($\cdot$)表示两个向量的内积运算,例如:

$$a \cdot b = [a_{n-1} a_{n-2} \cdots a_0] \cdot [b_{n-1} b_{n-2} \cdots b_0]^T = \bigoplus_{0 \leqslant i \leqslant n-1} a_i b_i$$

将以上得到的每个值填入一个 $n \times m$ 矩阵,组成 S 盒的线性分布表,即

$$L(S) = \begin{pmatrix} n_{00} & n_{01} & \cdots & n_{0(2^m-1)} \\ n_{10} & n_{11} & \cdots & n_{1(2^m-1)} \\ \vdots & \vdots & \ddots & \vdots \\ n_{(2^n-1)0} & n_{(2^n-1)1} & \cdots & n_{(2^n-1)(2^m-1)} \end{pmatrix}$$

例 3-1 中 S 盒的线性分布表如表 3-3 所示。

表 3-3　例 3-1 中 S 盒的线性分布表

$v \backslash u$	**000**	**001**	**010**	**011**	**100**	**101**	**110**	**111**
000	8	4	4	4	4	4	4	4
001	4	6	2	4	6	4	4	6
010	4	6	4	2	2	4	2	4
011	4	4	2	2	4	4	6	2
100	4	2	2	4	4	6	2	4

$v\backslash u$	000	001	010	011	100	101	110	111
101	4	4	4	4	6	2	2	2
110	4	4	6	2	6	6	4	4
111	4	6	4	6	4	6	4	2

表 3-3 中输入掩码为 001 时,输出掩码为 001 的概率为 $p(001{\rightarrow}001)=\dfrac{2}{8}=\dfrac{1}{4}$,以此类推。根据定义 3-5 容易得到上述 S 盒的非线性度为 2。

在随机情形下,输入掩码 $u\in F_2^n$ 对应输出掩码 $v\in F_2^m$ 的概率 p 为 $\dfrac{1}{2}$。用线性逼近能更好地刻画等式 $v\cdot S(x)=u\cdot x$ 成立的有效性,即 $\left|p-\dfrac{1}{2}\right|$,通常称为线性逼近优势,$v\cdot S(x)=u\cdot x$ 成立的概率 p 满足 $\left|p-\dfrac{1}{2}\right|\leqslant\dfrac{1}{2}-\dfrac{N_s}{2^n}$。

1993 年,Matsui 提出了适用于分组密码的线性分析方法,该攻击手段本质上基于 S 盒的低非线性度。给定一个 $n\times m$ 的 S 盒,线性分析者计算以下布尔函数值为 1 的自变量 x 的个数:

$$f(x_1,x_2,\cdots,x_n)=\left(a_0\oplus\left(\bigoplus_{i=1}^{n}(a_ix_i)\right)\right)\oplus\left(\bigoplus_{j=1}^{m}(b_jf_j(x_1,x_2,\cdots,x_n))\right)$$

其中 $a_0\in F_2^n$,且 $(a_1,a_2,\cdots,a_n)\in F_2^n$,$(b_1,b_2,\cdots,b_m)\in F_2^m$ 的分量均不全为 0,即计算 S 盒所有分量函数的任意非零线性组合的非线性度,使之不偏离 2^{n-1} 太远。

由此可见,为抵抗线性分析,S 盒的非线性度越大越好。利用布尔函数非线性的有关结论可得,$4\times m$ 的 S 盒和 $8\times m$ 的 S 盒的最佳优势分别为 2^{-2} 和 2^{-4}。

3.1.3 代数次数和项数

S 盒的代数次数用于衡量 S 盒的代数非线性程度,代数次数的大小一定程度上反映了 S 盒的线性复杂度,S 盒线性复杂度越高,越难用线性表达式逼近。而项数分布的程度和插值攻击密切相关。

定义 3-6 设 n 元布尔函数 $f:F_2^n\rightarrow F_2$ 的代数正规型为

$$f(x)=a_0\oplus\sum_{\substack{1\leqslant i_1<\cdots<i_k\leqslant n \\ 1\leqslant k\leqslant n}}a_{i_1i_2\cdots i_k}x_{i_1}x_{i_2}\cdots x_{i_k}$$

其中 $x=(x_1,x_2,\cdots,x_n)$,$a_0,a_{i_1i_2\cdots i_k}\in F_2$。$f(x)$ 的代数次数 $D(f)$ 为

$$D(f)=\max\{0\leqslant k\leqslant n\mid a_{i_1i_2\cdots i_k}=1,1\leqslant i_1<\cdots<i_k\leqslant n\}$$

$f(x)$ 的代数正规型中的 i 次项的个数称为 $f(x)$ 的 i 次项数,所有 $i(1\leqslant i\leqslant n)$ 次项数之和称为 $f(x)$ 的项数,即代数项数 $N(f)$ 为

$$N(f)=|\{a_0=1,a_{i_1i_2\cdots i_k}=1,1\leqslant i_1<\cdots<i_k\leqslant n,1\leqslant k\leqslant n\}|$$

由于 S 盒由若干布尔函数表示,所以关于 S 盒的代数次数作出如下描述。

定义 3-7　设 $n \times m$ 的 S 盒

$$S(x) = (f_1(x), f_2(x), \cdots, f_m(x)) : F_2^n \to F_2^m$$

其代数次数定义为

$$D(S) = \min\{D(v \cdot S) \mid v \neq 0, v \in F_2^m\}$$

$$= \min\left\{ D\left(\bigoplus_{i=1}^m (v_i f_i(x)) \right) \,\Big|\, v = (v_1, v_2, \cdots, v_m) \neq 0 \right\}$$

其中 $D(S)$ 表示 S 盒的代数次数。特别地,当 $D(S) = k$ 时,称 S 为 k 次 S 盒。

与代数次数定义类似,取项数最小的 $f(x) = v \cdot S(x)$ 的项数为 S 盒的项数,即

$$N(S) = \min\{N(v \cdot S) \mid v \neq 0, v \in F_2^m\}$$

$$= \min\left\{ N\left(\bigoplus_{i=1}^m (v_i f_i(x)) \right) \,\Big|\, v = (v_1, v_2, \cdots, v_m) \neq 0 \right\}$$

显然,对于非线性度最优的 $n \times m$ 的 S 盒,其代数次数可能达到的最大值为 $n-1$,而且具有 $D(S) = n-1$ 的 S 盒是存在的。

例 3-2　对于如表 3-1 所示的 S 盒,假设输入为 (x_2, x_1, x_0),输出为 (y_2, y_1, y_0),对应的真值表如表 3-4 所示。对于输出比特 y_0,容易列出其布尔表达式,进一步可写成代数正规型:

$$\begin{aligned} y_0 &= f_0(x) \\ &= \overline{x_2}\,\overline{x_1}x_0 \oplus \overline{x_2}x_1\,\overline{x_0} \oplus \overline{x_2}\,x_1 x_0 \oplus x_2 x_1 x_0 \\ &= x_0 \oplus x_1 \oplus x_1 x_0 \oplus x_2 x_0 \oplus x_2 x_1 \end{aligned}$$

表 3-4　真值表

x_2	x_1	x_0	y_2	y_1	y_0
0	0	0	0	1	0
0	0	1	1	0	1
0	1	0	0	1	1
0	1	1	1	1	1
1	0	0	1	1	0
1	0	1	1	0	0
1	1	0	0	0	0
1	1	1	0	0	1

同理可得 y_1、y_2 的代数正规型:

$$y_1 = 1 \oplus x_0 \oplus x_1 x_0 \oplus x_2 x_1$$

$$y_2 = x_0 \oplus x_2 \oplus x_2 x_0 \oplus x_2 x_1$$

容易推出,将这 3 个代数正规型线性组合之后,代数次数最小仍为 2,所以此 S 盒代数次数为 2。

对于一个好的 S 盒,每个分量布尔函数的代数次数最佳为 $n-1$。若存在分量布尔函数的代数次数太小,则安全性方面相应的积分性质较差,容易受积分分析的攻击。同样,若 $D(S)$ 很小,且具有 $D(S)$ 次项的各组合布尔函数的项数也很少,则可用较低次的布尔

函数进行快速逼近,因此密码性能安全的 S 盒要有一定的代数次数和项数。

例 3-3 由例 3-2 可知,该 S 盒具有代数正规型

$$\begin{cases} y_0 = x_0 \oplus x_1 \oplus x_1 x_0 \oplus x_2 x_0 \oplus x_2 x_1 \\ y_1 = 1 \oplus x_0 \oplus x_1 x_0 \oplus x_2 x_1 \\ y_2 = x_0 \oplus x_2 \oplus x_2 x_0 \oplus x_2 x_1 \end{cases}$$

选择 S 盒的输入 X 满足集合 $V = \{000, 001, 010, 011\}$,对 S 盒的 3 个分量布尔函数进行积分,得

$$\int_{X \in V} y_0 = \int_{X \in V} (x_0 \oplus x_1 \oplus x_1 x_0 \oplus x_2 x_0 \oplus x_2 x_1) = 1$$

$$\int_{X \in V} y_1 = \int_{X \in V} (1 \oplus x_0 \oplus x_1 x_0 \oplus x_2 x_1) = 1$$

$$\int_{X \in V} y_2 = \int_{X \in V} (x_0 \oplus x_2 \oplus x_2 x_0 \oplus x_2 x_1) = 0$$

即当 S 盒的输入 X 取遍 V 中所有值时,S 盒输出比特中最高位之和为 0,其余两位之和为 1,表示为 $\bigoplus_{X \in V} S(X) = 011$。这种性质可以称为 S 盒在集合 V 上的积分性质。

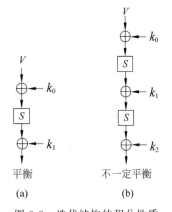

图 3-2   迭代结构的积分性质

基于上述 S 盒,对图 3-2 的两种结构作积分分析比较:

- 对于图 3-2(a)中的结构,当明文 P 取遍 V 中的值时,输出密文 C 的最高比特之和为 0,又称为平衡比特。

- 对于图 3-2(b)中的结构,当明文 P 取遍 V 中的值时,输出密文 C 的任意比特之和可能都不确定。

特殊地,因为此处 S 盒是一个置换,所以当输入 X 取遍 2^3 个值时,输出值的和必为 0。

假设 S 盒的输入为 n 比特,对于图 3-2(a)的结构,如果 S 盒的代数次数为 t,则存在明文集合 V 取合适的 2^t 个值,对应的输出存在平衡比特;对于图 3-2(b)的结构,两个 S 盒迭代后的代数次数可能为 t^2,呈指数级增长,若明文集合 V 仍然取 2^t 个值,则对应的输出不一定有平衡比特。因此,多轮迭代会增加代数次数。

对于一个理想的 S 盒,除了代数次数之外,每个分量布尔函数的 i 次项数应该接近于 $\binom{n}{i} \Big/ 2$,若项数太少,有可能提高插值攻击的成功率。

3.1.4   代数免疫度

代数免疫度是针对代数攻击而提出的,与非线性度有一定的关系。如果一个布尔函数 f 的非线性度比较低,那么它的代数免疫度就比较低;如果它的代数免疫度高,它的非

线性度将不会低,然而并不保证非线性度很高。

定义 3-8　设 f:$F_2^n \to F_2$ 是一个 n 元布尔函数,则 $f(x)$ 的代数免疫度 $\mathrm{AI}_n(f)$ 是使得 $fg=0$ 或 $(f \oplus 1)g=0$ 成立的非零布尔函数 g 的最小代数次数。

定义 3-9　设 $n \times m$ 的 S 盒

$$S(x)=(f_1(x),f_2(x),\cdots,f_m(x)):F_2^n \to F_2^m$$

则 S 盒代数免疫度定义为

$$\mathrm{AI}(S)=\min\{\mathrm{AI}(v \cdot S) \mid v \neq 0, v \in F_2^m\}$$

$$=\min\left\{\mathrm{AI}\left(\bigoplus_{i=1}^m (v_i f_i(x))\right) \;\middle|\; v=(v_1,v_2,\cdots,v_m) \neq 0\right\}$$

例 3-4　设 f:$F_2^3 \to F_2$,$f(x)=x_2x_3 \oplus x_1x_2x_3$,当 $g(x)=x_1$ 时,显然有 $fg=0$,所以布尔函数 f 的代数免疫度为 1。

定理 3-3　$f(x)$ 是 n 元布尔函数,则 $\mathrm{AI}(f) \leqslant \left\lceil \dfrac{n}{2} \right\rceil$($\left\lceil \dfrac{n}{2} \right\rceil$ 表示大于 $\dfrac{n}{2}$ 的最小整数)。

由定理 3-3 可以得到代数免疫度的计算方法。如果存在一个布尔函数 $g(x)$,$g(x) \neq 0$,有 $g(x)f(x)=0$ 或 $g(x)(1 \oplus f(x))=0$,且 $\deg(g)<d$(其中 $\deg(g)$ 表示 $g(x)$ 的次数),则有 $\mathrm{AI}(f)<d$;如果布尔函数 $f(x)$ 不存在次数小于 d 的零化多项式,那么 $f(x)$ 的代数免疫度为 $\mathrm{AI}(f) \geqslant d$。求解 $\mathrm{AI}(f)$ 有以下几个步骤:

第一步,令 $d=\left\lceil \dfrac{n}{2} \right\rceil$,写出次数小于 d 的 n 元布尔函数表达式:

$$\begin{aligned}
g(x)=&a_0 \oplus a_1x_1 \oplus \cdots a_nx_n \oplus a_{1,2}x_1x_2 \oplus \cdots \oplus a_{n-1,n}x_{n-1}x_n \\
&\oplus \cdots \oplus a_{1,2,\cdots,(d-1)}x_1x_2\cdots x_{d-1} \\
&\oplus \cdots \oplus a_{(n-d+2),\cdots,(n-1),n}x_{(n-d+2)}\cdots x_{n-1}x_n
\end{aligned}$$

$g(x)$ 的系数个数为 $\sum\limits_{i=0}^{d-1}\binom{n}{i}$。

第二步,对于满足 $f(x)=1$ 的所有 x,有 $g(x)=0$。将 x 代入 $g(x)=0$ 中,得到一个线性方程组,方程的个数为 $w(f)$,未知量个数为 $\sum\limits_{i=0}^{d-1}\binom{n}{i}$。

第三步,判断是否存在次数少于 d 的非零的零化多项式 $g(x)$,归结为求上述齐次线性方程组是否存在非零解。如果上述齐次线性方程组有非零解,则找到布尔函数 $f(x)$ 的一个次数小于 d 的零化多项式。令 $d=\left\lceil \dfrac{n}{2} \right\rceil -1$,重复第一步至第三步。如果上述齐次线性方程组只有零解,则 $f(x)$ 没有次数小于 d 的零化多项式。

第四步,对于满足 $f(x) \oplus 1=1$ 的所有 x,重复第二步和第三步。

第五步,输出 $\mathrm{AI}(f)=d$。

例 3-5　设 $f(x_1,x_2,x_3)=x_1 \oplus x_3 \oplus x_1x_3 \oplus x_2x_3$,则 $d=\left\lceil \dfrac{3}{2} \right\rceil=2$,即 $g(x)$ 的代数次数小于 2,其真值表如表 3-5 所示。

表 3-5　f 函数真值表

x_3	x_2	x_1	f
0	0	0	0
0	0	1	1
0	1	0	0
0	1	1	1
1	0	0	1
1	0	1	1
1	1	0	0
1	1	1	0

设 $g(x)=a_0\oplus a_1x_1\oplus a_2x_2\oplus a_3x_3$，将使得 $f(x)=1$ 的值 001、011、100、101 分别代入 $g(x)=0$，得

$$\begin{cases} a_0\oplus a_1=0 \\ a_0\oplus a_1\oplus a_2=0 \\ a_0\oplus a_3=0 \\ a_0\oplus a_1\oplus a_3=0 \end{cases}$$

以上方程组只有零解，继续将 $f(x)\oplus 1=1$ 的值 000、010、011、111 代入 $g(x)=0$，得

$$\begin{cases} a_0=0 \\ a_0\oplus a_2=0 \\ a_0\oplus a_2\oplus a_3=0 \\ a_0\oplus a_1\oplus a_2\oplus a_3=0 \end{cases}$$

以上方程组也只有零解，故 $f(x)$ 的代数免疫度为 2。

对于输入为 n 比特的布尔函数 $f(x)$，代数免疫度最佳为 $\left\lceil\frac{n}{2}\right\rceil$。若对于 $0\neq v\in F_2^m$，都有 $\mathrm{AI}(v\cdot S)=\left\lceil\frac{n}{2}\right\rceil$，则该 S 盒的代数免疫度达到最优。

3.1.5　扩散特性和严格雪崩特性

扩散特性和严格雪崩特性用于衡量 S 盒输出改变量对于输入改变量的随机性，也是 S 盒设计的重要指标。

定义 3-10　设 $f:F_2^n\to F_2$ 是一个 n 元布尔函数。如果 $f(x\oplus\boldsymbol{\alpha})\oplus f(x)$ 是一个平衡函数，称 $f(x)$ 关于非零向量 $\boldsymbol{\alpha}\in F_2^n$ 满足扩散准则。如果对所有的向量 $\boldsymbol{\alpha}\in F_2^n:1\leqslant W_H(\boldsymbol{\alpha})<k$，$f(x)$ 满足扩散准则，称 $f(x)$ 满足 k 次扩散准则。

上述定义中 $W_H(\alpha)$ 指 α 的重量，即 α 的二进制表中 1 的个数。

定义 3-11　设 $n\times m$ 的 S 盒 $S(x)=(f_1(x),f_2(x),\cdots,f_m(x)):F_2^n\to F_2^m$，如果各分量函数 $f_i(x)$ 关于 $\boldsymbol{\alpha}$ 满足扩散准则，就称 S 盒关于元素 $\boldsymbol{\alpha}\in\mathrm{GF}(2)^n$ 满足扩散准则。进

一步,如果 S 盒关于所有 $\boldsymbol{\alpha} \in \mathrm{GF}(2)^n, 1 \leqslant W_H(\alpha) < k$ 均满足扩散准则,则称 S 盒满足 k 次扩散准则。

特别地,若 $\sum\limits_{x}(S(x) \oplus S(x \oplus e)) = \Big(\sum\limits_{x}(f_1(x) \oplus f_1(x \oplus e)), \cdots, \sum\limits_{x}(f_m(x) \oplus f_m(x \oplus e))\Big) = (2^{n-1}, \cdots, 2^{n-1})$ 对任意 $e \in \mathrm{GF}(2)^n, W_H(e) = 1$ 均满足扩散准则,则称 S 盒满足严格雪崩准则(Strict Avalanche Criterion,SAC)。

例 3-6 函数 $f(x_1, x_2, x_3) = x_1 x_2 \oplus x_3$ 不满足严格雪崩准则。

因为 $f(x_1 \oplus 1, x_2, x_3) \oplus f(x_1, x_2, x_3) = x_2$ 和 $f(x_1, x_2 \oplus 1, x_3) \oplus f(x_1, x_2, x_3) = x_1$ 是平衡的,但 $f(x_1, x_2, x_3 \oplus 1) \oplus f(x_1, x_2, x_3) = 1$ 不是平衡的,所以函数 f 不满足严格雪崩准则。

例 3-7 函数 $f(x_1, x_2, x_3) = x_1 x_2 \oplus x_2 x_3 \oplus x_1 x_3$ 满足严格雪崩准则。

因为 $f(x_1 \oplus 1, x_2, x_3) \oplus f(x_1, x_2, x_3) = x_2 \oplus x_3$、$f(x_1, x_2 \oplus 1, x_3) \oplus f(x_1, x_2, x_3) = x_1 \oplus x_3$ 和 $f(x_1, x_2, x_3 \oplus 1) \oplus f(x_1, x_2, x_3) = x_2 \oplus x_1$ 都是平衡布尔函数,所以函数 f 满足严格雪崩准则。

定义 3-12 设 $n \times m$ 的 S 盒 $S(x) = (f_1(x), f_2(x), \cdots, f_m(x)): F_2^n \rightarrow F_2^m$,S 盒满足雪崩准则是指改变 S 盒输入的 1 比特,大约有一半输出比特改变。

定义 3-13 设 $n \times m$ 的 S 盒 $S(x) = (f_1(x), f_2(x), \cdots, f_m(x)): F_2^n \rightarrow F_2^m$,S 盒满足严格雪崩准则是指改变输入的 1 比特,每个输出比特改变的概率为 $\dfrac{1}{2}$。

此定义是对严格雪崩准则的另一种解释,是定义 3-11 的特殊情形。

例 3-8 如图 3-3 所示,哈希函数输出摘要值为 160 比特,输入改变 1 比特时,摘要值随之改变了大约一半。当输入 000 变为 001 时,摘要值改变了 79 比特;当 000 变为 010 时,摘要值改变了 79 比特;当 001 变为 010 时,摘要值改变了 85 比特。

这个哈希函数展示了良好的雪崩效应。

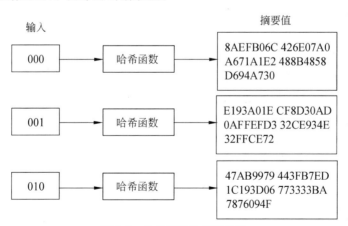

图 3-3 哈希函数的雪崩效应

除了差分均匀度、非线性度、代数次数和项数、代数免疫度、扩散特性与严格雪崩特性这几个主要的密码指标之外,设计 S 盒时还要注意能否满足可逆性、消除不动点等。值得注意的是,S 盒的某些密码指标是一致的,如差分均匀度与非线性度,某些指标有一定的制约关系,如代数次数与扩散特性,具体设计时需要折中考虑。

3.2 S 盒的设计方法

基于 3.1 节所述 S 盒的几项主要密码指标,人们提出了许多 S 盒设计方法。一般地,可以将 S 盒的设计方法分成三大类:第一类是随机生成,便于密码系统中动态 S 盒替换;第二类是基于数学函数设计,容易达到密码安全指标;第三类是基于已有组件设计,便于软硬件实现。在轻量级算法设计中由于资源受限,S 盒设计倾向于更少的逻辑电路门数和深度,设计这一类 S 盒时,在保证密码指标的前提下可以通过启发式算法等方法进行逻辑电路门数和深度搜索。

3.2.1 随机生成

利用随机生成方法设计的 S 盒可以使人们相信没有陷门。其基本步骤是:随机生成一批 S 盒,再对它们进行测试,选出指标性能较好的进行应用。尽管这是一种完全随机的 S 盒设计方法,但是用这种方法寻找好的 S 盒需要花费很多时间,并且要在设计者计算能力允许的条件下进行。

例 3-9 DES 的 S 盒一般被认为是随机设计的,1976 年美国 NSA 披露了该 S 盒的设计原则:

(1) 每个 S 盒的每一行是整数 0～15 的一个全排列。

(2) 每个 S 盒的输出都不是其输入的线性函数或仿射函数。

(3) 改变 S 盒任意 1 比特的输入,其输出至少有 2 比特发生变化。

(4) 对 S 盒的任意 6 比特输入 x,$S(x)$ 与 $S(x \oplus 001100)$ 至少有 2 比特不同。

(5) 对 S 盒的任意 6 比特输入 x,且 $\alpha, \beta \in \{0,1\}$,有 $S(x) \neq S(x \oplus 11\alpha\beta00)$。

(6) 保持 S 盒的任一位输入不变,其他 5 位输入任意变化时,所有 4 比特输出中 0 与 1 的总数接近相等。

根据以上原则,设计者给出了 8 个 S 盒,以 S_1 为例,如表 3-6 所示。S_1 包含 4 行,每一行都是 0～15 的一个全排列。设输入 $B_j = b_1 b_2 b_3 b_4 b_5 b_6$,将 $b_1 b_6$ 和 $b_2 b_3 b_4 b_5$ 作为二进制数,若 $b_1 b_6$ 和 $b_2 b_3 b_4 b_5$ 对应的十进制数分别为 r 和 $c(0 \leqslant r \leqslant 3, 0 \leqslant c \leqslant 15)$,则 S_1 中的第 r 行、第 c 列处的十进制数对应的二进制形式就是 S_1 的输出。例如,输入 110100,首尾 2 比特"10"对应 2 所指示的行,中间 4 比特"1010"对应 10 指示的列,S_1 输出为 2 行 10 列交叉处的数字 9,对应二进制形式为 1001。

表 3-6 DES 的 S_1

S_1	0	1	2	3	4	5	6	7	8	9	10	11	12	13	14	15
0	14	4	13	1	2	15	11	8	3	10	6	12	5	9	0	7
1	0	15	7	4	14	2	13	1	10	6	12	11	9	5	3	8
2	4	1	14	8	13	6	2	11	15	12	9	7	3	10	5	0
3	15	12	8	2	4	9	1	7	5	11	3	14	10	0	6	13

由于 S_1 输入 6 比特，输出 4 比特，所以平均每 4 个不同输入对应一个相同的输出，差分均匀度比较大。表 3-7 是 S_1 的差分分布表。

表 3-7　S_1 的差分分布表

S_1	0	1	2	3	4	5	6	7	8	9	10	11	12	13	14	15
0	64	0	0	0	0	0	0	0	0	0	0	0	0	0	0	0
1	0	0	0	6	0	2	4	4	0	10	12	4	10	6	2	4
2	0	0	0	8	0	4	4	4	0	6	8	6	12	6	4	2
3	14	4	2	2	10	6	4	2	6	4	4	0	2	2	2	0
4	0	0	0	6	0	10	10	6	0	4	6	4	2	8	6	2
5	4	8	6	2	2	4	4	2	0	4	4	0	12	2	4	6
6	0	4	2	4	8	2	6	2	8	4	4	2	4	2	0	12
7	2	4	10	4	0	4	8	4	2	4	8	2	2	2	4	4
8	0	0	0	12	0	8	8	4	0	6	2	8	8	2	2	4
9	10	2	4	0	2	4	6	0	2	2	8	0	10	0	2	12
10	0	8	6	2	2	8	6	0	6	4	6	0	4	0	2	10
11	2	4	0	10	2	2	4	0	2	6	2	6	6	4	2	12
12	0	0	0	8	0	6	6	0	0	6	6	4	6	6	14	2
13	6	6	4	8	4	8	2	6	0	6	4	0	0	2	0	2
14	0	4	8	8	6	6	4	0	6	6	4	0	0	4	0	8
15	2	0	2	4	4	6	4	2	4	8	2	2	2	6	8	8
16	0	0	0	0	0	0	2	14	0	6	6	12	4	6	8	6
17	6	8	2	4	6	4	8	6	4	0	6	6	0	4	0	0
18	0	8	4	2	6	6	4	6	6	4	2	6	6	0	4	0
19	2	4	4	6	2	0	4	6	2	0	6	8	4	6	4	6
20	0	8	8	0	10	0	4	2	8	2	2	4	4	8	4	0
21	0	4	6	4	2	2	4	10	6	2	0	10	0	4	6	4
22	0	8	10	8	0	2	2	6	10	2	0	2	0	6	2	6
23	4	4	6	0	10	6	0	2	4	4	4	6	6	6	2	0
24	0	6	6	0	8	4	2	2	2	4	6	8	6	6	2	2
25	2	6	2	4	0	8	4	6	10	4	0	4	2	8	4	0
26	0	6	4	0	4	6	6	6	6	2	2	0	4	4	6	8
27	4	4	2	4	10	6	6	4	6	2	2	2	2	2	4	2

S_1	0	1	2	3	4	5	6	7	8	9	10	11	12	13	14	15
28	0	10	10	6	6	0	0	12	6	4	0	0	2	4	4	0
29	4	2	4	0	8	0	0	2	10	0	2	6	6	6	14	0
30	0	2	6	0	14	2	0	0	6	4	10	8	2	2	6	2
31	2	4	10	6	2	2	2	8	6	8	0	0	0	4	6	4
32	0	0	0	10	0	12	8	2	0	6	4	4	4	2	0	12
33	0	4	2	4	4	8	10	0	4	4	10	0	4	0	2	8
34	10	4	6	2	2	8	2	2	2	2	6	0	4	0	4	10
35	0	4	4	8	0	2	6	0	6	6	2	10	2	4	0	10
36	12	0	0	2	2	2	2	0	14	14	2	0	2	6	2	4
37	6	4	4	12	4	4	4	10	2	2	2	0	4	2	2	2
38	0	0	4	10	10	10	2	4	0	4	6	4	4	4	2	0
39	10	4	2	0	2	4	2	0	4	8	0	4	8	8	4	4
40	12	2	2	8	2	6	12	0	0	2	6	0	4	0	6	2
41	4	2	2	10	0	2	4	0	0	14	10	2	4	6	0	4
42	4	2	4	6	0	2	8	2	2	14	2	6	2	6	2	2
43	12	2	2	2	4	6	6	2	0	2	6	2	6	0	8	4
44	4	2	2	4	0	2	10	4	2	2	4	8	8	4	2	6
45	6	2	6	2	8	4	4	4	2	4	6	0	8	2	0	6
46	6	6	2	2	0	2	4	6	4	0	6	2	12	2	6	4
47	2	2	2	2	2	6	8	8	2	4	4	6	8	2	4	2
48	0	4	6	0	12	6	2	2	8	2	4	4	6	2	2	4
49	4	8	2	10	2	2	2	2	6	0	0	2	2	4	10	8
50	4	2	6	4	4	2	2	4	6	6	4	8	2	2	8	0
51	4	4	6	2	10	8	4	2	4	0	2	2	4	6	2	4
52	0	8	16	6	2	0	0	12	6	0	0	0	0	8	0	6
53	2	2	4	0	8	0	0	0	14	4	6	8	0	2	14	0
54	2	6	2	2	8	0	2	2	4	2	6	8	6	4	10	0
55	2	2	12	4	2	4	4	10	4	4	2	6	0	2	2	4
56	0	6	2	2	2	0	2	2	4	6	4	4	4	6	10	10
57	6	2	2	4	12	6	4	8	4	0	2	4	2	4	4	0

续表

S_1	0	1	2	3	4	5	6	7	8	9	10	11	12	13	14	15
58	6	4	6	4	6	8	0	6	2	2	6	2	2	6	4	0
59	2	4	6	4	0	0	2	4	6	8	6	4	4	6	2	
60	0	10	4	0	12	0	4	2	6	0	4	12	4	4	2	0
61	0	8	6	2	2	6	0	8	4	4	0	4	0	12	4	4
62	4	8	2	2	2	4	4	14	4	2	0	2	0	4	4	4
63	4	8	4	2	4	0	2	4	4	2	4	8	8	6	2	2

显然,S_1 的差分均匀度为 16,根据 3.1 节其他密码指标的定义,可测得非线性度为 18,4 个分量布尔函数的代数次数都为 5,代数项数为 [27,33,38,29],代数免疫度为 [4,5, 4,5]。

3.2.2 基于数学函数设计

在大多数情况下,基于数学函数设计可以保证 S 盒有较好的密码性能。常用的设计方法有下面几种。

1. 对数函数和指数函数

对数函数和指数函数互为反函数,基于有限域上的这两类函数可以构造 S 盒以及 S 盒的逆,例如 SAFER 系列分组密码使用的 S 盒[9]。

例 3-10 SAFER 系列分组密码的 S 盒设计采用了两个函数,分别是对数函数 $y=\log_a x$ 和指数函数 $y=a^x$,具体如下:

- 对数函数为 $\log_{45}x$。当 $x=0$ 时,约定 $\log_{45}0=128$。
- 指数函数为 $45^x \bmod 257$。当 $x=128$ 时,约定 $45^{128} \bmod 257=0$。

它们的差分均匀度在传统的异或运算下并不好,但是 SAFER 系列分组密码的轮密钥嵌入使用了模 256 加,在差分定义为模 256 减时,它们的差分均匀性还可以接受。指数函数的分量布尔函数的代数次数为 [7,7,7,7,7,7,6,6],代数项数为 [160,138,121,130,119,108,46,56];对数函数的分量布尔函数代数次数都为 7,代数项数为 [122,126,113,123,138,110,104,110]。

2. 有限域上的逆映射

许多著名的密码算法采用伽罗瓦域上的逆映射作为 S 盒。例如,SHARK、Square、AES 等密码算法的 S 盒设计都采用了这种方法。

例 3-11 SHARK 的 S 盒基于 $GF(2^m)$ 上的映射 $F(x)=x^{-1}$ 设计。差分均匀度为 4,代数次数等于 $m-1$。然而,由于该 S 盒在 $GF(2^n)$ 中的表达式太简单,导致了 SHARK 密码对插值攻击的脆弱性。

基于不同代数结构上数学函数的复合运算进行设计可以消除抗插值攻击的脆弱性,例如 AES 分组密码的 S 盒设计。

例 3-12 AES 的 S 盒由以下两个有限域上的变换合成而得。在 GF(2^8)中定义不可约多项式 $m(x)=x^8+x^4+x^3+x+1$。

(1) 对于 $x\neq 00$，在 GF(2^8)上计算 $x\rightarrow x^{-1}$，定义 $00\rightarrow 00$。

(2) 对得到的逆字节进行 GF(2)的仿射变换：

$$
\begin{bmatrix} s_7 \\ s_6 \\ s_5 \\ s_4 \\ s_3 \\ s_2 \\ s_1 \\ s_0 \end{bmatrix} = \begin{bmatrix} 1 & 1 & 1 & 1 & 1 & 0 & 0 & 0 \\ 0 & 1 & 1 & 1 & 1 & 1 & 0 & 0 \\ 0 & 0 & 1 & 1 & 1 & 1 & 1 & 0 \\ 0 & 0 & 0 & 1 & 1 & 1 & 1 & 1 \\ 1 & 0 & 0 & 0 & 1 & 1 & 1 & 1 \\ 1 & 1 & 0 & 0 & 0 & 1 & 1 & 1 \\ 1 & 1 & 1 & 0 & 0 & 0 & 1 & 1 \\ 1 & 1 & 1 & 1 & 0 & 0 & 0 & 1 \end{bmatrix} \begin{bmatrix} y_7 \\ y_6 \\ y_5 \\ y_4 \\ y_3 \\ y_2 \\ y_1 \\ y_0 \end{bmatrix} + \begin{bmatrix} 0 \\ 1 \\ 1 \\ 0 \\ 0 \\ 0 \\ 1 \\ 1 \end{bmatrix}
$$

按上述方法构造的 AES 的 S 盒如表 3-8 所示。这种 S 盒的差分均匀度为 4，非线性度为 112，都达到了最优。分量布尔函数的代数次数为 $[7,7,7,7,7,7,7,7]$，代数项数为 $[110,112,114,131,136,145,133,132]$，代数免疫度为 $[4,4,4,4,4,4,4,4]$，也都达到了最优。

表 3-8　S 盒的列表描述

S	0	1	2	3	4	5	6	7	8	9	A	B	C	D	E	F
0	63	7c	77	7b	f2	6b	6f	c5	30	01	67	2b	fe	d7	ab	76
1	ca	82	c9	7d	fa	59	47	f0	ad	d4	a2	af	9c	a4	72	c0
2	b7	fd	93	26	36	3f	f7	cc	34	a5	e5	f1	71	d8	31	15
3	04	c7	23	c3	18	96	05	9a	07	12	80	e2	eb	27	b2	75
4	09	83	2c	1a	1b	6e	5a	a0	52	3b	d6	b3	29	e3	2f	84
5	53	d1	00	ed	20	fc	b1	5b	6a	cb	be	39	4a	4c	58	cf
6	d0	ef	aa	fb	43	4d	33	85	45	f9	02	7f	50	3c	9f	a8
7	51	a3	40	8f	92	9d	38	f5	bc	b6	da	21	10	ff	f3	d2
8	cd	0c	13	ec	5f	97	44	17	c4	a7	7e	3d	64	5d	19	73
9	60	81	4f	dc	22	2a	90	88	46	ee	b8	14	de	5e	0b	db
A	e0	32	3a	0a	49	06	24	5c	c2	d3	ac	62	91	95	e4	79
B	e7	c8	37	6d	8d	d5	4e	a9	6c	56	f4	ea	65	7a	ae	08
C	ba	78	25	2e	1c	a6	b4	c6	e8	dd	74	1f	4b	bd	8b	8a
D	70	3e	b5	66	48	03	f6	0e	61	35	57	b9	86	c1	1d	9e
E	e1	f8	98	11	69	d9	8e	94	9b	1e	87	e9	ce	55	28	df
F	8c	a1	89	0d	bf	e6	42	68	41	99	2d	0f	b0	54	bb	16

3. 有限域上的幂函数

利用有限域上的特殊函数设计 S 盒引起了许多研究者的关注,基于幂函数 $y=x^a$ 的设计应运而生,例如 MISTY 算法中使用的 S 盒[76]。

例 3-13　　MISTY 算法一共有两个 S 盒,分别是 7 比特输入输出的 S_7 和 9 比特输入输出的 S_9。设计 S_7 和 S_9 的三大标准如下:

(1) 平均差分/线性概率足够小。

(2) 硬件实现延迟小。

(3) 代数次数尽可能高。

S 盒的设计原则主要为利用 $GF(2^7)$ 和 $GF(2^9)$ 上的幂函数并进行仿射变换 $A \circ x^a \circ B$,α 要满足 $(2^i-1,\alpha)=1$,遍历线性变换 A 和部分 B,不影响差分均匀度和线性概率,但是会影响代数次数和硬件实现效率(延迟)。值得注意的是,代数次数与 α 的海明重量一致。

遍历 $S_i(x)=A \circ x^a (i=7,9)$ 的线性变换 A。对于 $GF(2^7)$ 上的 S_7,通过测试得到每个布尔函数:

- 代数次数为 4 时,输出比特的逻辑电路深度至少为 21。
- 代数次数为 3 时,输出比特的逻辑电路深度至少为 10。
- 代数次数为 2 时,输出比特的逻辑电路深度至少为 1。

经折中考虑,选择代数次数为 3、代数项数为 13 的 S_7。以下是其输出比特的 7 个布尔表达式:

$$y_0 = x_0 \oplus x_1x_3 \oplus x_0x_3x_4 \oplus x_1x_5 \oplus x_0x_2x_5 \oplus x_4x_5 \oplus x_0x_1x_6 \oplus x_2x_6 \\ \oplus x_0x_5x_6 \oplus x_3x_5x_6 \oplus 1$$

$$y_1 = x_0x_2 \oplus x_0x_4 \oplus x_3x_4 \oplus x_1x_5 \oplus x_2x_4x_5 \oplus x_6 \oplus x_0x_6 \oplus x_3x_6 \oplus x_2x_3x_6 \\ \oplus x_1x_4x_6 \oplus x_0x_5x_6 \oplus 1$$

$$y_2 = x_1x_2 \oplus x_0x_2x_3 \oplus x_4 \oplus x_1x_4 \oplus x_0x_1x_4 \oplus x_0x_5 \oplus x_0x_4x_5 \oplus x_3x_4x_5 \oplus x_1x_6 \\ \oplus x_3x_6 \oplus x_0x_3x_6 \oplus x_4x_6 \oplus x_2x_4x_6$$

$$y_3 = x_0 \oplus x_1 \oplus x_0x_1x_2 \oplus x_0x_3 \oplus x_2x_4 \oplus x_1x_4x_5 \oplus x_2x_6 \\ \oplus x_1x_3x_6 \oplus x_0x_4x_6 \oplus x_5x_6 \oplus 1$$

$$y_4 = x_dx_3 \oplus x_0x_4 \oplus x_1x_3x_4 \oplus x_5 \oplus x_2x_5 \oplus x_1x_2x_5 \oplus x_0x_3x_5 \oplus x_1x_6 \oplus x_1x_5x_6 \\ \oplus x_4x_5x_6 \oplus 1$$

$$y_5 = x_0 \oplus x_1 \oplus x_2 \oplus x_0x_1x_2 \oplus x_0x_3 \oplus x_1x_2x_3 \oplus x_1x_4 \oplus x_0x_2x_4 \oplus x_0x_5 \\ \oplus x_0x_1x_5 \oplus x_3x_5 \oplus x_0x_6 \oplus x_2x_5x_6$$

$$y_6 = x_0x_1 \oplus x_3 \oplus x_0x_3 \oplus x_2x_3x_4 \oplus x_0x_5 \oplus x_2x_5 \oplus x_3x_5 \oplus x_1x_3x_5 \oplus x_1x_6 \\ \oplus x_1x_2x_6 \oplus x_0x_3x_6 \oplus x_4x_6 \oplus x_2x_5x_6$$

S_9 为 $GF(2^9)$ 上的线性变换 $A \circ x^a$,选择代数次数为 2,最小硬件实现逻辑电路深度为 12。以下是 S_9 的 9 个输出比特表达式:

$$y_0 = x_0x_4 \oplus x_0x_5 \oplus x_1x_5 \oplus x_1x_6 \oplus x_2x_6 \oplus x_2x_7 \oplus x_3x_7 \oplus x_3x_8 \oplus x_4x_8 \oplus 1$$

$$y_1 = x_0x_2 \oplus x_3 \oplus x_1x_3 \oplus x_2x_3 \oplus x_3x_4 \oplus x_4x_5 \oplus x_1x_5 \oplus x_0x_6 \oplus x_2x_6 \oplus x_7$$
$$\oplus x_0x_8 \oplus x_3x_8 \oplus x_5x_8 \oplus 1$$

$$y_2 = x_0x_1 \oplus x_1x_3 \oplus x_4 \oplus x_0x_4 \oplus x_2x_4 \oplus x_3x_4 \oplus x_4x_5 \oplus x_0x_6 \oplus x_5x_6 \oplus x_1x_7$$
$$\oplus x_3x_7 \oplus x_8$$

$$y_3 = x_0 \oplus x_1x_2 \oplus x_2x_4 \oplus x_5 \oplus x_1x_5 \oplus x_3x_5 \oplus x_4x_5 \oplus x_5x_6 \oplus x_1x_7 \oplus x_6x_7$$
$$\oplus x_2x_8 \oplus x_4x_8$$

$$y_4 = x_1 \oplus x_0x_3 \oplus x_2x_3 \oplus x_0x_5 \oplus x_3x_5 \oplus x_6 \oplus x_2x_6 \oplus x_4x_6 \oplus x_5x_6 \oplus x_6x_7$$
$$\oplus x_2x_8 \oplus x_7x_8$$

$$y_5 = x_2 \oplus x_0x_3 \oplus x_1x_4 \oplus x_3x_4 \oplus x_1x_6 \oplus x_4x_6 \oplus x_7 \oplus x_3x_7 \oplus x_5x_7 \oplus x_6x_7 \oplus x_0x_8$$
$$\oplus x_7x_8$$

$$y_6 = x_0x_1 \oplus x_3 \oplus x_1x_4 \oplus x_2x_5 \oplus x_4x_5 \oplus x_2x_7 \oplus x_5x_7 \oplus x_8 \oplus x_0x_8 \oplus x_4x_8$$
$$\oplus x_6x_8 \oplus x_7x_8 \oplus 1$$

$$y_7 = x_1 \oplus x_0x_1 \oplus x_1x_2 \oplus x_2x_3 \oplus x_0x_4 \oplus x_5 \oplus x_1x_6 \oplus x_3x_6 \oplus x_0x_7 \oplus x_4x_7$$
$$\oplus x_6x_7 \oplus x_1x_8 \oplus 1$$

$$y_8 = x_0 \oplus x_0x_1 \oplus x_1x_2 \oplus x_4 \oplus x_0x_5 \oplus x_2x_5 \oplus x_3x_6 \oplus x_5x_6 \oplus x_0x_7 \oplus x_4x_7$$
$$\oplus x_3x_8 \oplus x_6x_8 \oplus 1$$

上述两个 S 盒的差分均匀度都为 2，属于 APN 置换。然而，由于代数次数太低，采用这两个 S 盒设计的 MISTY1 和 KASUMI 算法都已被理论攻破。因此，基于代数次数太低的 S 盒设计密码算法，若迭代轮数不够则容易受到高阶差分分析或积分分析攻击。目前一般不直接用幂函数作为 S 盒，对它的研究还在继续。

3.2.3　基于已有组件设计

1. 基于已有 S 盒设计

基于一些已知的密码性能良好的 S 盒也可以构造新的 S 盒，例如 Serpent 算法所使用的 S 盒就是基于 DES 的 S 盒构造出来的[77]。通过这种构造方法找到一个各项指标都满足的 S 盒并不容易。小规模 S 盒组合构造的方式有很多，相对容易穷举测试；但是组合生成的大规模 S 盒不一定满足所有设计指标。

例 3-14　Serpent 算法采用 8 个不同的 4 比特 S 盒，需满足以下 3 个准则：

（1）每个差分特性的最大概率为 $\frac{1}{4}$，并且只有 1 比特非零的输入差分将永远不会导致只有 1 比特非零的输出差分。

（2）每个线性逼近的概率在 $\frac{1}{2} \pm \frac{1}{4}$ 范围内，并且只有 1 比特非零的输入掩码与只有 1 比特非零的输出掩码之间的线性关系概率在 $\frac{1}{2} \pm \frac{1}{8}$ 范围内。

（3）每个分量布尔函数的非线性次数最大，即达到 3。

S 盒的设计原理借鉴了 RC4 的模式。首先设两个数组，分别是 Serpent[.] 和 sbox[32][16]。Serpent[.] 包含"sboxesforserpent"这 16 个字符的 ASCII 码低 4 位值；sbox

[32][16]是 32×16 的二维数组,用 8 个 DES 的 S 盒(代码中记为 sbox)对其进行初始化。Swapentries(•,•)的作用是交换值,具体交换如算法 3-1 所示。如果生成的数组满足所需的差分和线性指标,保存该数组并将其作为 S 盒。重复该过程,直到生成 8 个 S 盒。

算法 3-1　Serpent 的 8 个 S 盒生成

```
index :=0
repeat
  currentsbox :=index modulo 32;
  for i :=0 to 15 do
    j :=sbox[(currentsbox+1) modulo 32][serpent[i]];
    swapentries (sbox[currentsbox][i],sbox[currentsbox][j]);
  if sbox[currentsbox][.] has the desired properties, save it;
  index :=index +1;
until 8 S-boxes have been generated
```

为了更好地理解算法 3-1,以下对该代码作简要解释。

符号约定:currentsbox 用 c 表示,index 用 in 表示,sbox 用 s 表示,serpent 用 se 表示,算法 3-1 的流程图如图 3-4 所示。

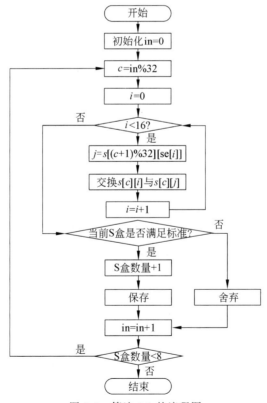

图 3-4　算法 3-1 的流程图

例 3-15　分组密码 Serpent 数组长为 16,其内容为"sboxesforserpent"这 16 个字符的 ASCII 码低 4 位值,如图 3-5 所示。

s	b	o	x	e	s	f	o	r	s	e	r	p	e	n	t
3	2	15	8	5	3	6	15	2	3	5	2	0	5	14	4

图 3-5 "sboxesforserpent"的低 4 位

sbox 数组是由 DES 的 8 个 S 盒初始化而成的。下面以 DES 的 S_1 为例,它对应 sbox[4][16] 共 64 个数。

当 $i=0,c=0$ 时,进入循环。

当 $i=0$ 时,$j=s[1][3]=4$,此时交换 $s[0][0]$ 与 $s[0][4]$ 的值。

当 $i=1$ 时,$j=s[1][2]=7$,此时交换 $s[0][1]$ 与 $s[0][7]$ 的值。

……

一直循环到 $i=15$,此时会产生一个新的 S 盒 sbox[0][.],如图 3-6 所示。判断该 S 盒是否满足标准,若满足则保存下来。最终生成的 8 个 S 盒如表 3-9 所示。

14	4	13	1	2	15	11	8	3	10	6	12	5	9	0	7
0	15	7	4	14	2	13	1	10	6	12	11	9	5	3	8
4	1	14	8	13	6	2	11	15	12	9	7	3	10	5	0
15	12	8	2	4	9	1	7	5	11	3	14	10	0	6	13

图 3-6 新的 S 盒 sbox[0][.]

表 3-9 生成的 8 个 S 盒

S_1	3	8	15	1	10	6	5	11	14	13	4	2	7	0	9	12
S_2	15	12	2	7	9	0	5	10	1	11	14	8	6	13	3	4
S_3	8	6	1	9	3	12	10	15	13	1	14	4	0	11	5	2
S_4	0	15	11	8	12	9	6	3	13	1	2	4	10	7	5	14
S_5	1	15	8	3	12	0	11	6	2	5	4	10	9	14	7	13
S_6	15	5	2	11	4	10	9	12	0	3	14	8	13	6	7	1
S_7	7	2	12	5	0	4	6	11	14	9	1	15	13	3	10	0
S_8	1	13	15	0	14	8	2	11	7	4	12	10	9	3	5	6

关于这 8 个 S 盒的安全指标测试留作习题。

2. 基于特定结构的 S 盒构造

下面基于经典的分组密码整体结构进行新的 S 盒构造,例如 CRYPTON v0.5 和 CRYPTON v1.0 分别基于 Feistel 结构、SP 结构设计了 S 盒[80]。

例 3-16 分组密码 CRYPTON v0.5 中使用的 S 盒基于 3 轮 Feistel 结构构造,生成的 S_0 和 S_1 互逆,如图 3-7 所示。

其中,s_0、s_1 和 s_2 是 3 个 4×4 的小规模 S 盒,不要求可逆,如表 3-10 所示。

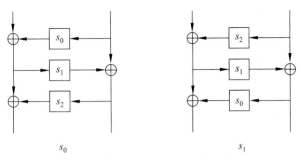

图 3-7 CRYPTON v0.5 的 S 盒

表 3-10 3 个 4×4 的小规模 S 盒

x	0	1	2	3	4	5	6	7	8	9	10	11	12	13	14	15
s_0	15	9	6	8	9	9	4	12	6	2	6	10	1	3	5	15
s_1	10	15	4	7	5	2	14	6	9	3	12	8	13	1	11	0
s_2	0	4	8	4	2	15	8	13	1	1	15	7	2	11	14	15

s_0、s_1 和 s_2 的差分均匀度分别为 2、4、4。以 s_0 为例,虽然其不可逆,但是并不影响差分均匀度达到最优 2。由这 3 个小规模 S 盒构成的两个大规模 S 盒 S_0、S_1 差分均匀度都为 8。

例 3-17 CRYPTON v1.0 中使用的 S 盒利用可逆 SP 结构构造,如图 3-8 和表 3-11 所示,其中 s_0、s_1 是两个 4×4 的可逆 S 盒。

输入的 8 比特分两组,分别查 s_0、s_1,输出的 8 比特再进行线性变换,最后经过两个小规模 S 盒的逆输出。显然,新构成的 S 盒是对合的,即 $S = S^{-1}$。

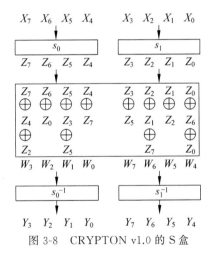

图 3-8 CRYPTON v1.0 的 S 盒

表 3-11 两个 4×4 的小规模 S 盒

x	0	1	2	3	4	5	6	7	8	9	10	11	12	13	14	15
s_0	15	14	10	1	11	5	8	13	9	3	2	7	0	6	4	12
s_1	11	10	13	7	8	14	0	5	15	6	3	4	1	9	2	12

关于 CRYPTON v0.5 和 CRYPTON v1.0 中两个 S 盒的安全指标测试留作习题。

3.2.4　S 盒轻量化设计

近十几年以来,随着微型计算和物联网的普及,越来越多的轻量级密码算法被陆续提出。2011 年,Shibutani 等人在 CHES2011 上提出了新的轻量级密码算法 Piccolo[78]。该算法采用了广义 Feistel 结构,分组长度为 64 比特,密钥长度为 80 比特或 128 比特,能够很好地抵御相关密钥攻击与中间相遇攻击等攻击方式。与其他轻量级分组密码相比,Piccolo 算法的最大优点在于硬件实现消耗小,尤其是 S 盒的设计,非常适用于资源受限环境。

例 3-18　Piccolo 算法频繁使用了 4×4 的 S 盒,具体如表 3-12 所示。

表 3-12　Piccolo 算法的 S 盒

x	0	1	2	3	4	5	6	7	8	9	a	b	c	d	e	f
$S(x)$	e	4	b	2	3	8	0	9	1	a	7	f	6	c	5	d

通过指标测试得到这个 S 盒的差分均匀度为 4,非线性度为 4,同样容易得到代数正规型表示如下:

$$y_0 = x_1 \oplus x_1 x_0 \oplus x_2 \oplus x_2 x_0 \oplus x_2 x_1 x_0 \oplus x_3 \oplus x_3 x_0 \oplus x_3 x_1 \oplus x_3 x_2 x_1$$
$$y_1 = 1 \oplus x_0 \oplus x_1 x_0 \oplus x_2 x_1 \oplus x_3 \oplus x_3 x_1 \oplus x_3 x_2 \oplus x_3 x_2 x_1$$
$$y_2 = 1 \oplus x_1 \oplus x_2 \oplus x_2 x_1 \oplus x_3$$
$$y_3 = 1 \oplus x_0 \oplus x_2 \oplus x_3 \oplus x_3 x_2$$

Piccolo 算法的 S 盒真值表如表 3-13 所示。下面通过卡诺图对该 S 盒实现需要的硬件资源进行简要评估,以输出比特 y_3 为例,如图 3-9 所示。

表 3-13　Piccolo 算法的 S 盒真值表

x_3,x_2,x_1,x_0	0000	0001	0010	0011	0100	0101	0110	0111
y_3,y_2,y_1,y_0	1110	0100	1011	0010	0011	1000	0000	1001
x_3,x_2,x_1,x_0	1000	1001	1010	1011	1100	1101	1110	1111
y_3,y_2,y_1,y_0	0001	1010	0111	1111	0110	1100	0101	1101

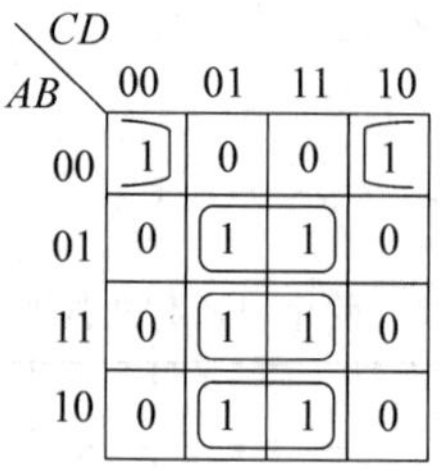

图 3-9　y_3 对应的卡诺图

由卡诺图得到对应的逻辑表示为

$$y_3 = \overline{A}B\overline{D} \oplus BD \oplus A\overline{B}D$$
$$= \overline{A}\overline{B} \oplus \overline{A}\overline{B}D \oplus (B \oplus A\overline{B})D$$
$$= \overline{A}\overline{B} \oplus \overline{A}\overline{B}D \oplus (B \oplus A \oplus AB)D$$
$$= \overline{A \vee B} \oplus \overline{A \vee B}D \oplus (A \vee B)D$$
$$= \overline{A \vee B} \oplus D$$

即有 $y_3 = \overline{x_3 \vee x_2} \oplus x_0$；同理可以得到 $y_2 = \overline{x_2 \vee x_1} \oplus x_3$；$y_1$ 与 y_0 的逻辑表达式留作练习。由此可以画出 Piccolo 算法的 S 盒逻辑电路,如图 3-10 所示。

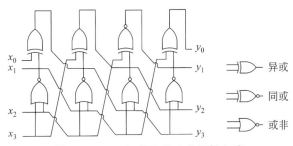

图 3-10　Piccolo 算法的 S 盒逻辑电路

按照硬件实现的逻辑运算占用电路门估计:

- 1 比特存储:6GE。
- 1 比特异或:2.67GE。
- 1 比特与:1.33GE。
- 1 比特或:1.33GE。
- 1 比特非:0.5GE。

所以 Piccolo 算法的 S 盒共需硬件资源约 18GE。

值得注意的是,由卡诺图得到的逻辑电路表示不具有唯一性,很多情况下会得到不同的逻辑电路表示。在 2016 年 FSE 会议上,有学者提出了 S 盒硬件实现指标,并提出了基于 SAT 求解器的启发式搜索方法。随着这种搜索方法的发展,设计轻量级 S 盒不仅要考虑逻辑电路门数,还要考虑逻辑电路深度(也称电路延迟),有关讨论见文献[81,82]。

同样,21 世纪提出的标准化算法也更注重轻量化实现。例如 SHA3 竞选胜出的 Keccack 算法,其中 S 盒为 5 比特输入、5 比特输出的置换,其逻辑电路如图 3-11 所示[83]。试估计其需要的逻辑电路门数。

对于输入输出规模超过 5 比特的 S 盒,尤其是分组密码中最常见的 8×8 的 S 盒设计,目前也会考虑轻量化实现。例如,AES 算法中的 S 盒可以通过塔域结构设计减小硬件实现需要的逻辑电路门数[84]。设计规模 16×16 的轻量化 S 盒也逐步提上了日程[85],其基本思路是:采用逆函数或幂函数设计差分、线性指标良好的 S 盒,然后基于代数结构进行逻辑电路实现和优化。相信今后轻量化 S 盒方向的研究会越来越深入。

除了本节介绍的几种 S 盒设计方法之外,直接基于电路结构、人工智能算法、混沌映射方法等都可以进行 S 盒设计。

基于不同方法设计的 S 盒由于特点不同而适用于不同的应用环境。例如,随机实现

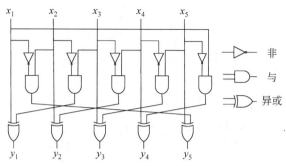

图 3-11　Keccack 的 S 盒逻辑电路

的 S 盒安全性能和实现性能都不易达到最好；基于数学函数设计的 S 盒容易满足安全指标，但是实现性能不一定最好；基于电路结构设计或人工智能算法搜索得到的 S 盒则更易于硬件实现和优化。所以，在选择 S 盒设计方法时，通常要考虑其应用环境，根据应用需求设计性能优良的 S 盒。

 习题 3

（1）计算例 3-1 中 y_2 是否满足严格雪崩准则。

（2）设 3×3 的 S 盒：[2,5,3,7,6,4,0,1]，计算其差分分布表、线性分布表、代数免疫度，写出代数正规型，判断它是否满足严格雪崩准则。

（3）查找 DES、AES 算法的 S 盒，编程测试对应的 6 项密码指标。

（4）研究 S 盒非线性度与线性分布表之间的关系。

（5）除了本章给出的 6 项密码指标之外，尝试分析 DES 算法中 S 盒的其他特点。

（6）测试 Serpent 算法的 8 个 S 盒的 6 项密码指标。

（7）测试例 3-17 中两个 4 比特小规模 S 盒的各项密码指标，再测试 CRYPTON v0.5、CRYPTON v1.0 的 S 盒各项密码指标，并进行比较。

（8）画出 Piccolo 算法的 S 盒其余输出 3 比特的卡诺图，并练习画出逻辑电路图。

（9）估算 Keccack 算法 S 盒的逻辑电路门数和深度。

（10）采用随机生成、基于数学函数、基于已有组件的方法分别设计一个 S 盒，并测试其 6 项密码指标，对比这 3 种方法生成的 S 盒性能。

（11）搜索给出所有差分均匀度为 2 的 3 比特输入输出 S 盒，并测试其他指标是否达到最优。

（12）选择一个分组密码，学习它的 S 盒设计方法，并完成对 S 盒设计的描述，包括画图和密码指标测试结果。

第4章

线 性 组 件

扩散和混淆是现代分组密码设计的两个基本原则。S盒作为非线性组件可以提供较好的混淆作用,但是与加密数据的分组长度相比,S盒输入输出规模较小,所以需要结合线性组件进一步将混淆功能尽可能地扩散到所有数据比特中。这样的线性组件通常称为扩散层,很多分组密码结构中都有这样的组件[86,87],例如 Feistel 结构中的交换和异或运算、SP结构中的线性变换,它们都提供了很好的扩散作用。

类似于S盒的轻量化设计,进入21世纪后,学者们开始关注轻量化扩散层的设计方法,并于搜索算法结合,提出了很多有效的硬件设计和优化思想[88-91]。

4.1 扩散层的密码指标

随着计算机计算能力的快速发展,分组密码加密的每组数据规模变大,需要使用线性变换将多个密码指标良好的S盒组合起来,以满足对大规模明文数据进行扩散和混淆的需求,例如,SP结构中扩散层由特定代数结构上的线性变换构成,经过多轮迭代将输入明文的特征扩散到更多的密文数据中,最终达到伪随机的目的。

4.1.1 分支数的概念

目前根据处理数据的规模可以将扩散层分为基于字节(或者半字节)和基于比特的扩散层。图 4-1 是基于半字节设计扩散层的 SP 结构的两个简单例子,假设每个小S盒是 4比特规模,则图 4-1 中的两个例子可以看作两个 16 比特的较大规模置换。

很显然,在图 4-1(a)中,若改变一个小S盒的输入,则只会影响与之对应的小S盒的输出发生改变;在图 4-1(b)中,一个小S盒的输入发生改变,则至少导致两个小S盒的输出发生改变。所以图 4-1(b)所示的 SP 结构的扩散性优于图 4-1(a)。

衡量扩散性优劣的一个重要指标就是分支数[86]。当输入规模为 n 个分量的线性变换分支数达到理论最大值 $n+1$ 时,被称为最优的。在扩散层设计中,尤其是基于 SP 结构的分组密码中,为了便于解密,往往采用有限域上的 n 阶可逆矩阵表示一个 n 维线性变换的系数矩阵。

定义 4-1 令 $\theta(x)=y$ 是一个 $(F_2^m)^n \to (F_2^m)^n$ 的线性变换,$x=(x_0,x_1,\cdots,x_{n-1})\in (F_2^m)^n$,则称 $B(\theta)=\min_{x\neq 0}[w_b(x)+w_b(\theta(x))]$ 为 θ 的分支数,其中 $w_b(x)$ 表示非零分量

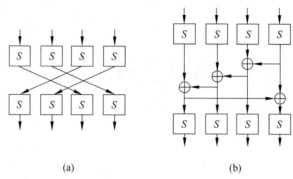

(a)   (b)

图 4-1　基于半字节设计扩散层的 SP 结构的两个简单例子

x_i 的个数。

例 4-1　图 4-1 中的两个扩散层可以表示成 GF(2)上的 4 阶线性变换：

$$\begin{pmatrix} y_3 \\ y_2 \\ y_1 \\ y_0 \end{pmatrix} = \boldsymbol{M} \times \begin{pmatrix} x_3 \\ x_2 \\ x_1 \\ x_0 \end{pmatrix}, \quad \boldsymbol{M}_a = \begin{pmatrix} 0 & 0 & 1 & 0 \\ 0 & 0 & 0 & 1 \\ 1 & 0 & 0 & 0 \\ 0 & 1 & 0 & 0 \end{pmatrix}, \quad \boldsymbol{M}_b = \begin{pmatrix} 1 & 1 & 1 & 1 \\ 0 & 1 & 1 & 1 \\ 0 & 0 & 1 & 1 \\ 1 & 1 & 1 & 0 \end{pmatrix}$$

遍历所有输入。由于系数矩阵只有 4 阶，所以容易测试得到 $\boldsymbol{M}_a$ 的分支数是 2，$\boldsymbol{M}_b$ 分支数是 3。

例 4-2　分组密码 AES 中的列变换如下所示，矩阵元素及乘法、加法都是定义在由二元域上不可约多项式 $m(x)=x^8+x^4+x^3+x+1$ 构造的 GF(2^8)上的运算，对应的系数矩阵是 MDS 矩阵，证明其分支数为 5。

$$\begin{pmatrix} y_3 \\ y_2 \\ y_1 \\ y_0 \end{pmatrix} = \begin{pmatrix} 02 & 03 & 01 & 01 \\ 01 & 02 & 03 & 01 \\ 01 & 01 & 02 & 03 \\ 03 & 01 & 01 & 02 \end{pmatrix} \begin{pmatrix} x_3 \\ x_2 \\ x_1 \\ x_0 \end{pmatrix}$$

证明：根据分支数的定义，假设输入 $x=[x_3,x_2,x_1,x_0]$，进行以下 4 种情况的遍历。

(1) 输入 1 个分量非零的情况有 4 种，不失一般性，令 $x=[x_3,0,0,0]$，则输出为 $y=[2x_3,x_3,x_3,3x_3]$，即输出 4 个分量全部非零。

(2) 输入 2 个分量非零的情况有 6 种，不失一般性，令 $x=[x_3,x_2,0,0]$，则输出为 $y=[2x_3\oplus3x_2,x_3\oplus2x_2,x_3\oplus x_2,3x_3\oplus x_2]$。假设其中有 2 个分量为零，由于任意一个二阶系数子阵都是满秩，所以输入分量只有零解，与输入 2 个分量非零的前提条件矛盾，故输出 4 个分量中至少有 3 个非零。

(3) 输入 3 个分量非零的情况有 4 种，分析过程与输入 2 个分量非零类似，输出至少有 2 个分量非零。

(4) 输入 4 个分量全部非零时，输出至少有 1 个分量非零。

综合以上情况，输入输出非零分量之和最少为 5，所以该矩阵分支数为 5。

根据例 4-2 可以得到 MDS 矩阵的一个判别方法：若有限域 GF(2^k)上 n 阶方阵 $\boldsymbol{A}$ 是 MDS 矩阵，则它的每一个 $i(1\leqslant i\leqslant n)$ 阶子阵都是满秩的。

以上两个例子中矩阵阶数都比较小。当阶数 n 较大时使用穷举搜索子阵的方法不容易确定分支数。下面用线性码的知识对分支数进行说明,并进一步给出搜索方法。对于任意一个参数为 $[n,k,d]$ 的线性码 C,系统化之后假设 G 为生成矩阵,那么有 $G=[I_k,A_{k\times(n-k)}]$,相应的校验矩阵为 H,满足

$$GH^T=HG^T=O$$

若 $n=2k$,则 $G=[I_k,A_{k\times(n-k)}]$ 中 $A_{k\times(n-k)}=A_{k\times k}$ 就是一个 k 阶方阵。根据矩阵与向量空间线性变换之间的关系,$A_{k\times k}$ 可以看作线性变换的系数矩阵,线性码的距离和分支数关系如定理 4-1 所示。

定理 4-1　令 C 是有限域 $\mathrm{GF}(q^n)$ 上的一个 $[2k,k,d]$ 线性码,$G=[I_k,A_{k\times k}]$ 是生成矩阵最简阶梯形,若定义 $\mathrm{GF}(q^n)^k$ 上的变换为

$$P:\mathrm{GF}(q^n)^k\rightarrow\mathrm{GF}(q^n)^k,\quad x\mapsto y=xA_{k\times k}$$

则 P 是一个置换,分支数为 d。

证明:先证分支数为 d。由定义得

$$B(P)=\min_{x\neq0}[w_b(x)+w_b(P(x))]=\min_{x\neq0}[w_b(x,xA_{k\times k})]$$

其中 $(x,xA_{k\times k})$ 是 C 中的码字,最小海明重量为 d,所以 P 的分支数为 d。

再证 P 是置换,只需证 P 所对应的矩阵 $A_{k\times k}$ 可逆即可。很明显,当 $G=[I_{k\times k},A_{k\times k}]$ 时,其相应的校验矩阵可以写成 $H=[I_k,B_{k\times k}]$,由校验矩阵的定义可知 $GH^T=I_k\oplus A_{k\times k}B_{k\times k}=O$,即 $I_k=-A_{k\times k}B_{k\times k}$,所以 $A_{k\times k}$ 是可逆矩阵。特别地,在特征为 2 的有限域上考虑时,则有 $I_k=A_{k\times k}B_{k\times k}$,即 $A_{k\times k}=(B_{k\times k}^{-1})^T$。所以 P 必是可逆置换。

综上所述,定理 4-1 的结论成立。

置换 P 的系数矩阵与生成矩阵 $G=[I_{k\times k},A_{k\times k}]$ 中的 $A_{k\times k}$ 是一一对应的,可以等同视之。

4.1.2　分支数测试方法

设 L 是 F_2 上的一个 $[n,k]$ 线性码,校验矩阵为 H,那么 L 的极小距离为 d 当且仅当 H 中存在 d 列线性相关,但任意 $d-1$ 列都线性无关。又根据线性码的性质可知线性码极小距离等于码的海明重量,所以在设计算法时,构造校验矩阵 $[M,I]$,设待测的分支数为 b_r,则检验校验矩阵 $[M,I]$ 中是否任意 b_r-1 列都线性无关;若满足,则检验是否存在 b_r 列线性相关;若存在,则分支数 $d=b_r$。在检验时,可以使用高斯消元法变换矩阵,通过计算秩判断列向量是否线性相关。注意,满秩为线性无关。具体测试方法参见例 4-3 以及算法 4-1。

例 4-3　设 G 相应的系统生成矩阵和校验矩阵为

$$G'=\begin{bmatrix}1&1&0&0\\1&0&1&0\\0&1&1&0\\1&1&1&1\end{bmatrix}I_{4\times4},\quad H'=\begin{bmatrix}&&&&1&1&0&1\\&I_{4\times4}&&&1&0&1&1\\&&&&0&1&1&1\\&&&&0&0&0&1\end{bmatrix}$$

G 和 G' 的差别仅是列的置换,所以 H 和 H' 的差别也是同样的列的置换,所以

$$H = \begin{bmatrix} 1 & 1 & 0 & 1 \\ 1 & 0 & 1 & 1 \\ 0 & 1 & 1 & 1 \\ 0 & 0 & 0 & 1 \end{bmatrix} \vdots \boldsymbol{I}_{4 \times 4}$$

该线性码的校验矩阵任意两列均线性独立,而第 1～3 列之和为零向量,所以存在着线性相关的 3 个列向量,从而最小海明重量为 3。

算法 4-1 分支数测试程序

```python
import copy
G =[[1, 1, 0, 0],
    [1, 0, 1, 0],
    [0, 1, 1, 0],
    [1, 1, 1, 1],
    ]
H =[]
G_len =len(G)
for row in range(G_len) temp =[]
    for columns in range(G_len):
    temp.append(G[columns][row])
    H.append(temp)
ans =[]
def dfs(now, pos, len, aim):
    # print(now, pos, len, aim)
    if (len ==aim):
        ans.append(copy.deepcopy(now))
    else:
        if((pos +1 < G_len) | (len +1 ==aim)):
            now.append(pos)
            dfs(now, pos +1, len +1, aim)
            now.remove(pos)
        if(pos < G_len -1):
            dfs(now, pos +1, len, aim)
        for i in range(2, G_len):
            break_flag =False
            now =[]
            dfs(now, 0, 0, i)
            for j in range(len(ans)):
                flag =True
                for row in range(0, G_len):
                    temp_ans =0
                    for columns in ans[j]:
                        temp_ans =(temp_ans +H[row][columns]) % 2
    if temp_ans ==1:
        flag =False
        continue
    if flag:
        print(i)
        break_flag =True
    if break_flag:
        break
ans.clear()
```

与 F_2 上矩阵分支数测试相比,F_{2^n} 上矩阵分支数测试更复杂一些,需要加入 F_{2^n} 上的运算规则,并对列向量进行高斯消元。这部分测试程序的编写留作课后练习。

4.1.3　分支数的作用

分支数在密码算法安全性评估中起着重要作用。影响差分特征评估的分支数称为差分分支数,类似地,影响线性特征评估的分支数称为线性分支数。二者稍有差异,扩散层的差分分支数与线性分支数分别如下表示:

$$B_{\mathrm{d}}=\min_{\Delta x\neq 0}\left[w_b(\Delta x)+w_b(\theta(\Delta x))\right]$$
$$B_1=\min_{\Gamma A(x)\neq 0}\left[w_b(\Gamma x)+w_b(\theta(\Gamma x))\right]$$

其中,θ 表示扩散层;$w_b(\Delta x)$ 是 Δx 的海明重量,即非零分量的个数。差分分支数与线性分支数不一定相等。若将 $\theta(\Delta x)$ 表示成 $\Delta x\cdot\boldsymbol{A}$ 的形式,那么线性分支数又可以表示成

$$B_1=\min_{\beta\neq 0}[w_b(\beta)+w_b(\beta\cdot\boldsymbol{A}^{\mathrm{T}})]$$

可见,差分分支数与线性分支数相等当且仅当 $\boldsymbol{A}=\boldsymbol{A}^{\mathrm{T}}$。当 n 阶可逆线性变换 θ 的分支数 $B(\theta)=n+1$ 时,其差分分支数和线性分支数一定相等,详见 4.2.1 节。

下面以 AES 算法为例,说明差分分支数对差分特征评估的作用。

例 4-4　AES 算法中的列混淆的系数矩阵是 MDS 矩阵,分支数为 5,在 SPS 结构中可以用来量化活跃 S 盒个数。如图 4-2 所示,"∗"表示活跃字节位置,2 轮 AES 算法的活跃 S 盒个数下界为 5,4 轮 AES 算法的活跃 S 盒个数下界为 25。每个 S 盒输入输出差分概率不大于 2^{-6}(由 S 盒差分均匀度决定),即 4 轮 AES 差分特征概率为 $p\leqslant(2^{-6})^{25}=2^{-150}$,远远小于随机置换概率 2^{-128}。此处活跃 S 盒指的是输入差分非零的 S 盒。图 4-2 中 SB、SR、MC 的含义见 6.2.1 节。

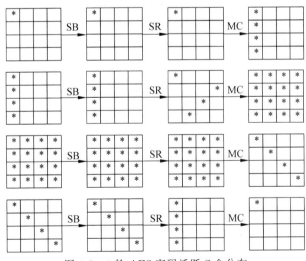

图 4-2　4 轮 AES 密码活跃 S 盒分布

综上所述,扩散层的分支数指标可以用来估计活跃 S 盒个数,进而估计差分特征的概率。一般地,假设 S 盒输入规模为 k 比特,差分均匀度为 δ,一条差分特征包含 N 个活跃

S盒,则差分特征的概率不超过$(\delta \times 2^{-k})^N$。

4.2 扩散层的设计方法

扩散层通常选择特定代数结构上密码性质较好的线性变换,也可以由相同或不同代数结构上的线性变换组合构成。扩散层的密码性质,如分支数,一般要求达到最优。有些分支数虽然不是局部(单轮)最优,但是会达到全局(若干轮或全轮)最优。此外,软硬件实现效率也是重要的评价指标之一。

4.2.1 基础构造方法

1. 有限域上最大距离可分码

最大距离可分码也称MDS码,指达到辛格尔顿界(Singleton bound)的码。MDS码由于其良好的性能而广泛应用于分组密码线性扩散层的设计,AES算法、Twofish算法、Shark算法等都采用MDS码设计扩散层的线性变换系数矩阵(简称MDS矩阵),n阶MDS矩阵分支数达到最大,即$n+1$。在同一个有限域上的MDS矩阵也有很多,软硬件实现效率差异较大。

例4-5 AES算法采用的列混淆变换软硬件实现效率都较高,如下表示:

$$\begin{bmatrix} b_0 \\ b_1 \\ b_2 \\ b_3 \end{bmatrix} = \begin{bmatrix} 02 & 03 & 01 & 01 \\ 01 & 02 & 03 & 01 \\ 01 & 01 & 02 & 03 \\ 03 & 01 & 01 & 02 \end{bmatrix} \begin{bmatrix} a_0 \\ a_1 \\ a_2 \\ a_3 \end{bmatrix}$$

对应系数矩阵为有限域$GF(2^8)$上MDS矩阵,该矩阵具有3个特点:

(1) 元素1尽可能多。

(2) 元素尽可能小。

(3) 元素海明重量尽可能小。

软件实现时,8位处理器上需要16次异或和8次查表。进行以下优化实现可以减少操作次数,提高实现速度,代价是需要两个额外存储字节。

$$t = a_0 {}^\wedge a_1 {}^\wedge a_2 {}^\wedge a_3$$
$$v = a_0 {}^\wedge a_1, v = \text{xtime}(v), a_0 = a_0 {}^\wedge v {}^\wedge t$$
$$v = a_1 {}^\wedge a_2, v = \text{xtime}(v), a_1 = a_1 {}^\wedge v {}^\wedge t$$
$$v = a_2 {}^\wedge a_3, v = \text{xtime}(v), a_2 = a_2 {}^\wedge v {}^\wedge t$$
$$v = a_3 {}^\wedge a_0, v = \text{xtime}(v), a_3 = a_3 {}^\wedge v {}^\wedge t$$

容易看出,优化后8位处理器上需要15次异或、4次查表和两个中间变量存储。

2. 二元线性码构造方法

当线性变换的系数矩阵为二元域上的矩阵时,不需要进行域上乘法运算,其实现速度快,所以这一类矩阵也很有实用价值。二元线性码就是二元域上的线性码$[n,k,d]$,它的生成矩阵为$G = [I_{n \times n}, A_{n \times n}]$,则$A$对应的线性变换$\Theta(x) = x \times A$的差分分支数为$d$。

n 阶二元矩阵的最大分支数等于二元线性码 $[2n,n]$ 的极小距离。

例 4-6　设一个分支数为 4 的 4 阶二元矩阵 $\boldsymbol{M}$，当它作为有限域 $\mathrm{GF}(2^8)$ 上线性变换的系数矩阵实现时如下表示：

$$\begin{bmatrix} U_1 \\ U_2 \\ U_3 \\ U_4 \end{bmatrix} = \boldsymbol{M} \cdot \begin{bmatrix} Y_1 \\ Y_2 \\ Y_3 \\ Y_4 \end{bmatrix}, \quad \boldsymbol{M} = \begin{bmatrix} 1 & 1 & 0 & 1 \\ 1 & 1 & 1 & 0 \\ 0 & 1 & 1 & 1 \\ 1 & 0 & 1 & 1 \end{bmatrix}$$

实现时需要 8 次字节异或：

$$U_1 = Y_1 \oplus Y_2 \oplus Y_4$$
$$U_2 = Y_1 \oplus Y_2 \oplus Y_3$$
$$U_3 = Y_2 \oplus Y_3 \oplus Y_4$$
$$U_4 = Y_1 \oplus Y_3 \oplus Y_4$$

时间-存储折中后只需 7 次字节异或和 1 字节存储：

$$t = Y_1 \oplus Y_2 \oplus Y_3 \oplus Y_4$$
$$U_1 = t \oplus Y_3$$
$$U_2 = t \oplus Y_4$$
$$U_3 = t \oplus Y_1$$
$$U_4 = t \oplus Y_2$$

虽然例 4-6 中优化减少的异或次数不多，但是在整个算法或长数据加密环境中的运算次数会大大减少，进而提升算法实现速度。

3. 多级线性变换构造

多级线性变换指通过两种及更多的扩散方式将小规模扩散层组合得到大规模的扩散层。例如，Camellia 和 ARIA 算法中使用的扩散层就属于这种情况，详见例 4-7、例 4-8。

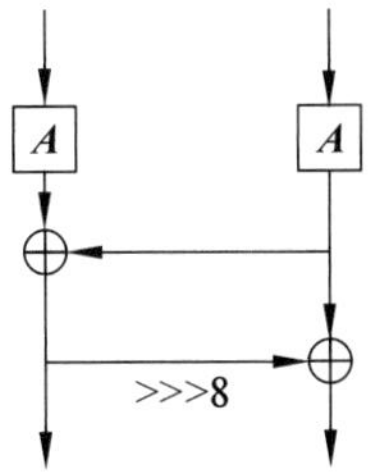

例 4-7　Camellia 算法的扩散层基于类似 Feistel 的结构设计[87]，如图 4-3 所示，将两个 4 阶二元矩阵组合，整体变换对应的系数矩阵是二元域上的 8 阶矩阵。

图 4-3　Camellia 算法的扩散层

其中 A：$\{0,1\}^{32} \rightarrow \{0,1\}^{32}$，

$$\begin{bmatrix} U_1 \\ U_2 \\ U_3 \\ U_4 \end{bmatrix} = \boldsymbol{M} \times \begin{bmatrix} Y_1 \\ Y_2 \\ Y_3 \\ Y_4 \end{bmatrix}, \quad \boldsymbol{M} = \begin{bmatrix} 1 & 1 & 0 & 1 \\ 1 & 1 & 1 & 0 \\ 0 & 1 & 1 & 1 \\ 1 & 0 & 1 & 1 \end{bmatrix}$$

根据 L 结构的特点，该变换对应的系数矩阵可以表示为

$$\boldsymbol{P} = \begin{bmatrix} \boldsymbol{I} & \boldsymbol{O} \\ \boldsymbol{H} & \boldsymbol{I} \end{bmatrix} \times \begin{bmatrix} \boldsymbol{I} & \boldsymbol{I} \\ \boldsymbol{O} & \boldsymbol{I} \end{bmatrix} \times \begin{bmatrix} \boldsymbol{M} & \boldsymbol{O} \\ \boldsymbol{O} & \boldsymbol{M} \end{bmatrix}$$

其中 $\boldsymbol{H}$ 表示 >>>8，即对应的系数矩阵 $\begin{bmatrix} 0 & 0 & 0 & 1 \\ 1 & 0 & 0 & 0 \\ 0 & 1 & 0 & 0 \\ 0 & 0 & 1 & 0 \end{bmatrix}$。

线性变换 $P(x)$ 又可以表示成

$$
\begin{bmatrix} y_7 \\ y_6 \\ y_5 \\ y_4 \\ y_3 \\ y_2 \\ y_1 \\ y_0 \end{bmatrix} = \begin{bmatrix} 0 & 1 & 1 & 1 & 1 & 0 & 0 & 1 \\ 1 & 0 & 1 & 1 & 1 & 1 & 0 & 0 \\ 1 & 1 & 0 & 1 & 0 & 1 & 1 & 0 \\ 1 & 1 & 1 & 0 & 0 & 0 & 1 & 1 \\ 0 & 1 & 1 & 1 & 1 & 1 & 1 & 0 \\ 1 & 0 & 1 & 1 & 0 & 1 & 1 & 1 \\ 1 & 1 & 0 & 1 & 1 & 0 & 1 & 1 \\ 1 & 1 & 1 & 0 & 1 & 1 & 0 & 1 \end{bmatrix} \begin{bmatrix} x_7 \\ x_6 \\ x_5 \\ x_4 \\ x_3 \\ x_2 \\ x_1 \\ x_0 \end{bmatrix}
$$

多级线性变换构造的主要优点是在各种平台上的适应性好。其缺点是与 MDS 矩阵相比扩散性较慢，使得密码算法需要更多的迭代轮数才能保证安全性。

例 4-8　ARIA 算法中的扩散层设计思想也是由小规模扩散构造大规模扩散组件，具体是将 4 个 4 阶二元矩阵组合，整体变换对应的系数矩阵是二元域上的 16 阶矩阵，如图 4-4 所示，X_1、X_2、X_3、X_4 是输入的 4 个 32 比特字，W_1、W_2、W_3、W_4 是对应的输出，第一层变换是基于 4 个字的线性变换，第二层变换是 4 个基于 4 字节的线性变换 $\boldsymbol{H}_1$、$\boldsymbol{H}_2$、$\boldsymbol{H}_3$、$\boldsymbol{H}_4$，第三层线性变换与第一层相同。

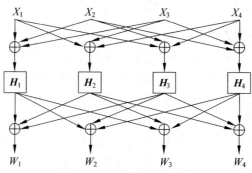

图 4-4　ARIA 算法的扩散层

其中，

$$
\boldsymbol{H}_1 = \begin{bmatrix} 0 & 1 & 1 & 1 \\ 1 & 0 & 1 & 1 \\ 1 & 1 & 0 & 1 \\ 1 & 1 & 1 & 0 \end{bmatrix}, \quad \boldsymbol{H}_2 = \begin{bmatrix} 1 & 0 & 1 & 1 \\ 0 & 1 & 1 & 1 \\ 1 & 1 & 1 & 0 \\ 1 & 1 & 0 & 1 \end{bmatrix},
$$

$$
\boldsymbol{H}_3 = \begin{bmatrix} 1 & 1 & 0 & 1 \\ 1 & 1 & 1 & 0 \\ 0 & 1 & 1 & 1 \\ 1 & 0 & 1 & 1 \end{bmatrix}, \quad \boldsymbol{H}_4 = \begin{bmatrix} 1 & 1 & 1 & 0 \\ 1 & 1 & 0 & 1 \\ 1 & 0 & 1 & 1 \\ 0 & 1 & 1 & 1 \end{bmatrix}
$$

整体线性变换的系数矩阵也可以表示为

$$\begin{bmatrix} 1&1&1&0\\ 1&0&1&1\\ 1&1&0&1\\ 0&1&1&1 \end{bmatrix} \times \begin{bmatrix} \boldsymbol{H}_1&0&0&0\\ 0&\boldsymbol{H}_2&0&0\\ 0&0&\boldsymbol{H}_3&0\\ 0&0&0&\boldsymbol{H}_4 \end{bmatrix} \times \begin{bmatrix} 1&1&1&0\\ 1&0&1&1\\ 1&1&0&1\\ 0&1&1&1 \end{bmatrix}$$

对应的扩散层变换表示如下：

$$\begin{bmatrix} y_0\\ y_1\\ y_2\\ y_3\\ y_4\\ y_5\\ y_6\\ y_7\\ y_8\\ y_9\\ y_{10}\\ y_{11}\\ y_{12}\\ y_{13}\\ y_{14}\\ y_{15} \end{bmatrix} = \begin{bmatrix} 0&0&0&1&1&0&1&0&1&1&0&0&0&1&1&0\\ 0&0&1&0&0&1&0&1&1&1&0&0&1&0&0&1\\ 0&1&0&0&1&0&1&0&0&0&1&1&1&0&0&1\\ 1&0&0&0&0&1&0&1&0&1&1&0&1&1&0&0\\ 1&0&1&0&0&1&0&0&1&0&0&1&0&0&0&1\\ 0&1&0&1&1&0&0&0&1&1&0&0&1&0&1&0\\ 1&0&1&0&0&0&0&1&0&1&1&0&1&1&0&0\\ 0&1&0&0&0&1&0&1&0&1&1&0&1&0&1&0\\ 1&1&0&0&1&0&0&1&0&1&0&0&1&0&0&1\\ 1&1&0&0&1&0&0&0&0&1&0&1&1&0&1&0\\ 0&0&1&1&0&1&1&0&1&0&0&0&1&0&0&1\\ 0&0&1&1&0&0&0&1&0&0&1&1&0&0&1&0\\ 0&1&1&0&0&0&1&0&1&0&0&1&1&0&0&0\\ 1&0&0&1&1&0&0&1&1&0&1&0&0&0&1&0\\ 1&0&0&1&1&1&0&0&0&1&0&0&0&1&0&0\\ 0&1&1&0&1&1&0&0&1&0&1&0&0&0&0&1 \end{bmatrix} \begin{bmatrix} x_0\\ x_1\\ x_2\\ x_3\\ x_4\\ x_5\\ x_6\\ x_7\\ x_8\\ x_9\\ x_{10}\\ x_{11}\\ x_{12}\\ x_{13}\\ x_{14}\\ x_{15} \end{bmatrix}$$

在 32 位处理器上实现需要 16 次字节异或和 4 次查表；在 8 位处理器上实现需要 96 次字节异或。

4. 比特级线性变换构造

基于比特级的扩散层设计对算法实现效率影响较大。例如，SM4 算法扩散层使用了线性变换 $L(X)$，输入 32 比特，输出 32 比特，在 32 位处理器上实现速度较快。线性变换表达式如下：

$$L(X) = X \oplus (X <<< 2) \oplus (X <<< 10) \oplus (X <<< 18) \oplus (X <<< 24)$$

这个线性变换的系数矩阵容易表示成二元域上的 32 阶矩阵，转换方法类似于例 4-9。

例 4-9 假设 X 是 4 比特的输入 (x_3, x_2, x_1, x_0)，线性变换 $M(X) = (X <<< 1) \oplus (X <<< 3)$ 可以写成矩阵形式：

$$\boldsymbol{M}(X) = \begin{bmatrix} 0&1&0&0\\ 0&0&1&0\\ 0&0&0&1\\ 1&0&0&0 \end{bmatrix} \times \begin{bmatrix} x_3\\ x_2\\ x_1\\ x_0 \end{bmatrix} \oplus \begin{bmatrix} 0&0&0&1\\ 1&0&0&0\\ 0&1&0&0\\ 0&0&1&0 \end{bmatrix} \times \begin{bmatrix} x_3\\ x_2\\ x_1\\ x_0 \end{bmatrix} = \begin{bmatrix} 0&1&0&1\\ 1&0&1&0\\ 0&1&0&1\\ 1&0&1&0 \end{bmatrix} \times \begin{bmatrix} x_3\\ x_2\\ x_1\\ x_0 \end{bmatrix}$$

对其系数矩阵进行测试可以得到该线性变换的分支数。

若能够进一步减少扩散层中的异或运算,则会在硬件实现中展现更大的优势,即更适用于轻量化算法设计。例如,分组密码 PRESENT 的扩散层直接为一个比特级的置换,见表 4-1,这种置换没有异或运算,不占用硬件资源,但是分支数只有 2,单轮扩散效果不好,结合 S 盒多轮迭代之后可以达到较优的扩散性。

表 4-1 PRESENT 的扩散层

i	0	1	2	3	4	5	6	7	8	9	10	11	12	13	14	15
$P(i)$	0	16	32	48	1	17	33	49	2	18	34	50	3	19	35	51
i	16	17	18	19	20	21	22	23	24	25	26	27	28	29	30	31
$P(i)$	4	20	36	52	5	21	37	53	6	22	38	54	7	23	39	55
i	32	33	34	35	36	37	38	39	40	41	42	43	44	45	46	47
$P(i)$	8	24	40	56	9	25	41	57	10	26	42	58	11	27	43	59
i	48	49	50	51	52	53	54	55	56	57	58	59	60	61	62	63
$P(i)$	12	28	44	60	13	29	45	61	14	30	46	62	15	31	47	63

4.2.2 轻量级 MDS 矩阵设计

有限域 F_{2^m} 上的 MDS 矩阵中每个元素可以表示为 F_2 上的二元 m 维向量。在实际的硬件实现中,有限域上的元素乘法和加法通过 F_2 上相应的向量运算实现,例如乘法运算可以通过异或和移位实现。

定义 4-2 给定 $\alpha \in F_{2^m}$,对于任意 $\beta \in F_{2^m}$,计算 α 与 β 的乘积所需要的比特异或数定义为 $\mathrm{xor}(\alpha)$。

例 4-10 考虑由不可约多项式 $x^3 + x + 1$ 确定的有限域 F_{2^3},给定多项式 $\alpha = x + x^2$ 与任意多项式 $\beta = b_0 + b_1 x + b_2 x^2 (b_i \in F_2)$ 相乘的过程可以表示为如下公式:

$$(b_0 + b_1 x + b_2 x^2)(x + x^2) = (b_1 \oplus b_2) + (b_0 \oplus b_1)x + (b_0 \oplus b_1 \oplus b_2)x^2$$

则上述结果通过向量的形式可以表示为如下形式:

$$(b_1 \oplus b_2, b_0 \oplus b_1, b_0 \oplus b_1 \oplus b_2)$$

由此可以得到任何元素与 α 相乘需要的 $\mathrm{xor}(\alpha)$ 数为 4。

根据定义 4-2 不难计算出有限域元素 0 和 1 的异或数为:$\mathrm{xor}(0) = 0, \mathrm{xor}(1) = 0$。

推论 4-1 对于给定的 F_2 上的不可约多项式 $q(x) = x^m + p(x) + 1$,若 $p(x)$ 中含有 t 个非零的项,则对于满足 $q(\alpha) = 0$ 的 $\alpha \in F_2[x]/(q(x))$ 所需的异或数 $\mathrm{xor}(\alpha) = t$。

证明:α 所需的异或数可以通过如下的表达式计算出来。

$$(b_0 + b_1 \alpha + \cdots + b_{m-1} \alpha^{m-1})\alpha = b_0 \alpha + b_1 \alpha^2 + \cdots + b_{m-1} \alpha^m$$
$$= b_{m-1} + b_0 \alpha + b_1 \alpha^2 + \cdots + b_{m-1} p(\alpha)$$

其中使用 $\alpha^m = p(\alpha) + 1$ 进行代换,可以得到非零项系数计算式 $b_{m-1} \oplus b_i$,其中 b_i 是 $p(x)$ 中非零项(次数为 i)的系数,因为 $p(x)$ 中非零项有 t 个,所以 $\mathrm{xor}(\alpha) = t$。

推论 4-2 对于给定的 F_2 上的不可约多项式 $q(x) = x^m + p(x) + 1$,若满足 $q(\alpha) = 0$

的 $\alpha \in F_2[X]/(q(x))$，则 $\mathrm{xor}(\alpha)=\mathrm{xor}(\alpha^{-1})$。

证明： 根据计算 α^{-1} 的过程可以得到

$$(b_0+b_1\alpha+\cdots+b_{m-1}\alpha^{m-1})\alpha^{-1}=b_0\alpha^{-1}+b_1+\cdots+b_{m-1}\alpha^{m-2}$$

由于 $\alpha^m+p(\alpha)=1$，可以得到 $\alpha^{m-1}+p(\alpha)\alpha^{-1}=\alpha^{-1}$，代入上式，得到如下表达式：

$$b_0\alpha^{-1}+b_1+\cdots+b_{m-1}\alpha^{m-2}=b_0\alpha^{m-1}+b_0\alpha^{-1}p(\alpha)+b_1+\cdots+b_{m-1}\alpha^{m-2}$$

对比与上文的定义式，可得 $\mathrm{xor}(\alpha)=\mathrm{xor}(\alpha^{-1})$。

在衡量矩阵所需的异或数时，重点考虑在硬件平台上实现整个矩阵 $\boldsymbol{M}$ 时，每个元素所需异或数之和记为 $C(\boldsymbol{M})$。下面根据局部最优化原理介绍矩阵 $\boldsymbol{M}$ 的异或数统计方法，然后介绍轻量级 MDS 矩阵的构造方法。

1. 矩阵 M 的异或数统计方法

在现有的文献中多数通过汉明重量判断给定的矩阵是不是轻量级矩阵，这是一种局部最优的情况，每个变量单独考虑自身的成本，相加之后的总和作为矩阵 $\boldsymbol{M}$ 整体的实现成本。

对于 F_{2^m} 上的 $n\times n$ 矩阵 $\boldsymbol{M}$，实现第 i 行运算所需要的异或数可以表示为如下公式：

$$\sum_{j=0}^{n-1}\gamma_{ij}+(l_i-1)\times m$$

其中，γ_{ij} 表示实现矩阵第 i 行第 j 列元素所需要的异或的个数，l_i 表示矩阵中第 i 行的非零元素的个数。通过累加矩阵中每一行的个数，矩阵的整体异或数可以表示为如下公式：

$$\sum_{i=0}^{n-1}\left(\sum_{j=0}^{n-1}\gamma_{ij}+(l_i-1)\times m\right)=C(\boldsymbol{M})+\sum_{i=0}^{n-1}(l_i-1)\times m$$

对于 MDS 矩阵，上式中的 $l_i=n$，由此就可以改写为 $C(\boldsymbol{M})+n\times(n-1)\times m$ 的形式，下面以例 4-11 说明。

例 4-11 对于 $\mathrm{GF}(2^8)$ 上的 4×4 矩阵 $\boldsymbol{M}_{\mathrm{AES}}$ 可以表示为如下形式：

$$\boldsymbol{M}_{\mathrm{AES}}=\begin{bmatrix}02 & 03 & 01 & 01\\ 01 & 02 & 03 & 01\\ 01 & 01 & 02 & 03\\ 03 & 01 & 01 & 02\end{bmatrix}$$

其中 01、02、03 分别代表有限域 $\mathrm{GF}(2^8)$ 上的元素，该有限域可以表示为 $F_2[\alpha]/(\alpha^8+\alpha^4+\alpha^3+\alpha+1)$，且 02 和 03 可以表示为 α^2 和 α^3。求该 MDS 矩阵在上述统计方式下电路实现所需异或数。

解： 根据有限域相关运算可以计算得到 $\mathrm{xor}(\alpha^2)=3$、$\mathrm{xor}(\alpha^3)=11$，则 $C(\boldsymbol{M}_{\mathrm{AES}})=3\times4+11\times4=56$。对于上述矩阵 $n=4,m=8$，代入上面的公式，得到整个矩阵实现需要得异或数为 $C(\boldsymbol{M}_{\mathrm{AES}})+n\times(n-1)\times m=152$。

2. 构造轻量级 MDS 矩阵的方法

1) 在有限域 F_{2^m} 上构造

构造轻量级 MDS 矩阵的一种常见方法是在有限域 F_{2^m} 上构造。首先考虑具有较低硬件占用空间的矩阵种类，如循环矩阵、Hadamard 矩阵、Cauchy 矩阵等；然后基于这些特殊的矩阵结构选择合适的矩阵元素；最后通过计算异或数得到轻量级 MDS 矩阵。

有限域中的元素相乘是有限域上矩阵计算的基本操作,通常执行量很大。为了提高其实现效率,矩阵中的不同元素要尽可能少,并且这些元素的海明重量要尽可能低。例如,AES的列混淆就是基于循环码构造的循环MDS矩阵,如例4-11所示,矩阵中只包括3个不同的元素,且每个元素的海明重量和异或数都比较低,所以该矩阵整体异或数较低。

在某些特定指标下,可以采用与非对合MDS矩阵几乎相同的成本实现对合MDS矩阵。对合矩阵可以表示为

$$N = \begin{bmatrix} A & B \\ C & A \end{bmatrix}$$

考虑对合矩阵的特性 $N^2 = I$,可以选择 B、C 为如下的结果,其中 A 是一个对合矩阵。

$$\begin{bmatrix} A & A^{-1} \\ A + A^3 & A \end{bmatrix}$$

根据上述结果,枚举矩阵 A 的结构,给出如下两个可行的矩阵结构:

$$N_1(x) = \begin{bmatrix} 1 & x & 1 & x^2+1 \\ x & 1 & x^2+1 & 1 \\ x^{-2} & 1+x^{-2} & 1 & x \\ 1+x^{-2} & x^{-2} & x & 1 \end{bmatrix}$$

$$N_2(x) = \begin{bmatrix} 1 & x^2+1 & x & 1 \\ x^2+1 & 1 & 1 & x \\ x^3+x & x^2+1 & 1 & x^2+1 \\ x^2+1 & x^3+x & x^2+1 & 1 \end{bmatrix}$$

例 4-12 基于上述 $N_1(x)$ 结构,在由不可约多项式 $x^8+x^6+x^5+x^2+1$ 生成的有限域 $GF(2^8)$ 上搜索 $C(M)$ 最优的对合MDS矩阵,并计算其异或数。

解: 首先假设 α 为上述不可约多项式的根,根据搜索结果,1、α、α^{-2}、α^{209}、α^{211} 对应的异或数量是 0、3、6、10、10。由此可以计算如下的最优对合MDS矩阵需要的异或数为 $64+4\times 3\times 8=160$。

$$\begin{bmatrix} 1 & \alpha & 1 & \alpha^{211} \\ \alpha & 1 & \alpha^{211} & 1 \\ \alpha^{-2} & \alpha^{209} & 1 & \alpha \\ \alpha^{209} & \alpha^{-2} & \alpha & 1 \end{bmatrix}$$

例 4-13 基于上述 $N_2(x)$ 结构,在由不可约多项式 x^4+x+1 生成的有限域 $GF(2^4)$ 上搜索 $C(M)$ 最优的对合MDS矩阵,并计算其异或数。

解: 首先假设 α 为上述不可约多项式的根,根据搜索结果,1、α、α^2、α^3 对应的异或数量是 0、1、2、3。由此可以计算如下的最优对合MDS矩阵需要的异或数为 $13+4\times 3\times 4=61$。

$$\begin{bmatrix} 1 & \alpha & \alpha^2 & 1 \\ \alpha & 1 & 1 & \alpha^2 \\ \alpha^3 & \alpha & 1 & \alpha \\ \alpha & \alpha^3 & \alpha & 1 \end{bmatrix}$$

例 4-14　基于上述 $N_1(x)$ 结构,在由不可约多项式 x^4+x+1 生成的有限域 GF(2^4) 上,取 α 为不可约多项式的根 x,求生成对合 MDS 矩阵所需的异或数。

解：根据题设,$\alpha=x$,则 $x^2+1=\alpha^8$,$x^{-2}=\alpha^{13}$,$x^{-2}+1=\alpha^6$。则上述 $N_1(x)$ 可以表示为

$$\begin{bmatrix} 1 & \alpha & 1 & \alpha^8 \\ \alpha & 1 & \alpha^8 & 1 \\ \alpha^{13} & \alpha^6 & 1 & \alpha \\ \alpha^6 & \alpha^{13} & \alpha & 1 \end{bmatrix}$$

根据计算结果,1、α、α^6、α^8、α^{13} 对应的异或数是 0、1、2、5、6。由此计算上述对合 MDS 矩阵需要的异或数为 $30+4\times3\times4=78$。

进一步可以通过使用线性变换代替有限域中的乘法元素进行扩展。例如,矩阵中的元素不限于有限域上的元素,可以是二元域上的 $m\times m$ 矩阵,例 4-15 给出了这种 MDS 矩阵与有限域上的 MDS 矩阵的比较。

例 4-15　假设 C 为 F_2 上 4 阶矩阵,试比较由 C 构成的 4 阶矩阵 P_1 与不可约多项式 x^4+x+1 确定的有限域 F_{2^4} 上的矩阵 P_2 的异或数。

$$P_1=\begin{bmatrix} I_4 & C & C^2 & I_4 \\ C & I_4 & I_4 & C^2 \\ C^3 & C & I_4 & C \\ C & C^3 & C & I_4 \end{bmatrix},\quad 其中\ C=\begin{bmatrix} 0 & 0 & 0 & 1 \\ 1 & 0 & 0 & 1 \\ 0 & 1 & 0 & 0 \\ 0 & 0 & 1 & 0 \end{bmatrix},\quad P_2=\begin{bmatrix} 2 & 3 & 1 & 1 \\ 1 & 2 & 3 & 1 \\ 1 & 1 & 2 & 3 \\ 3 & 1 & 1 & 2 \end{bmatrix}$$

解：P_1 与 P_2 对应线性变换的输入输出都是 16 比特。对于 P_1,容易看出 $\mathrm{xor}(C)=1$,那么 $\mathrm{xor}(C^2)=2$,$\mathrm{xor}(C^3)=3$,矩阵 P_1 的异或数为 $16+4\times3\times4=64$。

对于 P_2,其电路实现所需的异或数计算方式与例 4-11 基本相同,不同点是将定义空间由 GF(2^8) 更改为 GF(2^4)。具体计算过程如下：

根据有限域相关运算可以计算得到 $\mathrm{xor}(\alpha^2)=1$,$\mathrm{xor}(\alpha^3)=5$。则 $C(P_2)=1\times4+5\times4=24$。对于上述矩阵,$n=4$,$m=4$,代入前面的公式,$C(P_2)+n\times(n-1)\times m=72$。

2) 基于递归结构设计

构造轻量级 MDS 矩阵的另一种主要方法是递归构造。其主要思想是：首先构造一个在实现中稀疏且实现资源需求少的线性变换,然后将其迭代多次以获得 MDS 矩阵。这种方法最初是 Guo 等人在设计 PHOTON 轻量级哈希函数时提出的[190],他们使用一个线性反馈移位寄存器(LFSR),经过多次迭代输出的最终状态作为扩散层,这种扩散层由于只需要实现 LFSR 且在不增加额外逻辑控制电路的情形下重用已有的存储,因此硬件实现面积小。但是由于这种方法要进行多次迭代,需要比较大的时钟周期,在要低延迟的应用环境中并不适用。使用迭代型扩散层的还有轻量级分组密码 LED 和认证加密算法 PRIATEs。

3) 使用启发式算法搜索

搜索给定矩阵的最小异或数可以看作是寻找最短直线序列(Shortest Linear straight-line Program,SLP)问题,在轻量化实现过程中通常使用启发式算法给出更加紧

致的异或数上界。尽管在有限域上 SLP 问题是 NP 难题，但是通过现有的通用搜索算法，可以将其结果限定为一个可接受的上界。除了局部优化方面的考虑，研究更加紧致的上界也是一个关注点，将其看作 SLP 问题进行全局优化。这种方法可以更准确地估算硬件成本，并通过对此算法进行诸如电路深度、电路寄存器数目的约束，在满足要求的基础上尽可能降低需要的异或数。

定义 4-3 在输入信号和输出信号之间具有最多逻辑门电路的一条路径是电路中的关键路径，这条路径上逻辑门电路的数量就是这个电路的深度。

例 4-16 设函数 $f: F_2^9 \to F_2, f(x) = x_1 \oplus x_2 \oplus x_3 \oplus x_4 \oplus x_5 \oplus x_6 \oplus x_7 \oplus x_8 \oplus x_9$，如图 4-5 所示，有两种实现方式，(a)中电路深度为 4，(b)中电路深度为 5，后者与前者相比会有一定的延迟。

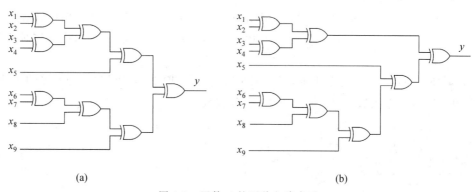

图 4-5　函数 f 的两种电路表示

SLP 算法按一定规则从输入信号集合中挑选两个信号，将它们的异或作为新的信号加入输入信号集合，并不断迭代进行，每迭代一步，输入信号集合都会离输出信号集合"更近"。文献[89]对 SLP 进行了改进，使得其可以感知电路深度。简单地说，就是在挑选两个信号时保证新加入的信号深度不会超过一个设定的阈值。具体细节参见算法 4-2。

算法 4-2　深度感知的 SLP 算法

Input：An $m \times n$ binary matrix $\boldsymbol{M}$ representing m linear predicates in n variables, i.e, $(y_1, y_2, \cdots, y_m)$ $= \boldsymbol{M}(x_1, x_2, \cdots, x_n)^{\mathrm{T}}$, and a positive integer H

Output：$S = [x_1, x_2, \cdots, x_n, x_{n+1}, x_{n+2}, \cdots, x_{n+l}]$ such that $d(x_j) \leqslant H$ for all j, and for any y_k with $1 \leqslant k \leqslant m$, y_k can be computed by one element in S_l, where $x_{n+j} = x_a + x_b, x_a, x_b \in \{x_1, x_2, \cdots, x_{n+j-1}\}$ for $j \geqslant 1$

```
/ * Initialization * /
S = [x_1, x_2, \cdots, x_n]                                    / * The input signals * /
D = [0, 0, \cdots, 0]                   / * D[i] keeps track of the circuit depth of S[i] * /
\Delta = [\delta_H(S, y_1), \delta_H(S, y_2), \cdots, \delta_H(S, y_m)]        / * The distances * /
if \Delta[i] = \infty for some i then
    return Infeasible
end
                   / * \boldsymbol{M} can not be implemented within the depth bound H * /
j = n
while \Delta \neq 0 do
```

```
j = j + 1
if ∃ (x'_a, x'_b) ∈ S such that y_t = x'_a + x'_b for some t ∈ {1, 2, ···, m} then
    (x_a, x_b) = (x'_a, x'_b)
else
    (x_a, x_b) = Pick (S, D, H)
end
x_j = x_a + x_b
S = S ∪ [x_j]
depth(x_j) = max(D[a], D[b]) + 1          /* Compute the depth of x_j */
D = D ∪ [depth(x_j)]
Δ = [δ_H(S, y_1), δ_H(S, y_2), ···, δ_H(S, y_m)]          /* Update the distances */
end
```

设 S 是一个信号序列。对于一个线性函数 f,定义 $\delta_H(S, f)$ 为深度不超过 H 并且利用 S 中的信号实现 f 所需的最少异或门数。当 $\delta_H(S, f) = k$ 时,不仅要求存在一个电路只需 k 个异或就可以实现 f,而且要求其深度不能超过 H。如果不存在深度不超过 H 的电路可以实现 f,则 $\delta_H(S, f) = \infty$。

例 4-17 令 $S = [x_1, x_2, x_3, x_4, x_5]$,$f = x_2 \oplus x_3 \oplus x_4 \oplus x_5$。则 $\delta(S, f) = \delta_2(S, f) = 3$。$f$ 可由 $x_6 = x_2 \oplus x_3$,$x_7 = x_4 \oplus x_5$,$x_8 = x_6 \oplus x_7$ 实现,其中 x_8 计算了 f,其深度为 2。

例 4-18 令 $S = [x_1, x_2, x_3, x_4, x_5, x_6 = x_2 \oplus x_4, x_7 = x_3 \oplus x_6]$,其中 x_6 的深度为 1,x_7 的深度为 2,$f = x_2 \oplus x_3 \oplus x_4 \oplus x_5$。则 $\delta(S, f) = 1$,且 f 可由 $x_5 + x_7$ 实现,该实现深度为 3。而 $\delta_2(S, f) = 2$,f 可由 $x_8 = x_3 \oplus x_5$ 和 $x_9 = x_6 \oplus x_8$ 实现,其中 x_9 计算了 f。

例 4-19 令 $S = [x_1, x_2, x_3, x_4, x_5]$,$f = x_1 \oplus x_2 \oplus x_3 \oplus x_4 \oplus x_5$。容易证明 $\delta(S, f) = 4$,而 $\delta_2(S, f) = \infty$。

在算法 4-2 执行开始前,S 是一个保存了所有输入信号的信号序列。用数组 Δ 跟踪 S 到输出信号的 H-距离,同时用另一个数组 D 的第 i 个值 $D[i]$ 记录 $S[i]$ 的深度。算法每迭代一次,就利用 Pick(S, D, H) 从 S 中选择两个信号并把它们的和加入 S 中。注意,Pick() 保证了这两个信号的和的深度不超过 H,并且使得新的 H-距离数组的和最小化。下面用例 4-20 展示算法 4-2 的具体执行流程。

例 4-20 令线性变换的输入信号集合为 $\{x_1, x_2, x_3, x_4, x_5\}$,输出信号集合为

$$
\begin{cases}
y_1 = x_1 \oplus x_2 \oplus x_3 \\
y_2 = x_2 \oplus x_4 \oplus x_5 \\
y_3 = x_1 \oplus x_3 \oplus x_4 \oplus x_5 \\
y_4 = x_2 \oplus x_3 \oplus x_4 \\
y_5 = x_1 \oplus x_2 \oplus x_4 \\
y_6 = x_2 \oplus x_3 \oplus x_4 \oplus x_5
\end{cases}
$$

其中输出信号与输入信号的关系可以表示成矩阵

$$\begin{bmatrix} 1 & 1 & 1 & 0 & 0 \\ 0 & 1 & 0 & 1 & 1 \\ 1 & 0 & 1 & 1 & 1 \\ 0 & 1 & 1 & 1 & 0 \\ 1 & 1 & 0 & 1 & 0 \\ 0 & 1 & 1 & 1 & 1 \end{bmatrix}$$

设定深度阈值为 $H=2$，并对上述数据运行轻量化搜索，以下"+"等同于异或。

第 0 步：

$S_0 = [x_1, x_2, x_3, x_4, x_5]$

$D_0 = [0,0,0,0,0]$

$\Delta_0 = [2,2,3,2,2,3]$

第 1 步：

$S_1 = S_0 \bigcup [x_6 = x_2 + x_4] = [x_1, x_2, x_3, x_4, x_5, x_6 = x_2 + x_4]$

$D_1 = [0,0,0,0,0,1]$

$\Delta_1 = [2,1,3,1,1,2]$

第 2 步：

$S_2 = S_1 \bigcup [x_7 = x_5 + x_6] = [x_1, x_2, x_3, x_4, x_5, x_6 = x_2 + x_4, x_7 = x_5 + x_6]$

$D_2 = [0,0,0,0,0,1,2]$

$\Delta_2 = [2,0,3,1,1,2]$

其中 x_7 计算了 $x_2 + x_5 + x_4$。

第 3 步：

$S_3 = S_2 \bigcup [x_8 = x_3 + x_6] = [x_1, x_2, x_3, x_4, x_5, x_6 = x_2 + x_4, x_7 = x_5 + x_6, x_8 = x_3 + x_6]$

$D_3 = [0,0,0,0,0,1,2,2]$

$\Delta_3 = [2,0,3,0,1,2]$

其中 x_8 计算了 $x_2 + x_3 + x_4$。

第 4 步：

$S_4 = S_3 \bigcup [x_9 = x_1 + x_6] = [x_1, x_2, x_3, x_4, x_5, x_6 = x_2 + x_4, x_7 = x_5 + x_6, x_8 = x_3 + x_6, x_9 = x_1 + x_6]$

$D_4 = [0,0,0,0,0,1,2,2,2]$

$\Delta_4 = [2,0,3,0,0,2]$

其中 x_9 计算了 $x_1 + x_2 + x_4$。

第 5 步：

$S_5 = S_4 \bigcup [x_{10} = x_1 + x_3] = [x_1, x_2, x_3, x_4, x_5, x_6 = x_2 + x_4, x_7 = x_5 + x_6, x_8 = x_3 + x_6, x_9 = x_1 + x_6, x_{10} = x_1 + x_3]$

$D_5 = [0,0,0,0,0,1,2,2,2,1]$

$\Delta_5 = [1,0,2,0,0,2]$

第 6 步：

$S_6 = S_5 \bigcup [x_{11} = x_2 + x_{10}] = [x_1, x_2, x_3, x_4, x_5, x_6 = x_2 + x_4, x_7 = x_5 + x_6, x_8 = x_3 + x_6, x_9 = x_1 + x_6, x_{10} = x_1 + x_3, x_{11} = x_2 + x_{10}]$

$D_6 = [0, 0, 0, 0, 0, 1, 2, 2, 2, 1, 2]$

$\Delta_6 = [0, 0, 2, 0, 0, 2]$

其中 x_{11} 计算了 $x_1 + x_2 + x_3$。

第 7 步：

$S_7 = S_6 \bigcup [x_{12} = x_3 + x_5] = [x_1, x_2, x_3, x_4, x_5, x_6 = x_2 + x_4, x_7 = x_5 + x_6, x_8 = x_3 + x_6, x_9 = x_1 + x_6, x_{10} = x_1 + x_3, x_{11} = x_2 + x_{10}, x_{12} = x_3 + x_5]$

$D_7 = [0, 0, 0, 0, 0, 1, 2, 2, 2, 1, 2, 1]$

$\Delta_7 = [0, 0, 2, 0, 0, 1]$

第 8 步：

$S_8 = S_7 \bigcup [x_{13} = x_6 + x_{12}] = [x_1, x_2, x_3, x_4, x_5, x_6 = x_2 + x_4, x_7 = x_5 + x_6, x_8 = x_3 + x_6, x_9 = x_1 + x_6, x_{10} = x_1 + x_3, x_{11} = x_2 + x_{10}, x_{12} = x_3 + x_5, x_{13} = x_6 + x_{12}]$

$D_8 = [0, 0, 0, 0, 0, 1, 2, 2, 2, 1, 2, 1, 2]$

$\Delta_8 = [0, 0, 2, 0, 0, 0]$

其中 x_{13} 计算了 $x_2 + x_3 + x_4 + x_5$。

第 9 步：

$S_9 = S_8 \bigcup [x_{14} = x_1 + x_4] = [x_1, x_2, x_3, x_4, x_5, x_6 = x_2 + x_4, x_7 = x_5 + x_6, x_8 = x_3 + x_6, x_9 = x_1 + x_6, x_{10} = x_1 + x_3, x_{11} = x_2 + x_{10}, x_{12} = x_3 + x_5, x_{13} = x_6 + x_{12}, x_{14} = x_1 + x_4]$

$D_9 = [0, 0, 0, 0, 0, 1, 2, 2, 2, 1, 2, 1, 2, 1]$

$\Delta_9 = [0, 0, 1, 0, 0, 0]$

第 10 步：

$S_{10} = S_9 \bigcup [x_{15} = x_{12} + x_{14}] = [x_1, x_2, x_3, x_4, x_5, x_6 = x_2 + x_4, x_7 = x_5 + x_6, x_8 = x_3 + x_6, x_9 = x_1 + x_6, x_{10} = x_1 + x_3, x_{11} = x_2 + x_{10}, x_{12} = x_3 + x_5, x_{13} = x_6 + x_{12}, x_{14} = x_1 + x_4, x_{15} = x_{12} + x_{14}]$

$D_{10} = [0, 0, 0, 0, 0, 1, 2, 2, 2, 1, 2, 1, 2, 1, 2]$

$\Delta_{10} = [0, 0, 0, 0, 0, 0]$

其中 x_{15} 计算了 $x_1 + x_3 + x_4 + x_5$。

文献[89]以下述 G 的形式搜索一个轻量级对合 MDS 矩阵：

$$G = \begin{bmatrix} A^{a_{11}} & A^{a_{12}} & A^{a_{13}} & A^{a_{14}} \\ A^{a_{21}} & A^{a_{22}} & A^{a_{23}} & A^{a_{24}} \\ A^{a_{31}} & A^{a_{32}} & A^{a_{33}} & A^{a_{34}} \\ A^{a_{41}} & A^{a_{42}} & A^{a_{43}} & A^{a_{44}} \end{bmatrix}$$

设置深度阈值为 $H = 3$，经过搜索之后，得到 G 的最简形式之一为

$$\begin{bmatrix} \boldsymbol{I}_8 & \boldsymbol{I}_8 & \boldsymbol{A}^{-2} & \boldsymbol{A}^{-2} \\ \boldsymbol{A}^{10} & \boldsymbol{I}_8 & \boldsymbol{A}^{2} & \boldsymbol{A}^{4} \\ \boldsymbol{A}^{6} & \boldsymbol{I}_8 & \boldsymbol{I}_8 & \boldsymbol{A}^{6} \\ \boldsymbol{A}^{4} & \boldsymbol{I}_8 & \boldsymbol{A}^{4} & \boldsymbol{I}_8 \end{bmatrix}, \quad 其中\ \boldsymbol{A} = \begin{bmatrix} 0 & 0 & 0 & 0 & 0 & 0 & 0 & 1 \\ 1 & 0 & 0 & 0 & 0 & 0 & 0 & 0 \\ 0 & 1 & 0 & 0 & 0 & 0 & 0 & 1 \\ 0 & 0 & 1 & 0 & 0 & 0 & 0 & 0 \\ 0 & 0 & 0 & 1 & 0 & 0 & 0 & 0 \\ 0 & 0 & 0 & 0 & 1 & 0 & 0 & 0 \\ 0 & 0 & 0 & 0 & 0 & 1 & 0 & 0 \\ 0 & 0 & 0 & 0 & 0 & 0 & 1 & 0 \end{bmatrix}$$

其中 $\boldsymbol{A}$ 是多项式 x^8+x^2+1 的伴随矩阵,特征多项式为$(x^4+x+1)^2 = x^8+x^2+1$,那么 $\mathrm{xor}(\boldsymbol{A}^{-4})=6, \mathrm{xor}(\boldsymbol{A}^{-3})=4, \mathrm{xor}(\boldsymbol{A}^{-2})=2, \mathrm{xor}(\boldsymbol{A}^{-1})=1$,因此 $\mathrm{xor}(\boldsymbol{G})=88$,其电路深度为 3。

4.2.3 轻量级二元域矩阵设计

基于二元域矩阵设计扩散层,在保证一定分支数的前提下尽量遵循这些原则:使用移位变换、异或次数少、占用存储少。与 MDS 矩阵的研究相比,基于二元域矩阵设计的方法相当有限。尽管最佳二元域矩阵的扩散速度无法与 MDS 矩阵保持同步,但其显著优势是不涉及有限域乘法,因此更有利于低成本实施。早期比较显著的典型示例有分组密码 E2、Camellia 和 ARIA 的扩散层设计,它们在各种平台上也具有出色的硬件效率和软件性能。

对于像 16×16 和 32×32 这样的大尺寸结构,设计者考虑将小矩阵组合成更大的矩阵,其中每个小矩阵对应一个有限域元素。本节重点介绍基于 Feistel 结构构造二元矩阵作为扩散层的方法[90]。

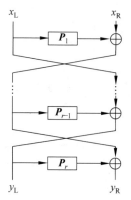

$\boldsymbol{M} = (\boldsymbol{P}_1, \boldsymbol{P}_2, \cdots, \boldsymbol{P}_r)$ 表示图 4-6 类 Feistel 结构扩散层的系数矩阵,其中每个子矩阵 $\boldsymbol{P}_i$ 可以表示为 $\frac{n}{2} \times \frac{n}{2}$ 矩阵,$\boldsymbol{M}$ 由下式计算:

$$\boldsymbol{M} = \begin{pmatrix} \boldsymbol{O} & \boldsymbol{I} \\ \boldsymbol{I} & \boldsymbol{O} \end{pmatrix} \begin{pmatrix} \boldsymbol{P}_r & \boldsymbol{I} \\ \boldsymbol{I} & \boldsymbol{O} \end{pmatrix} \cdots \begin{pmatrix} \boldsymbol{P}_1 & \boldsymbol{I} \\ \boldsymbol{I} & \boldsymbol{O} \end{pmatrix}$$

由 Feistel 结构的对称性可知,$\boldsymbol{M}$ 的逆矩阵可以表示为$\boldsymbol{M}^{-1} = (\boldsymbol{P}_r, \boldsymbol{P}_{r-1}, \cdots, \boldsymbol{P}_1)$。

图 4-6 基于 Feistel 结构的扩散层设计

1. 基于 Feistel 结构构造的扩散层分支数上界

引理 4-1 若$(0, \alpha)$是 Feistel 结构的输入并且 α 非零,则第 i 轮输出 y_i 的海明重量 $W_b(y_i)$ 上界是 Fibonacci 数列的第 i 个值 $F(i)$:

$$W_b(y_i) \leqslant F(i)$$

证明: 通过数学归纳法进行证明。假设第 i 轮结论成立,证明第 $i+1$ 轮成立。首先

给出第 $i+1$ 轮 Feistel 结构左右两支的递推公式：
$$\begin{cases} y_{i+1,\mathrm{L}} = P_{i+1}(y_{i,\mathrm{L}}) \oplus y_{i,\mathrm{R}} \\ y_{i+1,\mathrm{R}} = y_{i,\mathrm{L}} \end{cases}$$

根据递推公式可以得到如下公式：
$$W_{\mathrm{b}}(y_{i+1,\mathrm{L}}) \leqslant W_{\mathrm{b}}(y_{i,\mathrm{L}}) + W_{\mathrm{b}}(y_{i,\mathrm{R}})$$
$$W_{\mathrm{b}}(y_{i+1,\mathrm{R}}) = W_{\mathrm{b}}(y_{i+1,\mathrm{L}}) \leqslant W_{\mathrm{b}}(y_{i-1,\mathrm{L}}) + W_{\mathrm{b}}(y_{i-1,\mathrm{R}})$$

将上述两个不等式代入 $W_{\mathrm{b}}(y_{i+1})$ 的表达式，可以得到
$$W_{\mathrm{b}}(y_{i+1}) = W_{\mathrm{b}}(y_{i+1,\mathrm{L}}) + W_{\mathrm{b}}(y_{i+1,\mathrm{R}}) \leqslant W_{\mathrm{b}}(y_{i,\mathrm{L}}) + W_{\mathrm{b}}(y_{i,\mathrm{R}}) + W_{\mathrm{b}}(y_{i-1,\mathrm{L}}) + W_{\mathrm{b}}(y_{i-1,\mathrm{R}})$$
$$\leqslant F(i) + F(i-1) = F(i+1)$$

定理 4-2　基于 Feistel 结构构造的扩散层分支数满足如下公式：
$$B_{\mathrm{d}}^{(r)} = \begin{cases} 2F\left(\dfrac{r+1}{2}\right), & r \text{ 是奇数} \\ F\left(\dfrac{r}{2}\right) + F\left(\dfrac{r}{2}+1\right), & r \text{ 是偶数} \end{cases}$$

证明：从中间向两边推导，针对偶数和奇数的情况进行讨论。针对奇数的情况，假设中间一轮的输入差分为 $(\alpha,0)$，则 $W_{\mathrm{b}}(y_0) \leqslant F\left(\dfrac{r+1}{2}\right)$、$W_{\mathrm{b}}(y_r) \leqslant F\left(\dfrac{r+1}{2}\right)$，故整体结构的分支数为 $2F\left(\dfrac{r+1}{2}\right)$，如图 4-7(a) 所示。针对偶数的情况，假设中间一轮的输入差分为 $(\alpha,0)$，则 $W_{\mathrm{b}}(y_0) \leqslant F\left(\dfrac{r}{2}+1\right)$、$W_{\mathrm{b}}(y_r) \leqslant F\left(\dfrac{r}{2}\right)$，故整体结构的分支数为 $F\left(\dfrac{r}{2}+1\right) + F\left(\dfrac{r}{2}\right)$，如图 4-7(b) 所示。

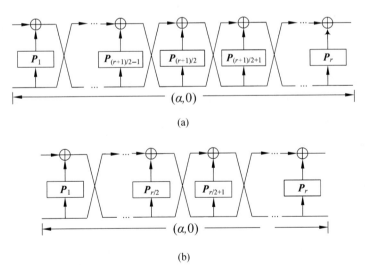

图 4-7　基于 Feistel 结构的扩散层分支数

2. 基于 Feistel 结构的扩散层搜索方法

为了提升扩散层结构的软件和硬件实现效率,该结构使用移位运算进行上文中的 $\boldsymbol{P}$ 变换,即 $\boldsymbol{P}_i(x) = x \lll t_i, 0 \leqslant t_i \leqslant \dfrac{n}{2}$。

搜索代码如算法 4-3 所示,核心思路在于按照长度 r 递增的顺序枚举所有可能的结构,通过定理 4-2 计算分支数并确定最优解和次优解。

算法 4-3　Feistel 结构最优扩散层搜索

---

function BASIC SEARCH(n, r, T, G)
　　$E \leftarrow \varnothing$
　　　　for all $\boldsymbol{M} \in \{[\boldsymbol{P}_1, \boldsymbol{P}_2, \cdots, \boldsymbol{P}_r] \mid \boldsymbol{P}_i \in G, 1 \leqslant i \leqslant r\}$ do
　　　　　　if $B_d(\boldsymbol{M}) \geqslant T$ then
　　　　　　　　$E \leftarrow E \bigcup \{\boldsymbol{M}\}$
　　　　　　end if
　　　　end for
　　　　return E
end function

定理 4-3　对于任意由 r 轮 Feistel 结构构造的扩散层 $\boldsymbol{M} = [\boldsymbol{P}_1, \boldsymbol{P}_2, \cdots, \boldsymbol{P}_r]$,总存在 $\boldsymbol{M}' = [\boldsymbol{I}, \boldsymbol{P}_2', \cdots, \boldsymbol{P}_r']$,使得 $B_d(\boldsymbol{M}) = B_d(\boldsymbol{M}')$。

证明:首先将 Feistel 结构变形,将置换 $\boldsymbol{P}_1$ 的位置后移,则可以得到如下公式且如图 4-8 所示的等价结构。

$$y_{1,L} = \boldsymbol{P}_1(x_L) \bigoplus x_R = \boldsymbol{P}_1(x_L \bigoplus \boldsymbol{P}_1^{-1}(x_R))$$

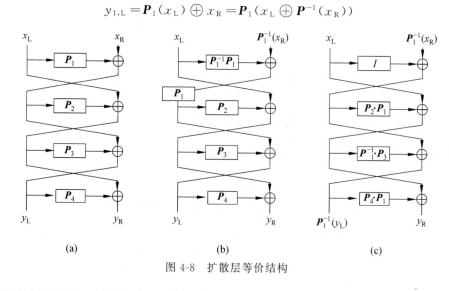

图 4-8　扩散层等价结构

将这个后置的 $\boldsymbol{P}_1$ 放置到下一轮的轮函数中,这样随后在每一轮中函数都可以被定义为

$$\boldsymbol{P}_i' = \begin{cases} \boldsymbol{P}_1^{-1}\boldsymbol{P}_i, & i \text{ 是奇数} \\ \boldsymbol{P}_i\boldsymbol{P}_1, & i \text{ 是偶数} \end{cases}$$

由此可以得到下式：

$$M = \begin{bmatrix} P_1 & O \\ O & I \end{bmatrix} M' \begin{bmatrix} I & O \\ O & P_1^{-1} \end{bmatrix}$$

从而得知 M 与 M' 可以通过同构置换进行变换，故 $B_d(M) = B_d(M')$。

3. 基于 Feistel 结构搜索最优扩散层

由算法 4-3 得到的 n 为 4 的倍数时最优扩散层搜索结果如表 4-2 所示。对于长度为 n 的矩阵，穷举需要的时间为 $\left(\dfrac{n}{2}\right)^r$。

表 4-2　n 为 4 的倍数时最优扩散层搜索结果

n	B_d	最 优 解		异或次数
		最优矩阵数量	M 示例	
4	4	2	$[R_0, R_1, R_0]$	6
8	5	32	$[R_0, R_1, R_2, R_0]$	16
16	8	9760	$[R_0, R_1, R_1, R_2, R_2, R_0]$	48
32	12	6272	$[R_0, R_1, R_1, R_{13}, R_{13}, R_0, R_8, R_6]$	128

例 4-21　画出表 4-2 中 $n=4$ 时的扩散层结构。

解：如图 4-9 所示。

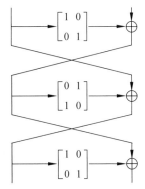

图 4-9　$n=4$ 时的扩散层结构

当 n 不为 4 的倍数时最优扩散层搜索结果如表 4-3 所示。

表 4-3　n 不为 4 的倍数时最优扩散层搜索结果

n	B_d	最 优 解		异或次数
		最优矩阵数量	M 示例	
6	4	12	$[R_0, R_1, R_0]$	9
10	6	80	$[R_0, R_1, R_2, R_0, R_4]$	25

续表

n	B_d	最　优　解		异或次数
		最优矩阵数量	M 示例	
14	8	42	$[R_0,R_1,R_3,R_6,R_5,R_3]$	42
18	8	36 720	$[R_0,R_1,R_1,R_2,R_2,R_0]$	54

需要说明的是，表 4-3 中没有给出 $n=12$ 的情况，也就是说 6 轮循环移位的 Feistel 结构无法构建出 12×12 的最优矩阵，但是可以通过增加一个置换矩阵的方式给出如下的结果：

$$M_{12}=[R_5,P_1,R_4,R_1,R_1,R_0]$$

例 4-22　画出表 4-3 中 $n=6$ 时的扩散层结构。

解：如图 4-10 所示。

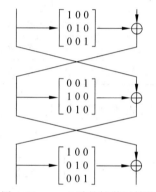

图 4-10　$n=6$ 时的扩散层结构

4. 基于 Feistel 结构搜索最优对合扩散层

对合扩散层能够让加密和解密保持同一个结构。搜索算法的核心思想还是来自算法 4-3，仅仅增加了判断搜索得到的矩阵是不是对合矩阵 $M^2=I$，其中对合扩散层搜索可以看作在最优解的基础上进行的搜索，如表 4-4 所示。

表 4-4　n 为 4 的倍数时最优对合扩散层搜索结果

n	B_d	最优矩阵数量	M 示例
4	4	2	$[R_0,R_1,R_0]$
16	8	24	$[R_0,R_1,R_2,R_2,R_1,R_0]$
32	11	640	$[R_0,R_1,R_6,R_{14},R_{14},R_6,R_1,R_0]$

例 4-23　画出表 4-4 中 $n=16$ 时的对合扩散层结构。

解：如图 4-11 所示。

除了基于 Feistel 结构可以构造轻量级扩散层之外，基于 MISTY 结构、Lai-Massey

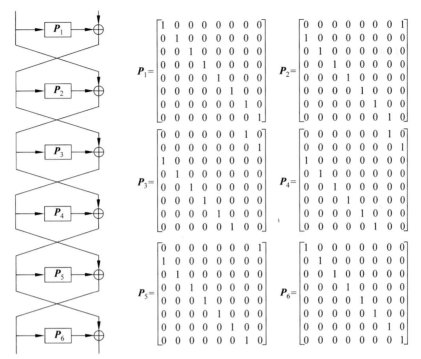

$$P_1 = \begin{bmatrix} 1 & 0 & 0 & 0 & 0 & 0 & 0 & 0 \\ 0 & 1 & 0 & 0 & 0 & 0 & 0 & 0 \\ 0 & 0 & 1 & 0 & 0 & 0 & 0 & 0 \\ 0 & 0 & 0 & 1 & 0 & 0 & 0 & 0 \\ 0 & 0 & 0 & 0 & 1 & 0 & 0 & 0 \\ 0 & 0 & 0 & 0 & 0 & 1 & 0 & 0 \\ 0 & 0 & 0 & 0 & 0 & 0 & 1 & 0 \\ 0 & 0 & 0 & 0 & 0 & 0 & 0 & 1 \end{bmatrix}$$

$$P_2 = \begin{bmatrix} 0 & 0 & 0 & 0 & 0 & 0 & 0 & 1 \\ 1 & 0 & 0 & 0 & 0 & 0 & 0 & 0 \\ 0 & 1 & 0 & 0 & 0 & 0 & 0 & 0 \\ 0 & 0 & 1 & 0 & 0 & 0 & 0 & 0 \\ 0 & 0 & 0 & 1 & 0 & 0 & 0 & 0 \\ 0 & 0 & 0 & 0 & 1 & 0 & 0 & 0 \\ 0 & 0 & 0 & 0 & 0 & 1 & 0 & 0 \\ 0 & 0 & 0 & 0 & 0 & 0 & 1 & 0 \end{bmatrix}$$

$$P_3 = \begin{bmatrix} 0 & 0 & 0 & 0 & 0 & 0 & 1 & 0 \\ 0 & 0 & 0 & 0 & 0 & 0 & 0 & 1 \\ 1 & 0 & 0 & 0 & 0 & 0 & 0 & 0 \\ 0 & 1 & 0 & 0 & 0 & 0 & 0 & 0 \\ 0 & 0 & 1 & 0 & 0 & 0 & 0 & 0 \\ 0 & 0 & 0 & 1 & 0 & 0 & 0 & 0 \\ 0 & 0 & 0 & 0 & 1 & 0 & 0 & 0 \\ 0 & 0 & 0 & 0 & 0 & 1 & 0 & 0 \end{bmatrix}$$

$$P_4 = \begin{bmatrix} 0 & 0 & 0 & 0 & 0 & 1 & 0 & 0 \\ 0 & 0 & 0 & 0 & 0 & 0 & 0 & 1 \\ 1 & 0 & 0 & 0 & 0 & 0 & 0 & 0 \\ 0 & 1 & 0 & 0 & 0 & 0 & 0 & 0 \\ 0 & 0 & 1 & 0 & 0 & 0 & 0 & 0 \\ 0 & 0 & 0 & 1 & 0 & 0 & 0 & 0 \\ 0 & 0 & 0 & 0 & 1 & 0 & 0 & 0 \\ 0 & 0 & 0 & 0 & 0 & 1 & 0 & 0 \end{bmatrix}$$

$$P_5 = \begin{bmatrix} 0 & 0 & 0 & 0 & 0 & 0 & 0 & 1 \\ 1 & 0 & 0 & 0 & 0 & 0 & 0 & 0 \\ 0 & 1 & 0 & 0 & 0 & 0 & 0 & 0 \\ 0 & 0 & 1 & 0 & 0 & 0 & 0 & 0 \\ 0 & 0 & 0 & 1 & 0 & 0 & 0 & 0 \\ 0 & 0 & 0 & 0 & 1 & 0 & 0 & 0 \\ 0 & 0 & 0 & 0 & 0 & 1 & 0 & 0 \\ 0 & 0 & 0 & 0 & 0 & 0 & 1 & 0 \end{bmatrix}$$

$$P_6 = \begin{bmatrix} 1 & 0 & 0 & 0 & 0 & 0 & 0 & 0 \\ 0 & 1 & 0 & 0 & 0 & 0 & 0 & 0 \\ 0 & 0 & 1 & 0 & 0 & 0 & 0 & 0 \\ 0 & 0 & 0 & 1 & 0 & 0 & 0 & 0 \\ 0 & 0 & 0 & 0 & 1 & 0 & 0 & 0 \\ 0 & 0 & 0 & 0 & 0 & 1 & 0 & 0 \\ 0 & 0 & 0 & 0 & 0 & 0 & 1 & 0 \\ 0 & 0 & 0 & 0 & 0 & 0 & 0 & 1 \end{bmatrix}$$

图 4-11　$n = 16$ 时的对合扩散层结构

结构也可以构造分支数较优的扩散层[91]。

习题 4

（1）计算 $\begin{bmatrix} 1 & 1 & 0 & 1 \\ 1 & 0 & 1 & 1 \\ 0 & 1 & 0 & 1 \\ 0 & 0 & 0 & 1 \end{bmatrix} \vdots \; I_{4\times4}$ 的最小距离，并通过测试验证。

（2）编写分支数测试程序，并测试韩国分组密码标准 ARIA 算法的扩散层分支数。

（3）尝试优化 F_2 域上矩阵的分支数测试程序。

（4）设一个分组长度为 16 比特的 SP 结构，每轮 4 个 4×4 规模的 S 盒并置，S 盒差分均匀度为 4，扩散层 P 如下：

$$P = \begin{bmatrix} 1 & 1 & 0 & 1 \\ 1 & 0 & 1 & 1 \\ 0 & 1 & 1 & 1 \\ 1 & 1 & 1 & 0 \end{bmatrix}$$

测试其分支数并根据分支数估计 8 轮迭代结构中活跃 S 盒个数下界，进一步给出相应的差分特征及概率。

（5）设计一个扩散层，选用分组密码 PRESENT 的 S 盒设计一个 SP 结构的分组密码,分析活跃 S 盒个数,给出相应的差分路径及差分概率。

(6) 设 $Z_2[x]$ 的不可约多项式 $m(x) = x^8 + x^4 + x^3 + x + 1$,基于此多项式构造有限域 $GF(2^8)$,用例 4-3 的方法对下面的矩阵进行高斯消元,并测试其分支数。

$$\begin{bmatrix} 01 & 02 & 04 & 06 \\ 02 & 01 & 06 & 04 \\ 04 & 06 & 01 & 02 \\ 06 & 04 & 02 & 01 \end{bmatrix}$$

(7) 写出图 4-12 所示的扩散层对应的系数矩阵。

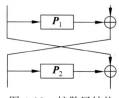

图 4-12 扩散层结构

其中,$\boldsymbol{P}_1 = \begin{bmatrix} 0 & 1 & 0 & 0 \\ 0 & 0 & 1 & 0 \\ 0 & 0 & 0 & 1 \\ 1 & 0 & 0 & 0 \end{bmatrix}$,$\boldsymbol{P}_2 = \begin{bmatrix} 0 & 1 & 1 & 1 \\ 1 & 0 & 1 & 1 \\ 1 & 1 & 0 & 1 \\ 1 & 1 & 1 & 0 \end{bmatrix}$。

(8) 将 AES 算法的线性扩散层(包含行移位、列混淆)用 16×16 矩阵表示。

(9) 中国商用密码算法 SM4 中的扩散层输入为 32 比特,输出为 32 比特,可以表示为

$$L(X) = X \oplus (X \lll 2) \oplus (X \lll 10) \oplus (X \lll 18) \oplus (X \lll 24)$$

测试其分支数,并证明它与 AES 算法 MDS 矩阵等价。

(10) 采用分组密码 PRESENT 的 S 盒,基于比特级扩散设计一个 16 比特输入、16 比特输出的 6 轮分组密码,使其活跃 S 盒个数达到最大。

(11) 计算 AES 算法 MDS 矩阵中元素 02、05、8a 需要的 xor(02)数。

(12) 搜索 32 阶以内二元域矩阵的分支数上界。

(13) 设函数 $f: x \in F_2^8 \to y \in F_2$,$y = x_1 \oplus x_2 \oplus x_3 \oplus x_4 \oplus x_5 \oplus x_6 \oplus x_7 \oplus x_8$,画出深度最优电路。

第 5 章

Feistel 结构分组密码

Feistel 结构是分组密码经典结构之一,具有加解密结构相同或相似的特点,实际使用中占用软硬件存储资源少。基于此结构设计的分组密码有很多,本章介绍两个典型分组密码: DES 和 Camellia。

5.1 DES

1973 年,美国国家标准局开始研究除国防部外的其他部门计算机系统的数据加密标准,并于 1973 年 5 月 15 日和 1974 年 8 月 27 日先后两次向公众发出了征求加密算法的公告。1977 年 1 月,美国政府正式颁布 IBM 公司设计的方案 DES 作为非机密数据的数据加密标准。

5.1.1 DES 设计

DES 基于 Feistel 结构设计,主要由 S 盒查询、比特移位、异或运算构成。DES 的分组长度为 64 比特,密钥长度为 56 比特,迭代 16 轮,共使用 16 个轮密钥 K_1、K_2,$\cdots$,K_{16},这些轮密钥都是由主密钥 K 生成的。DES 的加密流程如图 5-1 所示。图 5-1 中 L_i 和 R_i 的长度都是 32 比特,最后一轮不进行左右交换,直接输入逆初始置换。

1. 加密变换

DES 加密流程分为 3 个步骤:

(1) 初始置换。

对明文 64 比特进行初始置换(IP),如表 5-1 所示,输出仍然是 64 比特,然后分成左右两个 32 比特 L_0 和 R_0。

表 5-1　初始置换

58	50	42	34	26	18	10	2
60	52	44	36	28	20	12	4
62	54	46	38	30	22	14	6
64	56	48	40	32	24	16	8
57	49	41	33	25	17	9	1

							续表
59	51	43	35	27	19	11	3
61	53	45	37	29	21	13	5
63	55	47	39	31	23	15	7

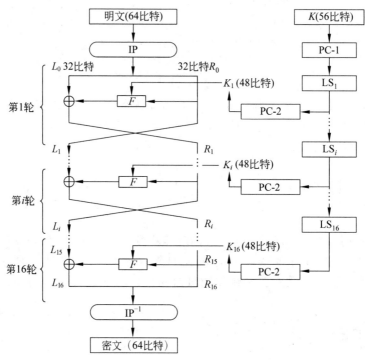

图 5-1　DES 的加密流程

（2）轮函数迭代。

基于 Feistel 结构进行 16 轮迭代，第 i 轮表示如下：

• 当 $1 \leqslant i \leqslant 15$ 时，有 $L_i = R_{i-1}$，$R_i = L_{i-1} \oplus F(K_i, R_{i-1})$。

• 当 $i = 16$ 时，有 $L_i = L_{i-1} \oplus F(K_i, R_{i-1})$，$R_i = R_{i-1}$。

（3）逆初始置换。

进行逆初始置换（IP^{-1}）。IP^{-1} 是 IP 的逆，如表 5-2 所示。最后输出当前明文对应的密文。

表 5-2　逆初始置换

40	8	48	16	56	24	64	32
39	7	47	15	55	23	63	31
38	6	46	14	54	22	62	30
37	5	45	13	53	21	61	29
36	4	44	12	52	20	60	28
35	3	43	11	51	19	59	27

续表

34	2	42	10	50	18	58	26
33	1	41	9	49	17	57	25

第(2)步中 F 函数是 DES 的核心,主要包含扩展函数 E、轮密钥异或、S 盒查询和置换函数 P 四个组件,其执行过程如图 5-2 所示。

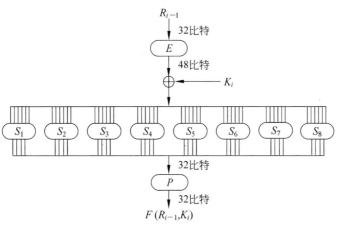

图 5-2　DES 的 F 函数

① 扩展函数 E 将 32 比特的输入扩展为 48 比特的输出,如表 5-3 所示。

表 5-3　扩展函数 E

32	1	2	3	4	5
4	5	6	7	8	9
8	9	10	11	12	13
12	13	14	15	16	17
16	17	18	19	20	21
20	21	22	23	24	25
24	25	26	27	28	29
28	29	30	31	32	1

② 轮密钥异或将 $E(R_{i-1})$ 与轮密钥 K_i 按位进行模二加运算,并将运算结果从左到右分为 8 组,每组 6 位,即

$$E(R_{i-1}) \oplus K_i = B_1 B_2 B_3 B_4 B_5 B_6 B_7 B_8$$

其中,B_j 的长度为 6 位,$1 \leqslant j \leqslant 8$。

③ S 盒查询就是将每个 B_j 查询 S 盒后缩减为 4 位,共 8 个 S 盒 $S_1, S_2, \cdots, S_8$,每个 S 盒有 4 行 16 列数据。具体 S 盒查询参考 3.2 节中 S_1 的介绍。

④ 将 8 个 S 盒的输出经过表 5-4 的置换函数 P 进行换位处理后就得到 $F(R_{i-1}, K_i)$。

表 5-4　置换函数 P

16	7	20	21
29	12	28	17
1	15	23	26
5	18	31	10
2	8	24	14
32	27	3	9
19	13	30	6
22	11	4	25

2. 密钥扩展算法

主密钥 K 共 56 比特,在传输过程中加 8 比特奇偶校验位,分别位于 8,16,24,32,40,48,56,64 位。奇偶校验位用于检查密钥 K 在分配以及传输过程中可能发生的错误。密钥扩展算法的输入只有 56 比特,经过 PC-1(见表 5-5)打乱重新排列,从主密钥 K 生成轮密钥 K_i(48 位)的过程如图 5-3 所示。

表 5-5　PC-1

50	43	36	29	22	15	8	1	51	44	37	30	23	16
9	2	52	45	38	31	24	17	10	3	53	46	39	32
56	49	42	35	28	21	14	7	55	48	41	34	27	20
13	6	54	47	40	33	26	19	12	5	25	18	11	4

图 5-3 中 $C_i = \mathrm{LS}_i(C_{i-1})$,$D_i = \mathrm{LS}_i(D_{i-1})$,其中 LS_i 表示对 C_{i-1} 和 D_{i-1} 进行循环左移变换,LS_1、LS_2、LS_9、LS_{16} 是循环左移 1 比特输出变换,其余的 LS_i 是循环左移 2 比特变换。PC-2(见表 5-6)表示从数据状态 56 比特中选出 48 比特作为轮密钥 K_i。

表 5-6　PC-2

14	17	11	24	1	5	3	28	15	6	21	10
23	19	12	4	26	8	16	7	27	20	13	2
41	52	31	37	47	55	30	40	51	45	33	48
44	49	39	56	34	53	46	42	50	36	29	32

3. 解密变换

DES 的解密过程和加密过程使用同一结构,只不过在 16 次迭代中使用轮密钥的次序正好相反。解密时,第 1 次迭代使用轮密钥 K_{16},第 2 次迭代使用轮密钥 K_{15},以此类推,第 16 次迭代使用轮密钥 K_1。

4. 设计特点

分组密码 DES 的主要特点也是 Feistel 结构的特点,即加密结构与解密结构相同。

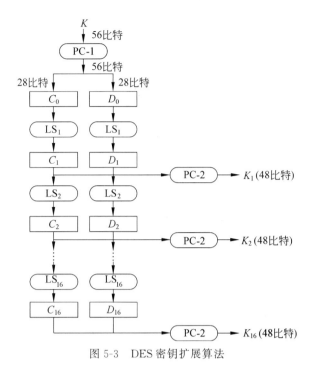

图 5-3　DES 密钥扩展算法

除此之外,DES 的组件大都是面向比特设计的,如初始置换 IP、逆初始置换 IP^{-1}、扩展变换 E、置换 P 以及密钥扩展算法中的压缩变换 PC-1、PC-2 等,与软件实现相比更适合硬件实现,这与该分组密码设计之初的计算机发展水平有一定的关系。

5.1.2　DES 安全性评估

DES 自 1977 年公布之后,经历了穷举攻击、滑动攻击、差分分析、线性分析等。20 世纪 90 年代初,Biham、Matsui 等人分别用差分分析、线性分析攻破了全轮 DES[3][40]。Matsui 在 1994 年的美密会上第一次通过实验给出了 16 轮 DES 的线性分析。这两种方法在此后的对称密码分析方法中占据主要地位。

1. 差分分析

差分分析是一种选择明文攻击。在分组密码中由于非线性组件的引入,存在以一定概率传播的差分路径,对于一定的输入/输出差分,所有路径概率之和就是对应的差分特征概率。对于 r 轮分组密码,输入差分 ΔX_0 为 α,加密 $r-1$ 轮后的输出差分 ΔX_{r-1} 为 β,且对应差分概率 $P(\alpha \to \beta) = p$。恢复最后一轮密钥的步骤简述如下:

第一步,明文采样。选择 m 对明文,每对明文差分为 α。

第二步,过滤正确对。根据差分特征的输出可以推导或观察到密文对的输出特点,可以将一部分不是正确对的明文对过滤掉,这样可以避免错误对蕴含密钥的干扰,以提高效率。

第三步,提取信息。猜测最后一轮的部分密钥并解密得到 $r-1$ 轮的输出,一般情况下,若满足输出差分为 β 的对数近似等于 mp,则猜测的最后一轮部分密钥正确;否则猜测的密钥错误。

上述第二步中过滤正确对也称为去噪阶段,主要目的是过滤掉错误对,排除干扰。假设过滤系数为 λ,$0<\lambda\leqslant1$,该取值与差分区分器输出有关,表示过滤之后的明文对数量与总明文对数量的比值。

在提取信息阶段设置两个参数:攻击猜测的密钥比特量 l 和平均每对密文蕴含的密钥个数 v,v 的取值与算法组件(如 S 盒)的差分分布特性有关。

根据以上几个参数,正确密钥至少被统计了 mp 次,所有猜测密钥平均被统计了 $m\lambda v/2^l$ 次,这两者之比就是 Biham 和 Shamir 给出的信噪比。

定义 5-1 若采用计数原理对密码算法进行差分攻击,则正确密钥至少被统计的次数与所有猜测密钥平均被统计的次数之比称为该计数系统中的信噪比,记为 $\dfrac{S}{N}$,表示如下:

$$\frac{S}{N}=\frac{mp}{m\lambda v/2^l}=\frac{2^l p}{\lambda v}$$

信噪比越大,正确密钥被统计的次数越多,这样能更有效地得到正确密钥。根据对DES算法的大量分析数据统计,信噪比的取值可以进一步确定所需的选择明文量:

$$m\approx c\,\frac{1}{p}$$

其中,c 为一个固定常数,根据信噪比近似估算,Biham 和 Shamir 总结如下:

(1) 当 $\dfrac{S}{N}$ 为 1～2 时,c 取值为 20～40。

(2) 当 $\dfrac{S}{N}$ 取值较大时,c 取值为 3～4。

(3) 当 $\dfrac{S}{N}$ 取值较小时,c 需取更大的值。

接下来对 DES 进行差分分析。DES 的 F 函数使用了 8 个不同的 6×4 规模的 S 盒,从任何一个 S 盒的差分分布表出发,都可以寻找差分路径。表 5-7 是第 2 个 S 盒(S_2)的部分差分分布表,结合 F 函数的扩展变换 E 和置换 P,给出 F 函数的差分路径。

表 5-7　S_2 的差分分布表(部分)

输入\输出	0	1	2	3	4	5	6	7	8	9	10	11	12	13	14	15
0	64	0	0	0	0	0	0	0	0	0	0	0	0	0	0	0
1	0	0	0	4	0	2	6	4	0	14	8	6	8	4	6	2
2	0	0	0	2	0	4	6	4	0	0	4	6	10	10	12	6
3	4	8	4	8	4	6	4	2	4	2	2	4	6	2	0	4
4	0	0	0	0	0	6	0	14	0	6	10	4	10	6	4	4
5	2	0	4	8	2	4	6	6	2	0	4	2	4	10	2	
6	0	12	6	4	6	4	2	0	2	10	2	8	2	0	0	0
7	4	6	6	4	2	4	4	2	6	2	0	4	4	6	0	6
8	0	0	0	4	0	4	0	8	0	10	16	6	6	0	6	4

输入\输出	0	1	2	3	4	5	6	7	8	9	10	11	12	13	14	15
9	14	2	4	10	2	8	2	6	2	4	0	0	2	2	2	4
10	0	6	6	2	10	4	10	2	6	2	2	4	2	2	4	2

例 5-1　如图 5-4 所示,当函数 F 的输入差分为 $\Delta=(04000000)_H$(H 表示十六进制)时,非零差分比特经过 E 没有扩散,只是发生了移位,使得 S_2 活跃,其输入差分为 $(001000)_B$(B 表示二进制),选择概率最大的输出差分 1010_B,再经过 P 变换之后,函数 F 的输出差分为 $\Delta=(40080000)_H$。差分概率由 S_2 的差分分布表查得,即 $p(001000\rightarrow 1010)=\dfrac{16}{64}=0.25$。若函数 F 是随机函数,则对应的输出差分概率应该为随机概率 2^{-32}。显然,上述差分概率远远大于此随机概率。

由例 5-1 的函数 F 差分特征容易构造如图 5-5 所示的 3 轮差分路径。

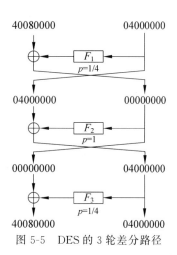

图 5-4　函数 F 差分传播　　　　图 5-5　DES 的 3 轮差分路径

例 5-2　选取明文对 (X,X'),满足 $\Delta X=X\oplus X'=(40080000\ 04000000)_H$,此处采用十六进制表示,忽略 DES 算法中 IP 和 IP^{-1}。

第 1 轮中函数 F_1 的输入差分为 $(04000000)_H$,利用例 5-1 中的差分传播,得到 F_1 的输出差分 $(40080000)_H$,差分概率为 2^{-2},与左边明文差分异或之后为 0。

第 2 轮输入差分为 $(04000000\ 00000000)_H$,即函数 F_2 的输入差分为 0,输出必为 0。

第 3 轮输入差分为 $(00000000\ 04000000)_H$,进入函数 F_3 的输入差分与 F_1 相同,因此输出差分 $(40080000)_H$,概率为 2^{-2}。

由此得到输出密文对 (Y,Y') 的差分为 $(40080000\ 04000000)_H$,3 轮差分路径概率为 $2^{-2}\times 2^{-2}=2^{-4}$。

值得注意的是,DES 的 S 盒是 6 比特输入、4 比特输出,平均 4 个不同的输入值对应同一个输出值,所以必然会存在输入差分非零、输出差分为零的情况。这种性质说明函数

F 不是置换。

例 5-3 如图 5-6 所示，设明文左边 32 比特 P_L 输入差分 $\Delta = (19600000)_H$ 时，该非零差分会进入第 2 轮的函数 F_2 中，经过 E 扩展置换，共引起 3 个 S 盒 S_1、S_2、S_3 活跃。查表 5-8～表 5-10 对应的 3 个 S 盒的差分分布表，得 S_1、S_2、S_3 的输出差分为 0 的概率分别为 $\frac{14}{64}$、$\frac{8}{64}$、$\frac{10}{64}$，所以函数 F 输出差分为 0 的概率为三者之积，即 $\frac{1}{234}$。

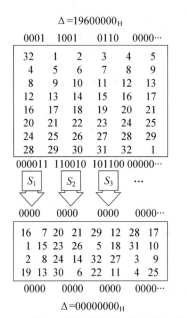

图 5-6　函数 F 的差分传播（输出差分为 0）

表 5-8　S_1 的差分分布表（部分）

输入\输出	0	16	17	18	19	20	21	22	23	24	25	26	27	28	29	30
0	64	0	0	0	0	0	0	0	0	0	0	0	0	0	0	0
1	0	0	0	6	0	2	4	4	0	10	12	4	10	6	2	4
2	0	0	0	8	0	4	4	4	0	6	8	6	12	6	4	2
3	14	4	2	2	10	6	4	2	6	4	0	2	2	2	0	
4	0	0	0	6	0	10	10	6	0	4	6	4	2	8	6	2

表 5-9　S_2 的差分分布表（部分）

输入\输出	0	16	17	18	19	20	21	22	23	24	25	26	27	28	29	30
48	0	4	0	2	4	4	8	6	10	6	2	12	0	0	0	6
49	0	10	2	0	6	2	10	2	6	0	2	0	6	6	4	8
50	8	4	6	0	6	4	4	8	4	6	0	2	2	2	0	
51	2	2	6	10	2	0	6	4	4	12	8	4	2	2	0	
52	0	12	6	4	6	0	4	4	4	0	4	6	4	2	4	4

表 5-10　S_3 的差分分布表(部分)

输入\输出	0	16	17	18	19	20	21	22	23	24	25	26	27	28	29	30
41	0	2	8	4	0	4	0	6	4	10	4	8	4	4	4	2
42	2	6	0	4	2	4	4	6	4	8	4	4	4	2	4	6
43	10	2	6	6	4	4	8	0	4	2	2	0	2	4	4	6
44	10	4	6	2	4	2	2	2	4	10	4	4	0	2	6	2
45	4	2	4	4	4	2	4	16	2	0	0	4	4	2	6	6

由于 F 不是置换,所以 DES 算法存在 2 轮循环差分路径,即在加密 2 轮之后输出差分与输入差分相同,如图 5-7 所示,这样的差分特征可以用来连接构造成倍轮数的差分路径。当然,若 F 函数为置换,那么不存在 2 轮循环差分路径,但是可能存在多轮循环差分路径。

由上述 2 轮循环差分路径可以构造 16 轮差分路径,概率为 $\left(\dfrac{1}{234}\right)^8 \approx 2^{-62.85}$,小于随机置换概率 2^{-64},由此可见 16 轮 DES 算法不能完全保证其输出密文的随机性。

构造差分特征之后是密钥恢复阶段,基于以上得到的差分路径,可以进行更多轮数的密钥恢复攻击。为了描述简洁,下面只对 4 轮 DES 进行密钥恢复攻击,如图 5-8 所示。

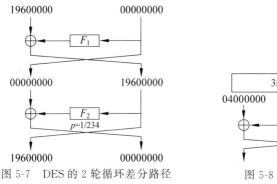

图 5-7　DES 的 2 轮循环差分路径

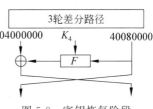

图 5-8　密钥恢复阶段

例 5-4　在例 5-1 的 3 轮差分路径之后再加一轮,写出恢复最后一轮部分密钥的步骤。

由于 3 轮差分路径概率为 2^{-4},所以选择 2^5 对明文 (X, X'),满足差分 $\Delta X = X \oplus X' = (40080000\ 04000000)_{\mathrm{H}}$。具体步骤如下:

第一步,选择 2^5 对明文,进行 4 轮加密,至少有 2 对输出密文满足 C_L 的差分为 $(40080000)_{\mathrm{H}}$。

第二步,因为第 4 轮非零差分比特进入函数 F_4 后引起 3 个 S 盒活跃,见表 5-11,即 S_1、S_3、S_4,需要猜测对应的 18 比特密钥,得到 F_4 的输出,将这个差分与 ΔC_R 异或。

表 5-11　非零差分比特扩散

32	1	2	3	4	5
4	5	6	7	8	9
8	9	10	11	12	13
12	13	14	15	16	17
16	17	18	19	20	21
20	21	22	23	24	25
24	25	26	27	28	29
28	29	30	31	32	1

第三步,若得到差分$(04000000)_H$,则猜测密钥正确;否则猜测密钥错误。

对于猜测的错误密钥,平均留下的密文对为$2\times2^{-12}=2^{-11}$个;对于猜测的正确密钥,至少有 2 个密文对满足 3 轮差分路径,所以多个密文推荐的密钥一般为正确密钥。

Biham 等人在攻击全轮 DES 时,将 2 轮循环差分用在了第 2~14 轮,然后猜测第 1 轮和第 16 轮部分密钥,整个攻击的数据复杂度大约为2^{47}个选择明文。

2. 线性分析

线性分析的主要思想是寻找明文、密文和密钥之间有效的线性表达式,根据有效性以一定概率猜测出对应的密钥比特。

1）线性表达式构建

根据分组密码结构可以构建有效的线性表达式,步骤如下:

第一步,利用统计测试的方法给出分组密码中非线性组件(如 S 盒)的输入、输出之间的一些线性逼近等式及其成立的概率。

第二步,结合轮函数中的线性变换组件构造每一轮的输入、输出之间的线性逼近等式,并计算出其成立的概率。

第三步,将各轮的线性逼近等式按顺序级联起来,删除中间相同的变量,就得到了仅涉及明文、密文和密钥的线性逼近,如式(5-1)所示:

$$P_{[i_1,i_2,\cdots,i_a]}\oplus C_{[j_1,j_2,\cdots,j_b]}=K_{[k_1,k_2,\cdots,k_c]} \tag{5-1}$$

这里$i_1,i_2,\cdots,i_a,j_1,j_2,\cdots,j_b$和$k_1,k_2,\cdots,k_c$表示固定的比特位置。对特定的分组密码,随机给定明文P和相应的密文C,很多情况下存在概率$p\neq\frac{1}{2}$的式(5-1),通常用$\left|p-\frac{1}{2}\right|$刻画其有效性,称为线性逼近优势。

2）密钥比特猜测

假定已获得一个有效的线性表达式,可以通过基于最大似然方法的算法 5-1 推测一个密钥比特$K_{[k_1,k_2,\cdots,k_c]}$信息,其中N是给定的已知明文的个数。

算法 5-1　基于最大似然方法的密钥猜测

第 1 步：设 T 是使得式(5-1)的左边等于 0 的明文的个数。

第 2 步：如果 $T > \dfrac{N}{2}$（N 表示已知明文的个数），

　　　　那么，当 $p > \dfrac{1}{2}$ 时，猜定 $K_{[k_1,k_2,\cdots,k_c]} = 1$；

　　　　当 $p < \dfrac{1}{2}$ 时，猜定 $K_{[k_1,k_2,\cdots,k_c]} = 0$；

　　　　当 $p = \dfrac{1}{2}$ 时，返回失败。

Matsui 指出，当 $\left| p - \dfrac{1}{2} \right|$ 充分小时，成功的概率是 $\dfrac{1}{\sqrt{2\pi}} \displaystyle\int_{-2\sqrt{N}}^{\infty} \left| p - \dfrac{1}{2} \right| \mathrm{e}^{\frac{-x^2}{2}} \mathrm{d}x$。这个成功的概率只依赖于 $\sqrt{N} \left| p - \dfrac{1}{2} \right|$，并随着 N 或 $\left| p - \dfrac{1}{2} \right|$ 的增加而增加。将最有效 $\left(\text{也就是 } \left| p - \dfrac{1}{2} \right| \text{ 最大}\right)$ 的线性表达式称为最佳线性逼近，相应的概率 p 称为最佳线性逼近概率，相应的 $\left| p - \dfrac{1}{2} \right|$ 称为最佳线性逼近优势，简称最佳优势。

分组密码线性逼近的概率与每一轮线性逼近的概率都有关，该关系由引理 5-1 给出。

引理 5-1　（堆积引理，pilling-up Lemma）　设 $X_i (1 \leqslant i \leqslant n)$ 是独立的随机变量，满足概率 $p(X_i = 0) = p_i, p(X_i = 1) = 1 - p_i$，则

$$p(X_1 \oplus X_2 \oplus \cdots \oplus X_n = 0) = \frac{1}{2} + 2^{n-1} \prod_{i=1}^{n} \left(p_i - \frac{1}{2} \right) \tag{5-2}$$

引理 5-1 可通过对 n 进行数学归纳进行证明。

例 5-5　对 n 轮 DES 进行明文攻击时，可以使用 $n-1$ 轮 DES 的最佳线性逼近。也就是说，假定最后一轮已使用 K_n 作了解密，解密结果的左边 32 比特为 $C_H \oplus F(C_L, K_n)$，右边 32 比特为 C_L。这时将 $(C_H \oplus F(C_L, K_n)) \| C_L$ 当作 $n-1$ 轮 DES 密码的密文，使用 $n-1$ 轮 DES 的最佳线性逼近可获得

$$P_{[i_1,i_2,\cdots,i_a]} \oplus C_{[j_1,j_2,\cdots,j_b]} \oplus f(C_L, K_n)[e_1, e_2, \cdots, e_n] = K_{[k_1,k_2,\cdots,k_c]} \tag{5-3}$$

式(5-3)与函数 F 及轮密钥 K_n 有关，如果在式(5-3)中代入一个不正确的候选值 K_n，那么这个等式的有效性显然就降低了，因此可使用最大似然方法推导 K_n 和 $K_{[k_1,k_2,\cdots,k_c]}$，如算法 5-2 所示。

设 p 是式(5-3)成立的概率，对一个轮密钥候选值 $K_n^{(i)}$ 和一个随机变量 X，设 $q^{(i)}$ 是使得式(5-4)成立的概率：

$$f(X, K_n)[e_1, e_2, \cdots, e_n] = f(X, K_n^{(i)})[e_1, e_2, \cdots, e_n] \tag{5-4}$$

当 $\left| p - \dfrac{1}{2} \right|$ 充分小的时候，如果 $q^{(i)} (i = 1, 2, 3, \cdots)$ 相互独立，那么改进的基于最大似然方法的密钥猜测的成功率为

算法 5-2　改进的基于最大似然方法的密钥猜测

第 1 步：对 K_n 的每一个候选值 $K_n^{(i)}(i=1,2,3,\cdots)$，设 T_i 是使得式(5-3)的左边等于 0 的明文的个数。

第 2 步：设 $T_{\max}=\max\{T_i\}_{i\geqslant 1}$，$T_{\min}=\min\{T_i\}_{i\geqslant 1}$。

如果 $\left|T_{\max}-\dfrac{N}{2}\right|>\left|T_{\min}-\dfrac{N}{2}\right|$，那么将 $T_{\max}$ 所对应的密钥候选值作为 K_n 并猜定 $K_{[k_1,k_2,\cdots,k_c]}=0\left(当\ p>\dfrac{1}{2}时\right)$ 或 $1\left(当\ p<\dfrac{1}{2}时\right)$；

如果 $\left|T_{\max}-\dfrac{N}{2}\right|<\left|T_{\min}-\dfrac{N}{2}\right|$，那么将 $T_{\min}$ 所对应的密钥候选值作为 K_n 并猜定 $K_{[k_1,k_2,\cdots,k_c]}=1\left(当\ p>\dfrac{1}{2}时\right)$ 或 $0\left(当\ p<\dfrac{1}{2}时\right)$。

$$\int_{x=-2\sqrt{N}}^{\left|p-\frac{1}{2}\right|}\left(\prod_{K_n^{(i)}\neq K_n}\int_{-x-4\sqrt{N}\left|p-\frac{1}{2}\right|q^{(i)}}^{x+4\sqrt{N}\left|p-\frac{1}{2}\right|(1-q^{(i)})}\frac{1}{\sqrt{2\pi}}\mathrm{e}^{\frac{-y^2}{2}}\mathrm{d}y\right)\frac{1}{\sqrt{2\pi}}\mathrm{e}^{\frac{-x^2}{2}}\mathrm{d}x \qquad (5\text{-}5)$$

这里的积分表示除了 k_n 外取遍所有的轮密钥候选值。由式(5-5)知，算法 5-2 的成功概率只依赖于 $[e_1,e_2,\cdots,e_n]$ 和 $\sqrt{N}\left|p-\dfrac{1}{2}\right|$。虽然一般情况下 $q^{(i)}(i=1,2,3,\cdots)$ 不是相互独立的，但是这个结果也很实用，它给出了成功概率的一个比较好的估计。

接下来对 DES 进行缩减轮的线性分析。因为 S 盒是 DES 算法唯一的非线性组件，所以要通过分析 S 盒的线性逼近构造多轮变换的线性逼近。下面以 DES 第 4 个 S 盒 S_4 为例进行 3 轮线性逼近等式的构造。

例 5-6　选取表 5-12 中 $N_{S_4}(4,15)=12$（表 5-12 中为 $12-32=-20$），对应的线性方程 $x_2=y_3\oplus y_2\oplus y_1\oplus y_0$ 成立的概率为 $p=\dfrac{12}{64}=0.19$。

如图 5-9 所示，函数 F 输入掩码 $\varGamma$ 选取第 15 比特，即[15]；经过 E 扩展变换，该比特进入第 4 个 S 盒，即 S_4 输入掩码为 000100；因为 $N_{S_4}(4,15)=12$ 偏差较大，所以选取这个掩码对，即 S_4 输出掩码为 1111。经过 P 置换之后，这些非零掩码分布在 F 函数输出的第 1、10、20、26 比特，即 $\varGamma$ 为[1,10,20,26]。

表 5-12　S_4 的线性分布表（部分）

输入\输出	0	1	2	3	4	5	6	7	8	9	10	11	12	13	14	15
0	32	0	0	−16	0	−16	−16	−24	0	−16	−16	−24	−16	−24	−24	−28
1	0	0	0	−8	0	−8	−8	−16	0	−8	−8	−16	−8	−16	−16	−22
2	0	−2	−2	−12	−2	−9	−12	−15	2	−8	−8	−14	−5	−16	−19	−20
3	−16	−10	−10	−12	−10	−9	−12	−11	−6	−2	−8	−14	−5	−6	−15	−19
4	0	2	−2	−11	−2	−8	−12	−21	−2	−5	−3	−13	−9	−16	−18	−20
5	−16	−9	−10	−8	−10	−11	−12	−14	−7	−11	−12	−11	−6	−13	−13	−22
6	−16	−8	−9	−6	−9	−6	−12	−14	−8	−11	−6	−10	−9	−11	−13	−24
7	−24	−19	−17	−7	−17	−13	−14	−11	−13	−15	−19	−16	−10	−11	−12	−15
8	0	4	−2	−3	−6	−13	−10	−18	−4	−11	−8	−16	−9	−19	−15	−23
9	−16	−7	−4	−12	−11	−13	−7	−16	−9	−11	−11	−10	−9	−18	−13	−20

输入\输出	0	1	2	3	4	5	6	7	8	9	10	11	12	13	14	15
10	-16	-9	-9	-7	-10	-5	-5	-11	-10	-8	-11	-10	-12	-12	-13	-16
11	-24	-16	-19	-14	-19	-19	-8	-11	-19	-6	-10	-10	-14	-13	-11	-14

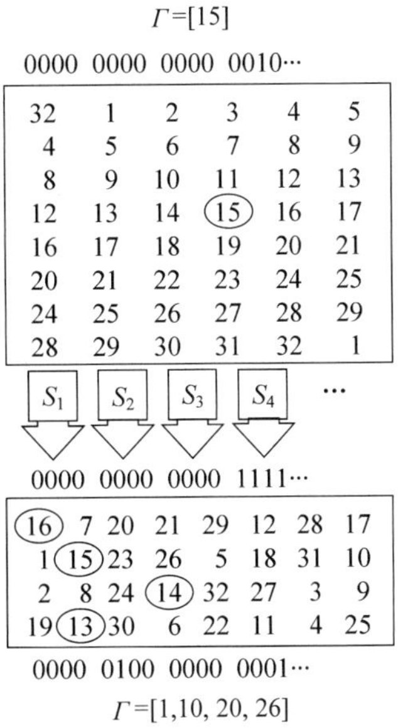

图 5-9　函数 F 的输入输出掩码

容易得到一轮线性逼近等式为

$$X[15] \oplus F_1(X,K)[1,10,20,26] = K[22] \qquad (5\text{-}6)$$

将第 1 轮和第 3 轮的函数 F 输入输出比特关系都用式(5-6)表示,得

$$X_2[1,10,20,26] \oplus P_L[15] \oplus P_R[1,10,20,26] = K_1[22]$$

$$X_2[1,10,20,26] \oplus C_R[15] \oplus C_L[1,10,20,26] = K_3[22]$$

以上两式相加,得

$$P_L[15] \oplus P_R[1,10,20,26] \oplus C_R[15] \oplus C_L[1,10,20,26] = K_1[22] \oplus K_3[22]$$

这是 3 轮线性逼近等式,如图 5-10 所示。根据引理 5-1,使用该式成立(即推出密钥比特信息 $K_1[22] \oplus K_3[22]$)的概率为

$$p = \frac{1}{2} + 2 \times \left(\frac{12}{64} - \frac{1}{2} \right)^2 \approx 0.7$$

在上述 3 轮线性逼近等式的基础上,首尾各增加一轮,并推导函数 F 的输入输出掩码,可以得到 5 轮线性逼近等式,以此方式不断扩展,可以得到更多轮数的线性逼近等式及其成立的概率。

在对 DES 的全轮线性分析中,Matsui 使用了两个 14 轮线性逼近等式,并将这两个线性逼近等式用在第 2~15 轮,整个攻击大约需要 2^{43} 个已知明密文对。

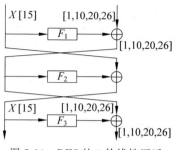

图 5-10　DES 的 3 轮线性逼近

5.2　Camellia

Camellia 是由日本 NTT 公司和三菱电子公司联合设计的分组密码[87]，最早公布于 2000 年 SAC 会议上，后来入选 NESSIE 计划，与 AES 等一起作为欧洲的加密标准。2005 年 7 月被收录于国际标准 Information technology — Security techniques — Encryption algorithms — Part 3：Block ciphers(ISO/IEC 18033-3：2005)中，现行国际标准代号为 ISO/IEC 18033-3：2010。

5.2.1　Camellia 设计

Camellia 分组密码基于 Feistel 结构设计，分组长度为 128 比特，主密钥长度为 128、192、256 比特，分别对应 18、24、24 的轮数。

1. 加密变换

Camellia 分组密码的加密变换在加密初始阶段和最后阶段异或了不同的白化密钥，每 6 轮之间插入 FL/FL^{-1} 的函数。对于主密钥为 128 比特的版本，有 3 个 6 轮 Feistel 结构和 2 个 FL/FL^{-1} 的函数；对于主密钥为 192 比特和 256 比特的版本，有 4 个 6 轮 Feistel 结构和 3 个 FL/FL^{-1} 的函数。下面以 128 比特主密钥版本的 Camellia 为例进行介绍，如图 5-11 所示。

明文 M 为 128 比特，白化密钥 $\mathrm{kw}_i(1 \leqslant i \leqslant 4)$ 为 64 比特，轮密钥 $k_i(1 \leqslant i \leqslant 18)$ 为 64 比特。每个 FL/FL^{-1} 的函数使用的密钥 $\mathrm{kl}_i(1 \leqslant i \leqslant 4)$ 为 32 比特，最后输出密文 C 为 128 比特。具体加密流程如下。

1）明文白化

128 比特明文 M 与白化密钥 $\mathrm{kw}_1 \parallel \mathrm{kw}_2$ 进行异或运算后分为左半部分 64 比特 L_0 和右半部分 64 比特 R_0，即 $M \oplus (\mathrm{kw}_1 \parallel \mathrm{kw}_2) = L_0 \parallel R_0$。

2）轮迭代

对 $i = 1, 2, \cdots, 18(i \neq 6, 12)$，进行如下第 i 轮变换：

$$L_i = R_{i-1} \oplus F(L_{i-1}, k_i), R_i = L_{i-1}$$

对 $i = 6, 12$，进行如下变换：

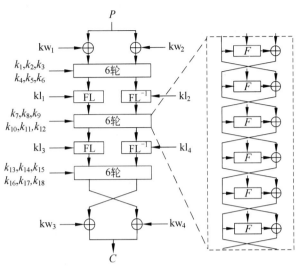

图 5-11　Camellia 的加密流程

$$L_i' = R_{i-1} \oplus F(L_{i-1}, k_i) \qquad L_i = \mathrm{FL}(L_i', \mathrm{kl}_{i/3-1})$$
$$R_i' = L_{i-1} \qquad R_i = \mathrm{FL}^{-1}(R_i', \mathrm{kl}_{i/3})$$

3）密文输出前白化

最后一轮输出 $R_{18} \parallel L_{18}$ 与白化密钥 $\mathrm{kw}_3 \parallel \mathrm{kw}_4$ 进行异或运算，获得白化后的密文 $C = (R_{18} \parallel L_{18}) \oplus (\mathrm{kw}_3 \parallel \mathrm{kw}_4)$。

在上述加密流程的轮迭代中，FL 变换和 FL^{-1} 变换如图 5-12 所示，定义如下：

$$\mathrm{FL}: F_2^{64} \to F_2^{64}$$
$$(X_L \parallel X_R, \mathrm{kl}_L \parallel \mathrm{kl}_R) \mapsto Y_L \parallel Y_R$$
$$Y_R = ((X_L \cap \mathrm{kl}_L) \lll 1) \oplus X_R, \quad Y_L = (Y_R \cup \mathrm{kl}_R) \oplus X_L$$

$$\mathrm{FL}^{-1}: F_2^{64} \to F_2^{64}$$
$$(Y_L \parallel Y_R, \mathrm{kl}_R \parallel \mathrm{kl}_L) \mapsto X_L \parallel X_R$$
$$X_L = (Y_R \cup \mathrm{kl}_R) \oplus Y_L, \quad X_R = ((X_L \cap \mathrm{kl}_L) \lll 1) \oplus Y_R$$

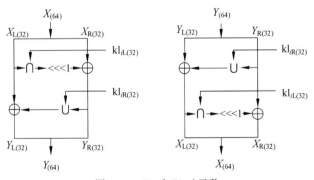

图 5-12　FL 和 FL^{-1} 函数

其中，$\cap$ 表示按位逻辑与运算，$\cup$ 表示按位逻辑或运算。

在加密流程的轮迭代中，Feistel 结构中的函数 F 基于 SP 结构设计，主要包含轮密钥异或、S 盒查询和置换 P 这 3 个操作。查询得到的 8 字节在进行置换 P 后作为函数 F 的输出，如图 5-13 所示。函数 F 的 3 个操作具体如下：

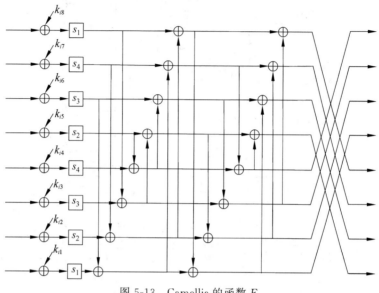

图 5-13　Camellia 的函数 F

（1）轮密钥异或。将输入的 64 比特分成 8 字节，先与 8 个轮密钥字节异或后作为下一步输入。

（2）S 盒查询。依次查询 8 个 S 盒：s_1、s_2、s_3、s_4、s_2、s_3、s_4、s_1，这 4 个不同的 S 盒仿射等价于 $\mathrm{GF}(2^8)$ 上的逆函数，它们之间的关系如下：

$$s_1(a) = h(g(f(0\mathrm{xc5} \oplus x))) \oplus 0\mathrm{x6e}$$
$$s_2(a) = s_1(a) <<< 1$$
$$s_3(a) = s_1(a) >>> 1$$
$$s_4(a) = s_1(a <<< 1)$$

其中，$g(\cdot)$ 是 $\mathrm{GF}(2^8)$ 上的逆函数，有 $g: b = a^{-1}$，$\mathrm{GF}(2^8)$ 上不可约多项式为 $m(x) = x^8 + x^6 + x^5 + x^3 + 1$；$f(\cdot)$、$h(\cdot)$ 是二元域上线性变换，表示如下：

$$f: \begin{cases} b_1 = a_6 \oplus a_2 \\ b_2 = a_7 \oplus a_1 \\ b_3 = a_8 \oplus a_5 \oplus a_3 \\ b_4 = a_8 \oplus a_3 \\ b_5 = a_7 \oplus a_4 \\ b_6 = a_5 \oplus a_2 \\ b_7 = a_8 \oplus a_1 \\ b_8 = a_6 \oplus a_4 \end{cases}, \quad h: \begin{cases} b_1 = a_6 \oplus a_5 \oplus a_2 \\ b_2 = a_6 \oplus a_2 \\ b_3 = a_7 \oplus a_4 \\ b_4 = a_8 \oplus a_2 \\ b_5 = a_7 \oplus a_3 \\ b_6 = a_8 \oplus a_1 \\ b_7 = a_5 \oplus a_1 \\ b_8 = a_6 \oplus a_3 \end{cases}$$

（3）置换 P。对 S 盒输出的 8 字节进行线性变换，可以如下描述：

$$y_1 = x_1 \oplus x_3 \oplus x_4 \oplus x_6 \oplus x_7 \oplus x_8$$

$$y_2 = x_1 \oplus x_2 \oplus x_4 \oplus x_5 \oplus x_7 \oplus x_8$$

$$y_3 = x_1 \oplus x_2 \oplus x_3 \oplus x_5 \oplus x_6 \oplus x_8$$

$$y_4 = x_2 \oplus x_3 \oplus x_4 \oplus x_5 \oplus x_6 \oplus x_7$$

$$y_5 = x_1 \oplus x_2 \oplus x_6 \oplus x_7 \oplus x_8$$

$$y_6 = x_2 \oplus x_3 \oplus x_5 \oplus x_7 \oplus x_8$$

$$y_7 = x_3 \oplus x_4 \oplus x_5 \oplus x_6 \oplus x_8$$

$$y_8 = x_1 \oplus x_4 \oplus x_5 \oplus x_6 \oplus x_7$$

最后按照高位在前输出$(y_8, y_7, y_6, y_5, y_4, y_3, y_2, y_1)$。

2. 密钥扩展算法

加密过程中使用的轮密钥由 256 比特初始密钥 $k_{L(128)} \parallel k_{R(128)}$ 依次生成。首先将 $k_{L(128)} \parallel k_{R(128)}$ 输入 Feistel 结构，Σ_1、Σ_2、Σ_3、Σ_4、Σ_5、Σ_6 作为轮参数，4 轮之后生成 128 比特 $k_{A(128)}$，6 轮之后生成 128 比特 $k_{B(128)}$，如图 5-14 所示。

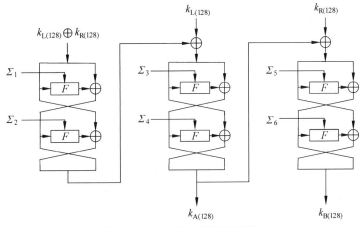

图 5-14　Camellia 密钥扩展算法

参与 $k_{A(128)}$ 和 $k_{B(128)}$ 生成的 6 个轮参数为

$$\Sigma_1 = 0\text{xA09E667F3BCC908B}$$

$$\Sigma_2 = 0\text{xB67AE8584CAA73B2}$$

$$\Sigma_3 = 0\text{xC6EF372FE94F82BE}$$

$$\Sigma_4 = 0\text{x54FF53A5F1D26F1C}$$

$$\Sigma_5 = 0\text{x10E527FADE682D1D}$$

$$\Sigma_6 = 0\text{xB05688C2B3E6C1FD}$$

在主密钥为 128 比特的版本中，256 比特初始密钥定义为 $k_{L(128)} \parallel k_{R(128)} = k \parallel 0$。由初始密钥 k_L 和 k_A 进行移位变换可得各轮的轮密钥，如表 5-13 所示，其中 $F(\text{Round1})$、$F(\text{Round2})$ 与 $F(\text{Round11})$、$F(\text{Round12})$ 使用的轮密钥都是由 k_A 循环移位得到，由于扩散不够充分，为第 11、12 轮密钥恢复攻击埋下了隐患。

表 5-13　各轮的轮密钥

轮	轮密钥	轮密钥值	轮	轮密钥	轮密钥值
前期白化	$kw_{1(64)}$	$(k_L \lll 0)_{L(64)}$	$F(\text{Round}10)$	$k_{10(64)}$	$(k_L \lll 60)_{R(64)}$
	$kw_{2(64)}$	$(k_L \lll 0)_{R(64)}$	$F(\text{Round}11)$	$k_{11(64)}$	$(k_A \lll 60)_{L(64)}$
$F(\text{Round}1)$	$k_{1(64)}$	$(k_A \lll 0)_{L(64)}$	$F(\text{Round}12)$	$k_{12(64)}$	$(k_A \lll 60)_{R(64)}$
$F(\text{Round}2)$	$k_{2(64)}$	$(k_A \lll 0)_{R(64)}$	FL/FL^{-1}	$kl_{3(64)}$	$(k_L \lll 77)_{L(64)}$
$F(\text{Round}3)$	$k_{3(64)}$	$(k_L \lll 15)_{L(64)}$		$kl_{4(64)}$	$(k_L \lll 77)_{R(64)}$
$F(\text{Round}4)$	$k_{4(64)}$	$(k_L \lll 15)_{R(64)}$	$F(\text{Round}13)$	$k_{13(64)}$	$(k_L \lll 94)_{L(64)}$
$F(\text{Round}5)$	$k_{5(64)}$	$(k_A \lll 15)_{L(64)}$	$F(\text{Round}14)$	$k_{14(64)}$	$(k_L \lll 94)_{R(64)}$
$F(\text{Round}6)$	$k_{6(64)}$	$(k_A \lll 15)_{R(64)}$	$F(\text{Round}15)$	$k_{15(64)}$	$(k_A \lll 94)_{L(64)}$
FL/FL^{-1}	$kl_{1(64)}$	$(k_A \lll 30)_{L(64)}$	$F(\text{Round}16)$	$k_{16(64)}$	$(k_A \lll 94)_{R(64)}$
	$kl_{2(64)}$	$(k_A \lll 30)_{R(64)}$	$F(\text{Round}17)$	$k_{17(64)}$	$(k_L \lll 111)_{L(64)}$
$F(\text{Round}7)$	$k_{7(64)}$	$(k_L \lll 45)_{L(64)}$	$F(\text{Round}18)$	$k_{18(64)}$	$(k_L \lll 111)_{R(64)}$
$F(\text{Round}8)$	$k_{8(64)}$	$(k_L \lll 45)_{R(64)}$	后期白化	$kw_{3(64)}$	$(k_A \lll 111)_{L(64)}$
$F(\text{Round}9)$	$k_{9(64)}$	$(k_A \lll 45)_{L(64)}$		$kw_{4(64)}$	$(k_A \lll 111)_{R(64)}$

3. 解密变换

分组密码 Camellia 的解密变换与加密变换结构相同,轮密钥使用顺序相反即可。

4. 设计特点

Camellia 的设计结合了 Feistel 结构和 SP 结构的优势,同时加入了 FL 和 FL^{-1},整体结构仍为对合结构。该分组密码面向字节设计,非常适合在 8 位处理器上实现。由于 SP 结构中 P 变换由两个相同的 4 阶变换通过类 Feistel 结构组合而成(见 4.2 节),4 阶变换的输入输出均为 32 比特,所以 Camellia 同样适合在 32 位处理器上实现。

5.2.2　Camellia 安全性评估

Camellia 分组密码自提出以来就受到了差分分析、线性分析、截断差分分析、不可能差分分析、高阶差分分析、积分分析等方法的攻击[92-97],攻击效果最好的是不可能差分分析和积分分析,这两种分析方法都用到了第 1、2 轮与第 11、12 轮的轮密钥之间的关系。限于篇幅,下面只讨论 Camellia-128 的截断差分分析与积分分析中的两种区分器构造方法。

1. 截断差分分析

截断差分分析是 L. R. Knudson 在差分分析基础上推广的一种分析方法,只关注部分比特的差分值,或者说对于非零差分并不关注具体的非零值。若加密算法处理单元为字节,那么对应的截断差分用 0 表示所在字节位置的差分为零,用 1 表示所在字节位置的差分非零。例如,差分模式(11000000)表示前两字节的差分非零,后 6 字节的差分都为零。

显然,符号"1"表示的不只是一个差分值,而是所有非零差分值的集合,一条截断差分路径其实是多条差分路径的并集,其概率就是这些差分路径概率之和。

截断差分分析的过程与差分分析类似。Camellia 是基于字节设计的,所以它的截断差分区分器可以通过差分模式搜索的方法构造。例 5-7 是对其进行 5 轮截断差分路径的理论推导。

例 5-7　设明文输入满足差分模式(0000000 011000000),下面构造 5 轮截断差分路径,如图 5-15 所示。

因为输入函数 F_1 的差分为 8 个 0 字节,容易得出经过一轮加密后得到截断差分(11000000 00000000)。输入函数 F_2 的差分为(11000000),与密钥异或不影响差分形式;S 盒为置换,也不影响差分形式;经过轮函数中的线性变换 P 之后,只有 1 字节为 0,其余字节不

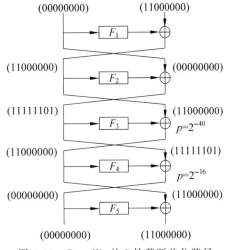

图 5-15　Camellia 的 5 轮截断差分路径

确定,记为(11111101)。因此,第 1 轮和第 2 轮的输入输出截断差分概率都为 1。

第 3 轮的函数 F_3 输入差分为(11111101),经过轮变换与(11000000)相异或得到的截断差分仍然为(11000000)的概率是 2^{-40}。直观地看,(11111101)经过线性变换 P 之后所有 8 字节一般都变成非零值,即为(11111111),与(11000000)相异或得到的截断差分仍然为(11000000)的概率是 2^{-48}。但是根据线性变换 P^{-1},用字符 Δx_1、Δx_2 表示 P 的输入输出向量中的非零字节,会出现以下情况:

$$\begin{pmatrix} \Delta x_2 \\ \Delta x_1 \\ \Delta x_1 \oplus \Delta x_2 \\ \Delta x_1 \oplus \Delta x_2 \\ \Delta x_1 \oplus \Delta x_2 \\ \Delta x_2 \\ 0 \\ \Delta x_1 \end{pmatrix} \mapsto \begin{pmatrix} \Delta x_1 \\ \Delta x_2 \\ 0 \\ 0 \\ 0 \\ 0 \\ 0 \\ 0 \end{pmatrix} \tag{5-7}$$

式(5-7)经过 P 变换成功的概率为 1。如果第 3 轮 F_3 的输出(Δy_1　Δy_2　Δy_3　Δy_4　Δy_5　Δy_6　Δy_7　Δy_8)满足式(5-7)左边的形式,则输出截断差分模式必然满足 (11000000),即

$$\Delta y_1 \neq 0, \quad \Delta y_2 \neq 0, \quad \Delta y_1 \neq \Delta y_2,$$
$$\Delta y_3 = \Delta y_4 = \Delta y_5 = \Delta y_1 \oplus \Delta y_2,$$
$$\Delta y_6 = \Delta y_1, \quad \Delta y_7 = 0, \quad \Delta y_8 = \Delta y_2.$$

这些式子成功的概率为 $(1-2^{-8})^2 \times 2^{-(1-2^{-8})} \times (2^{-8})^5 \approx 2^{-40}$。

第 4 轮 F_4 中 S 盒的输出截断差分模式为 (11000000),而 P^{-1}(11111101)的截断差

分模式也为(11000000)，二者异或为 0 的概率为 2^{-16}。

第 5 轮 F_5 的输入差分为 0，故输出截断差分仍为 0 的概率为 1。

以上 5 轮截断差分路径的概率为 2^{-56}，而随机函数的概率约为 2^{-112}，前者远远大于后者。基于 5 轮截断差分路径可以进行更多轮数的密钥恢复攻击。

在 2001 年 ASIACRYPT 会议上，Makoto Sugita 等人提出了 Camellia 算法的 9 轮截断差分区分器。显然，上述 F_1 到 F_4 是一个 4 轮迭代截断差分，剩余的 5 轮截断差分概率分析与上述 4 轮类似，9 轮截断差分区分器的概率为 2^{-112}。

基于以上 9 轮截断差分区分器并利用轮密钥之间的关系可以进行第 10～12 轮密钥恢复攻击，此处不再详述。

2. 积分分析

针对基于字节或半字节设计的分组密码，积分区分器构建过程为：选择明文集合，假设含有 t 个活跃字节 A；分析扩散层性质，经过 $r-1$ 轮加密之后，仍有部分字节为平衡字节 B，则称该算法存在 $r-1$ 轮积分区分器。恢复密钥过程如下：

第一步，选择第一个明文集合（也可以称为明文结构），含有 2^{8t} 个明文，即 t 个字节为 A，其余字节为常数，加密 r 轮之后得到相应的密文集合。

第二步，猜测最后一轮的相关密钥，对所有密文解密得到 $r-1$ 轮的中间状态。若对应字节满足平衡性质，即为平衡字节 B，则对应猜测密钥可能正确；否则猜测的密钥错误。

第三步，选择第二个明文集合，重复第一步，直到得出唯一的正确密钥。

在构造 Camellia 积分区分器时，选择输入明文活跃比特的多少（或活跃 S 盒个数）和位置的不同会导致积分区分器的轮数不同，此处将输入为 k 个活跃 S 盒的积分区分器称

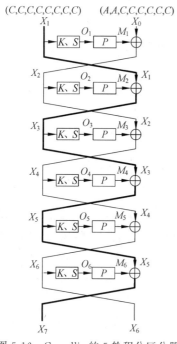

(C,C,C,C,C,C,C,C) (A,A,C,C,C,C,C,C)

图 5-16　Camellia 的 5 轮积分区分器

为 k 阶积分区分器。根据 Camellia 的结构特点，首先介绍 2 阶 5 轮积分区分器。

如图 5-16 所示，根据 Feistel 结构，可知 $X_1 \oplus M_2 \oplus M_4 \oplus M_6 = X_7$，因为由明文 (X_1, X_0) 和密文 (X_7, X_6) 可以得到，然后进行如下化简：

$$X_1 \oplus M_2 \oplus M_4 \oplus M_6 = X_7$$
$$\Leftrightarrow X_1 \oplus X_7 = M_2 \oplus M_4 \oplus M_6$$
$$\Leftrightarrow P^{-1}(X_1 \oplus X_7) = O_2 \oplus O_4 \oplus O_6$$

对于输出的第 6 个字节，上述方程可以写成

$$P^{-1}(X_1)_6 \oplus P^{-1}(X_7)_6 = O_{2,6} \oplus O_{4,6} \oplus O_{6,6}$$

$$(5\text{-}8)$$

引理 5-2　设输入 X_0、X_1 的两个字节 $x_{0,1}$、$x_{0,2}$ 活跃，其余字节为常数，那么 t 将出现偶数次，其中

$$t = s_3(x_{6,6} \oplus k_{6,6}) \oplus P^{-1}(X_7)_6$$

证明：根据式(5-8)，

$$s_3(x_{6,6} \oplus k_{6,6}) \oplus P^{-1}(X_7)_6 = P^{-1}(X_1)_6 \oplus O_{2,6} \oplus O_{4,6}$$

这里 $P^{-1}(X_1)_6 \oplus O_{2,6}$ 是常数，所以 $O_{4,6}$ 对应值出现的次

数很重要,容易发现有以下式子成立:

$$O_{4,6} = s_3(s_1(o_{2,1} \oplus c_1) \oplus s_2(o_{2,1} \oplus o_{2,2} \oplus c_2)$$
$$\oplus s_2(o_{2,1} \oplus o_{2,2} \oplus c_3) \oplus s_3(o_{2,1} \oplus o_{2,2} \oplus c_4) \oplus c_5)$$

令 $o_{2,1} \oplus o_{2,2} = y$,对于 y 的每个值,$o_{2,1}$ 是活跃的,所以 $o_{4,6}$ 是活跃的,即 t 也是活跃的。

基于以上 5 轮积分区分器,可以向解密方向扩展 3 轮,从而构建 8 轮积分区分器。首先介绍扩展积分区分器的方法。在 Feistel-SP 结构中,异或操作和置换 P 通常都是线性变换,这个变换影响积分性质,因此可以通过研究该变换扩展积分区分器。假设一个已知 t 轮积分区分器的输入状态为 (X_i, X_{i-1}),其中 X_{i-1} 的某些字节是活跃的,X_i 中的字节都是常数。现在将这个积分区分器向前(解密方向)扩展一轮,如图 5-17 所示,表达式如下:

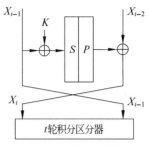

图 5-17　积分区分器向前扩展一轮

$$X_i = F(X_{i-1}) \oplus X_{i-2} = P \circ S(K(X_{i-1})) \oplus X_{i-2}$$
$$= P[S(K(X_{i-1})) \oplus P^{-1}(X_{i-2})]$$

选择 X_{i-2} 满足如下条件:$P^{-1}(X_{i-2})$ 中对应于 $S(K(X_{i-1}))$ 非常数的字节选择为活跃,其他字节为常数。这样 (X_{i-1}, X_{i-2}) 通过一轮加密后可以划分成很多个集合,每个集合中 (X_i, X_{i-1}) 满足积分区分器的输入模式,由此容易得到 $t+1$ 轮积分区分器。

以 Camellia 为例,设它的 2 阶 5 轮区分器输入为 (X_1, X_0),其中 $x_{0,1}, x_{0,2}$ 两个字节活跃,其他字节为常数,向解密方向扩展 3 轮,函数 F 的右半边输入为

$$X_{-1} = P(\lambda_2, \lambda_3, c, c, c, c, c, c)$$
$$X_{-2} = P(\lambda_4, \lambda_5, \lambda_6, \lambda_7, \lambda_8, \lambda_9, c, \lambda_{10})$$
$$X_{-3} = P(\lambda_{11}, \lambda_{12}, \lambda_{13}, \lambda_{14}, \lambda_{15}, \lambda_{16}, \lambda_{17}, \lambda_{18})$$

符号 $\lambda_i s (0 \le i \le 18)$ 表示该位置为活跃字节。因为 X_{-3} 的所有字节都活跃且独立,所以再向解密方向扩展一轮。否则,活跃字节将遍历所有的明文空间,因此得到引理 5-3。

引理 5-3　设 $P^{-1}(X_{-2})$ 的第 7 个字节为常数,输入状态 $(P^{-1}(X_{-2}), X_{-3})$ 的其他字节都活跃且独立,经过 3 轮加密后将生成 2^{104} 个集合,且在每一个集合中字节 $x_{0,1}$ 和 $x_{0,2}$ 活跃,其他字节为常数。

证明:下面分 3 步证明这个引理。

第一步,2^{32} 个 (X_0, X_{-1}) 的值经过一轮加密后生成 2^{16} 个集合,每个集合中 (X_1, X_0) 的活跃模式符合 2 阶 5 轮积分区分器的输入模式,即 X_1 的前两个字节活跃,而其他字节为常数。

第二步,向解密方向反推一轮,2^{72} 个 (X_{-1}, X_{-2}) 值再经过一轮加密后生成 2^{40} 个集合,每个集合中 (X_0, X_{-1}) 的活跃模式符合第一步中的输入模式,即 $x_{1,0}, x_{1,1}$ 和 $P^{-1}(X_{-1})$ 的前两个字节活跃,而其余字节为常数。将输入状态 $(P^{-1}(X_{-1}), P^{-1}(X_{-2}))$ 中的活跃字节表示为 $x_1, x_2, x_3, x_4, x_5, x_6, x_7, x_8, x_9$,且将所有的常数字节表示为 0。将一轮加密变换之后输出状态 $(X_1, P^{-1}(X_{-1}))$ 中的活跃字节表示为 y_3, y_4, y_1, y_2。一轮

的加密变换可以由下面的方程组表示：

$$\begin{cases} x_1 = y_1 \\ x_2 = y_2 \\ s_1(x_1 \oplus k_1) \oplus x_3 = y_4 \\ s_2(x_1 \oplus x_2 \oplus k_2) \oplus x_4 = y_3 \\ s_3(x_1 \oplus x_2 \oplus k_3) \oplus x_5 = y_3 \oplus y_4 \\ s_4(x_2 \oplus k_4) \oplus x_6 = y_3 \oplus y_4 \\ s_2(x_1 \oplus x_2 \oplus k_5) \oplus x_7 = y_3 \oplus y_4 \\ s_3(x_2 \oplus k_6) \oplus x_8 = y_4 \\ s_1(x_1 \oplus k_8) \oplus x_9 = y_3 \end{cases}$$

对此方程组进行简化，得到如下的等价方程组：

$$\begin{cases} x_1 = y_1 \\ x_2 = y_2 \\ s_1(x_1 \oplus k_1) \oplus x_3 = y_4 \\ s_2(x_1 \oplus x_2 \oplus k_2) \oplus x_4 = y_3 \\ s_1(x_1 \oplus k_1) \oplus x_3 \oplus s_2(x_1 \oplus x_2 \oplus k_2) \oplus x_4 \oplus s_3(x_1 \oplus x_2 \oplus k_3) \oplus x_5 = 0 \\ s_1(x_1 \oplus k_1) \oplus x_3 \oplus s_2(x_1 \oplus x_2 \oplus k_2) \oplus x_4 \oplus s_4(x_2 \oplus k_4) \oplus x_6 = 0 \\ s_1(x_1 \oplus k_1) \oplus x_3 \oplus s_2(x_1 \oplus x_2 \oplus k_2) \oplus x_4 \oplus s_2(x_1 \oplus x_2 \oplus k_5) \oplus x_7 = 0 \\ s_1(x_1 \oplus k_1) \oplus x_3 \oplus s_3(x_2 \oplus k_6) \oplus x_8 = 0 \\ s_2(x_1 \oplus x_2 \oplus k_2) \oplus x_4 \oplus s_1(x_1 \oplus k_8) \oplus x_9 = 0 \end{cases}$$

这个等价方程组只有唯一解，即对于 $y_1 \sim y_4$ 的每一个值，$x_1 \sim x_4$ 有唯一解，而 $x_5 \sim x_9$ 由 $x_1 \sim x_4$ 这 4 个分量唯一确定。由此，对于 2^{32} 个 $y_1 \sim y_4$ 的值，有对应的 2^{32} 个互不相同的解。当取遍 2^{72} 个 $x_1 \sim x_9$ 的值后，就可以得到 2^{40} 个集合，每个集合中 $y_1 \sim y_4$ 遍历 2^{32} 个值。

第三步，继续向解密方向扩展一轮，2^{120} 个 (X_{-2}, X_{-3}) 值经过一轮加密可以生成 2^{48} 个集合，每个集合中 (X_{-1}, X_{-2}) 的活跃模式符合第二步中的输入模式，即状态 $(P^{-1}(X_{-2}), P^{-1}(X_{-1}))$ 中 9 个字节活跃，而其他字节为常数。

该步的证明类似于第二步的证明。

根据以上 3 个步骤的推导，可以由 2^{120} 个 (X_{-2}, X_{-3}) 的值经过 3 轮变换生成 2^{104} 个集合，每个集合中的活跃模式与 2 阶 5 轮积分区分器的输入模式相同。

根据引理 5-2 和引理 5-3，可以构造一个 15 阶 8 轮积分区分器，如图 5-18 所示。定理 5-1 给出了它的描述。

定理 5-1 设 (X_1, X_0) 是 Camellia(不带 FL/FL^{-1} 层)的输入状态。如果输入状态中除了字节 $P^{-1}(X_1)_7$ 为常数，其余字节取遍 $F_{2^8}^{15}$ 上的值，那么加密 8 轮之后，字节 $t = s_3(x_{9,6} \oplus k_{9,6}) \oplus P^{-1}(X_{10})_6$ 的每个值将出现偶数次。

基于以上 8 轮积分区分器可以进行 9～11 轮 Camellia 的密钥恢复攻击，此部分作为课后习题。

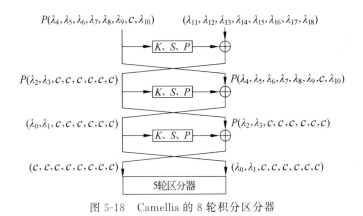

$$P(\lambda_4,\lambda_5,\lambda_6,\lambda_7,\lambda_8,\lambda_9,c,\lambda_{10}) \quad (\lambda_{11},\lambda_{12},\lambda_{13},\lambda_{14},\lambda_{15},\lambda_{16},\lambda_{17},\lambda_{18})$$

$$P(\lambda_2,\lambda_3,c,c,c,c,c,c) \qquad P(\lambda_4,\lambda_5,\lambda_6,\lambda_7,\lambda_8,\lambda_9,c,\lambda_{10})$$

$$(\lambda_0,\lambda_1,c,c,c,c,c,c) \qquad P(\lambda_2,\lambda_3,c,c,c,c,c,c)$$

$$(c,c,c,c,c,c,c,c) \qquad (\lambda_0,\lambda_1,c,c,c,c,c,c)$$

图 5-18　Camellia 的 8 轮积分区分器

习题 5

（1）假设 DES 的函数 F 输入差分为 00000400，推出 F 函数的最大概率差分输出，并画出 3 轮差分路径。

（2）分别构建 DES 算法的 5 轮、12 轮概率最大的差分路径，基于这些差分路径进行至少一轮的密钥恢复。

（3）简述线性分析的基本原理，然后构建 DES 算法的 5 轮线性特征，并进行恢复密钥攻击。

（4）DES 算法具有互补性，而这个特性会使 DES 在选择明文攻击下所需的工作量减半，简要说明原因。

（5）查找资料，学习信噪比，思考差分分析需要的明文数与成功率之间的关系。

（6）证明引理 5-1，推导 14 轮 DES 的线性逼近等式，并进行密钥恢复攻击，深入学习和理解线性分析方法。

（7）证明 Camellia 算法的 3 轮循环差分特征中至少有 6 个活跃 S 盒。

（8）基于 Camellia 算法的 8 轮积分区分器进行 9～11 轮的密钥恢复攻击。

第6章

SP 结构分组密码

与 Feistel 结构相比,基于 SP 结构设计的分组密码每轮可以处理所有数据,具有扩散速度快、安全性比较容易证明等优势。值得注意的是,基于 SP 结构的分组密码通常不是对合结构,要想使得加解密结构相同,则需要采用对合的密码组件。例如,ARIA 采用了对合的扩散层 DL 作为组件,并基于 DL 设计了对合的 SP 整体结构。本章主要介绍 PRESENT、AES、ARIA 和 uBlock。

6.1 PRESENT

PRESENT 发布于 2007 年[98],最早于 2012 年 1 月 15 日被纳入国际轻量级分组密码标准 Information technology—Security techniques—Lightweight cryptography—Part 2：Block ciphers(ISO/IEC 29192-2:2012)中,现行国际标准代号为 ISO/IEC 29192-2：2019。

本节对 PRESENT 进行介绍,并针对其小规模例子——TOY 算法进行差分分析、线性分析,通过这两种分析方法理解如何评估基于比特设计的 SP 结构分组密码的安全性。

6.1.1 PRESENT 设计

PRESENT 的分组长度为 64 比特,密钥长度为 80 或 128 比特,整体结构为 SP 结构,迭代轮数为 31。

1. 加密变换

对输入的 64 比特明文 X_0 和主密钥 K 进行以下操作。

1) 轮函数迭代

对 $1 \leqslant i \leqslant 31$,进行如下迭代变换,每个轮函数包括轮密钥加 RKA、字节代替层 SL 和比特置换 P：

$$X_i = P \circ \mathrm{SL} \circ \mathrm{RKA}_{K_{i-1}}(X_{i-1})$$

2) 生成密文

将第 31 轮的输出结果与密钥异或,获得密文：

$$C = \mathrm{RKA}_{K_{31}}(X_{31})$$

上述 K_i 由主密钥 K 经过密钥扩展算法生成。每轮变换包括 3 个基本组件：轮密钥加 RKA、S 盒查询 SL 以及比特置换 P,如图 6-1 所示。

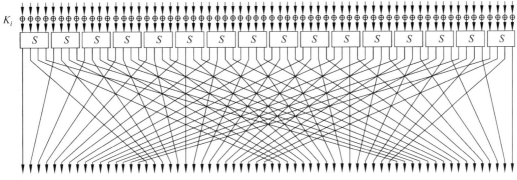

图 6-1　PRESENT 的轮变换

(1) 轮密钥加 RKA。将轮密钥与中间状态按比特异或,每轮密钥的长度是 64 比特,中间状态长度也是 64 比特。给定第 i 轮密钥 $K_i = k_{63}^i k_{62}^i \cdots k_0^i$,$1 \leqslant i \leqslant 32$,假定当前状态记为 $b_{63} b_{62} \cdots b_0$,那么,轮密钥加的操作为

$$b_j \leftarrow b_j \bigoplus k_j^i, 0 \leqslant j \leqslant 63$$

(2) S 盒查询 SL。首先将 64 比特状态 $b_{63} b_{62} \cdots b_0$ 划分为 16 个半字节 $w_{15} \parallel w_{14} \parallel \cdots \parallel w_0$,满足 $w_j = b_{4j+3} b_{4j+2} b_{4j+1} b_{4j}$,$0 \leqslant j \leqslant 15$。然后对状态的每个 4 比特做表 6-1 的 S 盒查询:$w_j \leftarrow S(w_j)$,$0 \leqslant j \leqslant 15$。

表 6-1　PRESENT 的 S 盒

x	0	1	2	3	4	5	6	7	8	9	A	B	C	D	E	F
$S(x)$	C	5	6	B	9	0	A	D	3	E	F	8	4	7	1	2

(3) 比特置换 P。将输入的 64 比特状态中处于位置 j 的比特换到位置 $P(j)$:

$$b_{P(j)} \leftarrow b_j, \quad j = 0, 1, \cdots, 63$$

具体的比特置换见表 6-2。

表 6-2　PRESENT 的比特置换 P

0	16	32	48	1	17	33	49	2	18	34	50	3	19	35	51
4	20	36	52	5	21	37	53	6	22	38	54	7	23	39	55
8	24	40	56	9	25	41	57	10	26	42	58	11	27	43	59
12	28	44	60	13	29	45	61	14	30	46	62	15	31	47	63

2. 密钥扩展算法

1) 80 比特密钥的扩展

首先将主密钥装载到密钥寄存器 K,将 80 比特的密钥表示为 $k_{79} k_{78} \cdots k_0$。在加密的第 i 轮,取当前寄存器 K 的最左边 64 比特作为相应的轮密钥。提取轮密钥 K_i 后,密钥寄存器 $K = k_{79} k_{78} \cdots k_0$ 按如下步骤更新:

$$[k_{79} k_{78} \cdots k_1 k_0] = [k_{18} k_{17} \cdots k_{20} k_{19}]$$

$$[k_{79} k_{78} k_{77} k_{76}] = S[k_{79} k_{78} k_{77} k_{76}]$$

$$[k_{19}k_{18}k_{17}k_{16}k_{15}] = [k_{19}k_{18}k_{17}k_{16}k_{15}] \oplus i$$

其中,S 是加密算法中的 4 比特 S 盒查询。

2）128 比特密钥的扩展

首先将主密钥装载到密钥寄存器 K,将 128 比特的密钥表示为 $k_{127}k_{126}\cdots k_0$。在加密的第 i 轮,取当前寄存器 K 的最左边 64 比特作为相应的轮密钥。提取轮密钥 K_i 后,密钥寄存器 $K = k_{127}k_{126}\cdots k_0$ 按如下步骤更新:

$$[k_{127}k_{126}\cdots k_1 k_0] = [k_{66}k_{65}\cdots k_{68}k_{67}]$$
$$[k_{127}k_{126}k_{125}k_{124}] = S[k_{127}k_{126}k_{125}k_{124}]$$
$$[k_{123}k_{122}k_{121}k_{120}] = S[k_{123}k_{122}k_{121}k_{120}]$$
$$[k_{66}k_{65}k_{64}k_{63}k_{62}] = [k_{66}k_{65}k_{64}k_{63}k_{62}] \oplus i$$

3. 解密变换

PRESENT 的解密变换是加密变换的逆,即每轮变换中使用的 S 盒为表 6-1 中 S 盒的逆,P 变换为表 6-2 中 P 变换的逆,且顺序与加密变换顺序相反。画出 PRESENT 的解密变换可以作为课后练习。

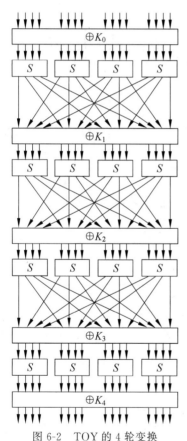

图 6-2　TOY 的 4 轮变换

4. 设计特点

PRESENT 在轻量级密码算法中占据了重要的地位,在发布之初,一度被认为是最杰出的超轻量级密码算法。PRESENT 的整体结构将简单性原则体现得淋漓尽致,非线性层采用 4 比特 S 盒,线性层仅使用比特置换操作,基本不占用多余的面积,与其他轻量级分组密码和较为流行的序列密码相比,PRESENT 的硬件实现面积和吞吐量非常具有吸引力。设计者指出,硬件实现 PRESENT-80 仅需 1570GE,与序列密码 Trivium 和 Grain 相比也具有相当强的竞争力。

5. PRESENT 的小规模算法 TOY

TOY 是一个简单的 SP 结构分组密码,设计思想类似于 PRESENT,可以看作其小规模算法,明文分组长度为 16 比特,密钥长度为 16 比特。TOY 的 4 轮变换如图 6-2 所示,最后一轮不含扩散层 P 变换。每轮包含 3 个变换:S 盒查询、P 变换和轮密钥异或。明文 16 比特先与主密钥异或,然后分成 4 比特一组,输入 4×4 的 S 盒,4 个 S 盒输出仍为 16 比特,再进行 P 变换,变换之后与轮密钥异或。

TOY 的 S 盒与 PRESENT 的 S 盒相同。由于 TOY 的 S 盒不是对合的,所以解密变换是加密变换的逆过程,即加解密结构不同。根据 3.1 节,容易得到该 S 盒差分分布表,如表 6-3 所示,差分均匀度为 4,即最大差分概率为 $\frac{1}{4}$。该 S 盒的线性分布表如表 6-4 所示,非线性度为 4,线性掩码概率最小为 $\frac{1}{4}$,最大为 $\frac{3}{4}$,线性偏差为 $\frac{1}{2}$;代数正规型(Algebraic Normal Form,ANF)表达式见例 8-4,代数次数为 [3,3,3,2],代数项数为 [8,8,7,4],满足严格雪崩准则。

表 6-3　TOY 的 S 盒差分分布表

输入\输出	0	1	2	3	4	5	6	7	8	9	10	11	12	13	14	15
0	16	0	0	0	0	0	0	0	0	0	0	0	0	0	0	0
1	0	0	0	4	0	0	0	4	0	4	0	0	0	4	0	0
2	0	0	0	2	0	4	2	0	0	0	2	0	2	2	2	0
3	0	2	0	2	2	0	4	2	0	0	2	2	0	0	0	0
4	0	0	0	0	0	4	2	2	0	2	2	0	2	0	2	0
5	0	2	0	0	0	0	0	0	2	0	2	2	4	2	0	0
6	0	0	2	0	0	0	2	0	0	0	4	2	0	0	0	4
7	0	4	2	0	0	0	0	2	0	0	0	0	2	0	0	4
8	0	0	0	2	0	0	0	2	0	2	0	4	0	2	0	4
9	0	0	0	0	0	2	0	2	0	0	0	0	2	0	4	0
10	0	0	2	2	0	4	0	0	2	0	2	0	0	2	2	0
11	0	2	0	0	2	0	0	0	4	2	2	2	0	2	0	0
12	0	0	2	0	0	4	0	0	2	0	0	0	2	0	0	0
13	0	2	4	2	0	0	2	0	0	0	0	0	0	0	0	0
14	0	0	2	2	0	0	2	0	2	2	0	0	2	2	0	0
15	0	4	0	0	4	0	0	0	0	0	0	0	0	0	4	4

表 6-4　TOY 的 S 盒线性分布表

输入\输出	0	1	2	3	4	5	6	7	8	9	10	11	12	13	14	15
0	16	8	8	8	8	8	8	8	8	8	8	8	8	8	8	8
1	8	8	8	8	8	4	8	4	8	8	8	8	8	4	8	12
2	8	8	10	10	6	8	8	10	6	8	8	12	8	12	8	10
3	8	8	10	10	10	6	4	8	6	10	4	8	8	8	6	6
4	8	8	6	10	6	6	8	12	6	6	8	4	8	8	6	10
5	8	8	6	10	6	10	8	8	10	10	4	8	8	8	10	10
6	8	8	8	4	8	8	4	8	8	4	8	8	12	8	8	8

续表

输入\输出	0	1	2	3	4	5	6	7	8	9	10	11	12	13	14	15
7	8	8	8	12	12	8	8	8	8	4	8	8	8	8	12	8
8	8	8	10	6	8	8	6	10	6	10	8	6	8	6	10	12
9	8	12	6	6	8	8	10	6	6	6	4	8	6	10	8	8
10	8	8	12	8	10	10	10	6	8	8	8	4	10	10	6	10
11	8	4	8	8	6	6	10	6	4	8	8	8	10	10	10	6
12	8	8	8	8	8	8	6	12	8	8	4	8	10	8	8	8
13	8	12	12	8	8	8	10	10	8	6	10	8	6	8	10	6
14	8	8	10	10	4	12	6	6	6	6	8	8	6	8	8	8
15	8	12	6	10	8	8	6	6	6	10	12	8	10	10	8	8

扩散层 P 变换是 16 阶比特变换：

$$\begin{pmatrix} 1 & 2 & 3 & 4 & 5 & 6 & 7 & 8 & 9 & 10 & 11 & 12 & 13 & 14 & 15 & 16 \\ 1 & 5 & 9 & 13 & 2 & 6 & 10 & 14 & 3 & 7 & 11 & 15 & 4 & 8 & 12 & 16 \end{pmatrix}$$

容易看出其分支数为 2。

轮密钥加指的是 16 比特状态与 16 比特轮密钥逐比特进行异或运算。密钥扩展算法较为简单，设主密钥为 16 比特 K_0，第 i 轮密钥为 $K_i = K_0 \lll 5i, 1 \leqslant i \leqslant 4$。

由于 TOY 算法只是一个简单的 SP 结构密码算法，所以轮密钥未进行复杂变换，只是进行了简单的线性移位。若想提高安全性，则需要在密钥扩展算法中加入非线性组件，例如 S 盒等，以增强扩散性。

6.1.2 PRESENT 安全性评估

设计者将 PRESENT 的安全性和硬件实现性能放在同等重要的地位，在保证安全性的前提下，追求最优的硬件实现面积和功耗。但是由于 PRESENT 线性层的操作过于简单，不能提供足够的扩散性，使得整个算法的轮数较多。随着分析的深入，31 轮迭代也不能提供足够的安全冗余。在早期对于 PRESENT 的安全性分析中，线性分析优于差分分析，直到文献[100]将多维线性区分器转化为截断差分，给出了 26 轮 PRESENT 的截断差分分析。文献[101]指出对于弱密钥存在 28 轮的有效线性逼近。Sun 等人研究了 S 盒差分性质的不等式刻画方法，结合 MILP 技术评估了 PRESENT 对差分分析和相关密钥差分分析的安全性[34]。结合 26 轮截断差分区分器，文献[102]给出了全轮 PRESENT 的已知密钥区分器。因此，基于 PRESENT 类置换设计认证加密算法或者哈希函数需进一步评估其安全性。TOY 算法与 PRESENT 设计类似，输入规模小，所以本节重点对低轮 TOY 算法进行简要差分分析和线性分析。

1. 差分分析

首先，根据 S 盒的差分分布表选出概率较大的差分对，表 6-5 是概率为 $\frac{4}{16}$ 的差分对。

构建差分路径需要根据扩散层的特点挑选两对可连接差分,即遵循 S 盒输入输出差分的重量尽可能小的原则,避免大范围扩散,避免引起更多的 S 盒活跃。

表 6-5　S 盒概率为 $\frac{4}{16}$ 的部分差分特征

输入差分	输出差分	输入差分	输出差分
0001	0011	0100	0101
0001	1001	1001	0100
0011	0110	1010	0101
0010	0101	1100	0101

例 6-1　选择明文对,使其在最低 4 比特满足差分(1001)。经过第 1 轮 S 盒查询,选择输出差分(0100),概率为 $p(9{\to}4)=\dfrac{1}{4}$;经过 P 扩散,在第 2 轮第 2 个 S 盒处输入差分为(0001),选择第 2 轮 S 盒输出差分(0011),概率为 $p(1{\to}3)=\dfrac{1}{4}$;经过 P 扩散,第 3 轮第 3、4 个 S 盒活跃,输入差分为(0100),选择其输出差分都为(0101),概率为 $\left[p(4{\to}5)\right]^2=\dfrac{1}{16}$。如图 6-3(a)所示,前 3 轮差分路径的概率为 $\dfrac{1}{4}\times\dfrac{1}{4}\times\dfrac{1}{16}=2^{-8}$。图 6-3 中非零差分比特传输加粗显示。

基于上述 3 轮差分路径,下面进行 4 轮密钥恢复攻击。

第一步,选择满足输入差分的明文 2^{10} 对,加密 4 轮。若输出密文对满足期望的差分,即第 2、4 个 S 盒活跃,其余不活跃,称之为正确的明密文对,平均约有 $2^{10-8}=4$ 对留下。

第二步,猜测最后一轮相关的 8 个密钥比特,将猜测的密钥与密文对异或,得到第 3 轮 S 盒的输出差分值。

第三步,利用第 3 轮 S 盒输出差分值得到对应的输入差分值,将之与 3 轮差分特征的输出进行匹配,若能够匹配,则猜测的密钥值可能为正确密钥。

对于加密得到的 2^{10} 个密文对,平均有 4 个正确的明密文对通过 3 轮差分特征,第一步符合 4 轮输出的剩下 $2^{10}\times2^{-8}=2^2$ 个。第二步对于每一个猜测密钥,解密一轮都可以得到对应的 3 轮输出差分值。对于错误的密钥,平均有 $2^2\times2^{-8}=2^{-6}$ 个明密文对得到对应 3 轮输出差分;对于正确的密钥,平均有 4 个明密文对得到对应 3 轮输出差分。所以最后推荐正确密钥的明密文对数量远远大于推荐错误密钥的明密文对数量。

2. 线性分析

首先,测出 S 盒的线性分布表,选出概率较大的线性掩码,表 6-6 是概率为 $\frac{4}{16}$ 的线性掩码对。也可以构造 S 盒偏差 ε 分布表,其中 $\varepsilon=\left|p-\dfrac{1}{2}\right|$,选出线性偏差较大的线性逼近等式。类似于差分路径构建,根据扩散层的特点,进行多轮线性路径构建。

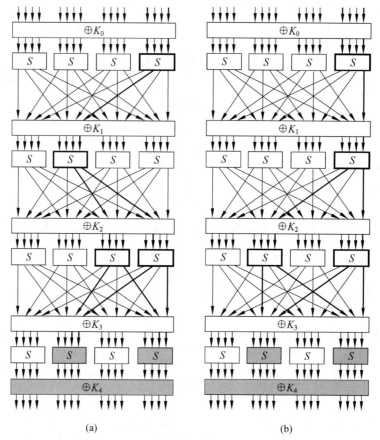

(a)   (b)

图 6-3　TOY 的 4 轮差分分析和线性分析

表 6-6　S 盒概率为 4/16 的线性掩码对(部分)

输 入 掩 码	输 出 掩 码	输 入 掩 码	输 出 掩 码
0001	0101	0110	0110
0011	0110	1001	0001
0101	1010	1001	1010
0101	1100	1010	0010
0110	0011		

　　例 6-2　一般地,轮数不同,线性逼近等式也不同。如图 6-3(b)所示,第 1 轮第 4 个 S 盒选择输入掩码(1001),输出掩码(0001),对应线性逼近等式 $X_3 \oplus X_0 = Y_0$,概率为 $\dfrac{12}{16}$; P 变换之后,第 2 轮第 4 个 S 盒活跃,输入掩码(0001),选择输出掩码(0101),对应线性逼近等式 $X_0 = Y_2 \oplus Y_0$,概率为 $\dfrac{4}{16}$;继续 P 变换之后,第 3 轮第 2、4 个 S 盒活跃,输入掩码(0001),选择输出掩码(0101),对应线性逼近等式与第 2 轮相同。3 轮的线性逼近等式分

别为

$$X_3^1 \oplus X_0^1 = Y_0^1$$
$$X_0^2 = Y_2^2 \oplus Y_0^2$$
$$X_4^3 = Y_6^3 \oplus Y_4^3, \quad X_0^3 = Y_2^3 \oplus Y_0^3$$

TOY 算法的 3 轮线性逼近等式为

$$X_3^0 \oplus X_0^0 \oplus K_3^0 \oplus K_0^0 \oplus K_0^1 \oplus K_0^2 \oplus K_4^2 = Y_6^3 \oplus Y_4^3 \oplus Y_2^3 \oplus Y_0^3$$

通过堆积引理可得此线性逼近等式成功的概率：

$$p = \frac{1}{2} + 2^3 \times \left(\frac{12}{16} - \frac{1}{2}\right) \times \left(\frac{4}{16} - \frac{1}{2}\right)^3 = 0.531\ 25$$

在明确线性逼近等式概率的情况下，Matsui 给出了已知明文个数 N 与攻击成功率的关系，如表 6-7 所示。

表 6-7　明文个数 N 与攻击成功率的关系

N	$\frac{1}{4}\left\|p - \frac{1}{2}\right\|^{-2}$	$\frac{1}{2}\left\|p - \frac{1}{2}\right\|^{-2}$	$\left\|p - \frac{1}{2}\right\|^{-2}$	$2\left\|p - \frac{1}{2}\right\|^{-2}$
攻击成功率	84.1%	92.1%	97.7%	99.8%

由此，当给出 $\left\|p - \frac{1}{2}\right\|^{-2} = 2^{10}$ 个已知明文时，用算法 5-1 获得 3 轮线性逼近等式中正确密钥比特异或值的概率为 97.7%。

对更多轮数 TOY 算法进行差分分析或线性分析时，可以通过自动化工具搜索活跃 S 盒个数，搜索方法详见算法 7-1，结果如表 6-8 所示，6 轮活跃 S 盒个数最少为 8，对应差分概率最大为 2^{-16}，达到了随机置换的概率，所以以 6 轮为安全界。

表 6-8　活跃 S 盒个数下界

轮数 r	1	2	3	4	5	6	7	8	9	10
活跃 S 盒个数下界	1	2	4	6	7	8	10	12	13	14

在现有计算条件下 TOY 算法安全强度自然不够，但是其规模小，SP 结构清晰，与轻量级算法 PRESENT 相似，对它的安全性研究有助于分析结构相似的实用密码算法。

6.2　AES

AES 由比利时密码学家 Joan Daemen 和 Vincent Rijmen 设计[11]，最初结合两位作者的名字，以 Rijndael 命名。1997 年，Rijndael 进入高级加密标准的甄选流程，经过近 5 年的时间最终胜出，由美国国家标准与技术研究院（NIST）于 2001 年 11 月 26 日发布于 FIPS PUB 197，并在 2002 年 5 月 26 日成为有效的标准，即 AES。2005 年 7 月 1 日，AES 被收录于国际标准 Information technology—Security techniques—Encryption algorithms—Part 3：Block ciphers（ISO/IEC 18033-3：2005）中，现行国际标准代号为 ISO/IEC 18033-3：2010。

6.2.1　AES 设计

AES 是明文分组长度为 128 比特的 SP 结构分组密码,其密钥长度可变,分别为 128、192、256 比特,对应迭代轮数 N_r 为 10、12、14 轮。下面以 AES-128 为例进行介绍。

1. 加密变换

128 位的输入明文 P 分成 16 字节,按 4 阶方阵排列。一般地,密钥、中间状态及密文都按 4 阶方阵排列。AES 加解密流程如图 6-4 所示。

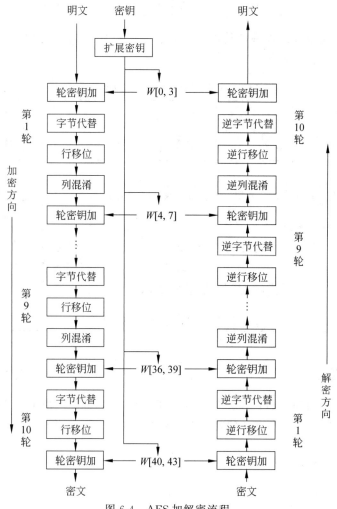

图 6-4　AES 加解密流程

加密变换的具体流程如下。

1) 初始白化

将初始密钥 K_0 与明文 P 按字节做异或运算:$X_0 = P \oplus K_0$,4 阶方阵变换如下:

$$\begin{pmatrix} X_{0,0} & X_{0,1} & X_{0,2} & X_{0,3} \\ X_{1,0} & X_{1,1} & X_{1,2} & X_{1,3} \\ X_{2,0} & X_{2,1} & X_{2,2} & X_{2,3} \\ X_{3,0} & X_{3,1} & X_{3,2} & X_{3,3} \end{pmatrix} = \begin{pmatrix} P_{0,0} & P_{0,1} & P_{0,2} & P_{0,3} \\ P_{1,0} & P_{1,1} & P_{1,2} & P_{1,3} \\ P_{2,0} & P_{2,1} & P_{2,2} & P_{2,3} \\ P_{3,0} & P_{3,1} & P_{3,2} & P_{3,3} \end{pmatrix} \oplus \begin{pmatrix} K_{0,0} & K_{0,1} & K_{0,2} & K_{0,3} \\ K_{1,0} & K_{1,1} & K_{1,2} & K_{1,3} \\ K_{2,0} & K_{2,1} & K_{2,2} & K_{2,3} \\ K_{3,0} & K_{3,1} & K_{3,2} & K_{3,3} \end{pmatrix}$$

2）轮函数迭代

对 $1 \leqslant i \leqslant N_r - 1$，进行第 i 轮迭代变换，每个轮函数包括字节代替（SubBytes，SB）、行移位（ShiftRows，SR）、列混淆（MixColumns，MC）和轮密钥加（AddRoundKey，AK）：

$$X_i = \mathrm{AK}_{K_i} \circ \mathrm{MC} \circ \mathrm{SR} \circ \mathrm{SB}(X_{i-1})$$

3）最后一轮变换

将第 $N_r - 1$ 轮的输出结果进行第 N_r 轮变换，获得密文：

$$C = X_{N_r} = \mathrm{AK}_{K_{N_r}} \circ \mathrm{SR} \circ \mathrm{SB}(X_{N_r-1})$$

第 N_r 轮变换与前几轮变换相比，没有列混淆变换。

AES 中每轮变换包含 4 个基本的操作函数。为了使得加解密结构相似，最后一轮省去了列混淆操作。下面详细介绍这 4 个函数。

（1）字节代替。AES 定义了一个 S 盒和一个逆 S 盒。S 盒（见表 6-9）用于加密查表，逆 S 盒用于解密查表。对 $X_i(0 \leqslant i \leqslant N_r)$ 的 16 字节 $X_{l,t}^i(0 \leqslant l, t \leqslant 3)$ 进行查表操作，得到以下状态：

$$\begin{pmatrix} Y_{0,0} & Y_{0,1} & Y_{0,2} & Y_{0,3} \\ Y_{1,0} & Y_{1,1} & Y_{1,2} & Y_{1,3} \\ Y_{2,0} & Y_{2,1} & Y_{2,2} & Y_{2,3} \\ Y_{3,0} & Y_{3,1} & Y_{3,2} & Y_{3,3} \end{pmatrix} = \begin{pmatrix} S(X_{0,0}) & S(X_{0,1}) & S(X_{0,2}) & S(X_{0,3}) \\ S(X_{1,0}) & S(X_{1,1}) & S(X_{1,2}) & S(X_{1,3}) \\ S(X_{2,0}) & S(X_{2,1}) & S(X_{2,2}) & S(X_{2,3}) \\ S(X_{3,0}) & S(X_{3,1}) & S(X_{3,2}) & S(X_{3,3}) \end{pmatrix}$$

每个 S 盒可以列成由 16×16 字节组成的表，即矩阵共有 256 个元素，每个元素的内容是一个 1 字节（8 比特）的值，且所有元素各不相同。把输入字节的高 4 位作为行值，低 4 位作为列值，取出 S 盒中对应行列的元素作为输出。AES 的 S 盒设计由两步完成，具体见例 3-12。

表 6-9　AES 的 S 盒

行\列	0	1	2	3	4	5	6	7	8	9	A	B	C	D	E	F
0	63	7C	77	7B	F2	6B	6F	C5	30	01	67	2B	FE	D7	AB	76
1	CA	82	C9	7D	FA	59	47	F0	AD	D4	A2	AF	9C	A4	72	C0
2	B7	FD	93	26	36	3F	F7	CC	34	A5	E5	F1	71	D8	31	15
3	04	C7	23	C3	18	96	05	9A	07	12	80	E2	EB	27	B2	75
4	09	83	2C	1A	1B	6E	5A	A0	52	3B	D6	B3	29	E3	2F	84
5	53	D1	00	ED	20	FC	B1	5B	6A	CB	BE	39	4A	4C	58	CF
6	D0	EF	AA	FB	43	4D	33	85	45	F9	02	7F	50	3C	9F	A8
7	51	A3	40	8F	92	9D	38	F5	BC	B6	DA	21	10	FF	F3	D2
8	CD	0C	13	EC	5F	97	44	17	C4	A7	7E	3D	64	5D	19	73
9	60	81	4F	DC	22	2A	90	88	46	EE	B8	14	DE	5E	0B	DB

行\列	0	1	2	3	4	5	6	7	8	9	A	B	C	D	E	F
A	E0	32	3A	0A	49	06	24	5C	C2	D3	AC	62	91	95	E4	79
B	E7	C8	37	6D	8D	D5	4E	A9	6C	56	F4	EA	65	7A	AE	08
C	BA	78	25	2E	1C	A6	B4	C6	E8	DD	74	1F	4B	BD	8B	8A
D	70	3E	B5	66	48	03	F6	0E	61	35	57	B9	86	C1	1D	9E
E	E1	F8	98	11	69	D9	8E	94	9B	1E	87	E9	CE	55	28	DF
F	8C	A1	89	0D	BF	E6	42	68	41	99	2D	0F	B0	54	BB	16

软件实现时,直接列表进行查询,或者与列混淆的 MDS 矩阵组合成 8 比特输入、32 比特输出的大表进行查询,以获得更快的速度;硬件实现时,可以基于塔域结构采用 $GF(2^8)$ 上多项式基或者正规基设计成逻辑门电路,以减小占用的电路面积。

例 6-3 设 S 盒输入字节 0x12,则查表 6-9 的第 0x1 行 0x2 列,得到值 0xC9,即 S 盒的输出。

(2)行移位。对输入矩阵 Y_i 的每行进行一个简单的左循环移位操作。第 0 行左移 0 字节,第 1 行左移 1 字节,第 2 行左移 2 字节,第 3 行左移 3 字节,如下所示:

$$
\begin{pmatrix}
Y'_{0,0} & Y'_{0,1} & Y'_{0,2} & Y'_{0,3} \\
Y'_{1,0} & Y'_{1,1} & Y'_{1,2} & Y'_{1,3} \\
Y'_{2,0} & Y'_{2,1} & Y'_{2,2} & Y'_{2,3} \\
Y'_{3,0} & Y'_{3,1} & Y'_{3,2} & Y'_{3,3}
\end{pmatrix}
=
\begin{pmatrix}
Y_{0,0} & Y_{0,1} & Y_{0,2} & Y_{0,3} \\
Y_{1,1} & Y_{1,2} & Y_{1,3} & Y_{1,0} \\
Y_{2,2} & Y_{2,3} & Y_{2,0} & Y_{2,1} \\
Y_{3,3} & Y_{3,0} & Y_{3,1} & Y_{3,2}
\end{pmatrix}
$$

(3)列混淆。将 16 个输入字节按 4×4 矩阵形式与系数矩阵相乘,最后得到混淆后的状态矩阵,如下所示:

$$
\begin{pmatrix}
Z_{0,0} & Z_{0,1} & Z_{0,2} & Z_{0,3} \\
Z_{1,0} & Z_{1,1} & Z_{1,2} & Z_{1,3} \\
Z_{2,0} & Z_{2,1} & Z_{2,2} & Z_{2,3} \\
Z_{3,0} & Z_{3,1} & Z_{3,2} & Z_{3,3}
\end{pmatrix}
=
\begin{pmatrix}
02 & 03 & 01 & 01 \\
01 & 02 & 03 & 01 \\
01 & 01 & 02 & 03 \\
03 & 01 & 01 & 02
\end{pmatrix}
\begin{pmatrix}
Y'_{0,0} & Y'_{0,1} & Y'_{0,2} & Y'_{0,3} \\
Y'_{1,0} & Y'_{1,1} & Y'_{1,2} & Y'_{1,3} \\
Y'_{2,0} & Y'_{2,1} & Y'_{2,2} & Y'_{2,3} \\
Y'_{3,0} & Y'_{3,1} & Y'_{3,2} & Y'_{3,3}
\end{pmatrix}
$$

系数矩阵元素的加法和乘法都是定义在基于 $F_2[x]$ 的不可约多项式 $m(x)=x^8+x^4+x^3+x+1$ 构造的 $GF(2^8)$ 上的运算。加法等价于两字节的异或。乘法先进行 $F_2[x]$ 上多项式相乘,再将结果模 $m(x)$。假设 $b(x)=b_7x^7+b_6x^6+b_5x^5+b_4x^4+b_3x^3+b_2x^2+b_1x^1+b_0$ 是 $F_2[x]$ 上次数小于 8 的多项式,它等价于 $GF(2^8)$ 上元素 $b=b_7b_6b_5b_4b_3b_2b_1b_0$。元素 2 与 b 相乘可以使用如下的 Xtime() 运算:

$$
\text{Xtime}(b)=
\begin{cases}
b\ll 1, & b_7=0 \\
(b\ll 1)\oplus 0\text{x1B}, & b_7=1
\end{cases}
$$

容易推导出,两字节 a 和 b 相乘可以表示成

$$
a\cdot b=\bigoplus_{i=0}^{7}((a\gg i)\wedge 0\text{x01})\cdot \text{Xtime}^i(b)
$$

(4)轮密钥加。将 128 位轮密钥 K_i 同中间状态矩阵 Z_i 中的数据进行逐比特异或运算。

2. 密钥扩展算法

1）主密钥存入寄存器

将主密钥按 32 比特分成 Nk 个块，每块的 4 字节组成一个列，依次命名为 $w[0]$，$w[1]$，$\cdots$，$w[Nk-1]$，并输入 Nk 级移位寄存器。

2）轮密钥生成

进动移位寄存器，将主密钥扩充成需要的密钥个数。以 AES-128 为例，即 $Nk=4$，寄存器中初始值为 $w[0]$、$w[1]$、$w[2]$ 和 $w[3]$，进动 i 拍之后生成 $w[i]$，$4 \leqslant i \leqslant 44$。当 $Nk \leqslant 6$ 时，移位寄存器的操作如图 6-5 所示。

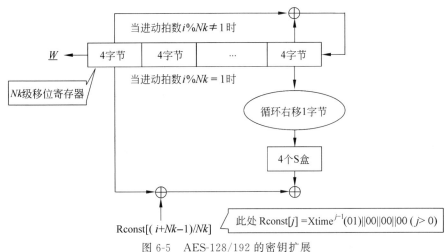

图 6-5　AES-128/192 的密钥扩展

每列密钥以如下的递归方式产生：如果进动拍数 i 不是 4 的倍数，那么第 $i+Nk$ 列由等式 $w[i+Nk]=w[i] \oplus w[i+Nk-1]$ 确定；如果进动拍数 i 是 4 的倍数，那么第 $i+Nk$ 列由等式 $w[i+Nk]=w[i] \oplus T(w[i+Nk-1])$ 确定。其中，T 是一个复杂的函数，由 3 部分组成，分别是字循环、字节代替和轮常量异或，这 3 部分的操作如下：

（1）字循环。将 1 个字中的 4 字节循环左移 1 字节，即将输入字 $[b_1, b_2, b_3, b_0]$。

（2）字节代替。对字循环输出的 4 字节使用 S 盒进行字节代替。

（3）轮常量异或。将前两步的结果同轮常量 Rconst$[j]$ 进行异或，其中 j 表示加密轮数。

当 $Nk>6$ 时，移位寄存器的操作如图 6-6 所示，每列密钥产生方式与 $Nk \leqslant 6$ 时稍有不同。如果进动拍数 i 不是 4 的倍数，分为两种情况：当 $i \% Nk \neq 1, 5$ 时，$w[i+Nk]=w[i] \oplus w[i+Nk-1]$；当 $i \% Nk=5$ 时，$w[i+Nk]=SB(w[i]) \oplus w[i+Nk-1]$。

3. 解密变换

AES 的解密变换与加密变换并不相同。解密变换仍为 10 轮，每一轮的操作是加密变换的逆。由于 AES 的 4 个轮操作——字节代替、行位移、列混淆和轮密钥加都是可逆的，因而解密变换的一轮就是顺序执行逆行移位、逆字节代替、轮密钥加和逆列混淆。同

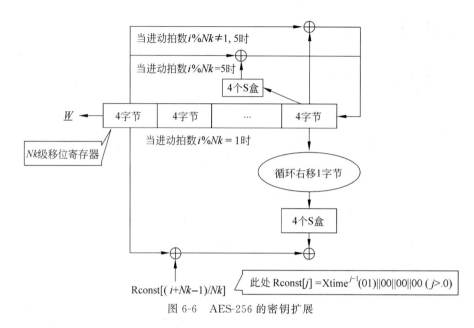

图 6-6　AES-256 的密钥扩展

加密变换类似,最后一轮不执行逆列混淆。在第 1 轮解密之前,要执行一次轮密钥加操作。

（1）逆字节代替使用逆 S 盒查询,如表 6-10 所示。

表 6-10　AES 的逆 S 盒

行\列	0	1	2	3	4	5	6	7	8	9	A	B	C	D	E	F
0	52	09	6A	D5	30	36	A5	38	BF	40	A3	9E	81	F3	D7	FB
1	7C	E3	39	82	9B	2F	FF	87	34	8E	43	44	C4	DE	E9	CB
2	54	7B	94	32	A6	C2	23	3D	EE	4C	95	0B	42	FA	C3	4E
3	08	2E	A1	66	28	D9	24	B2	76	5B	A2	49	6D	8B	D1	25
4	72	F8	F6	64	86	68	98	16	D4	A4	5C	CC	5D	65	B6	92
5	6C	70	48	50	FD	ED	B9	DA	5E	15	46	57	A7	8D	9D	84
6	90	D8	AB	00	8C	BC	D3	0A	F7	E4	58	05	B8	B3	45	06
7	D0	2C	1E	8F	CA	3F	0F	02	C1	AF	BD	03	01	13	8A	6B
8	3A	91	11	41	4F	67	DC	EA	97	F2	CF	CE	F0	B4	E6	73
9	96	AC	74	22	E7	AD	35	85	E2	F9	37	E8	1C	75	DF	6E
A	47	F1	1A	71	1D	29	C5	89	6F	B7	62	0E	AA	18	BE	1B
B	FC	56	3E	4B	C6	D2	79	20	9A	DB	C0	FE	78	CD	5A	F4
C	1F	DD	A8	33	88	07	C7	31	B1	12	10	59	27	80	EC	5F
D	60	51	7F	A9	19	B5	4A	0D	2D	E5	7A	9F	93	C9	9C	EF
E	A0	E0	3B	4D	AE	2A	F5	B0	C8	EB	BB	3C	83	53	99	61
F	17	2B	04	7E	BA	77	D6	26	E1	69	14	63	55	21	0C	7D

（2）逆行移位是将状态矩阵的每一行执行相反的移位操作，状态矩阵的第 0 行右移 0 字节，第 1 行右移 1 字节，第 2 行右移 2 字节，第 3 行右移 3 字节。

（3）逆列混淆可由以下矩阵乘法表示：

$$
\begin{pmatrix}
Z_{0,0} & Z_{0,1} & Z_{0,2} & Z_{0,3} \\
Z_{1,0} & Z_{1,1} & Z_{1,2} & Z_{1,3} \\
Z_{2,0} & Z_{2,1} & Z_{2,2} & Z_{2,3} \\
Z_{3,0} & Z_{3,1} & Z_{3,2} & Z_{3,3}
\end{pmatrix}
=
\begin{pmatrix}
0E & 0B & 0D & 09 \\
09 & 0E & 0B & 0D \\
0D & 09 & 0E & 0B \\
0B & 0D & 09 & 0E
\end{pmatrix}
\begin{pmatrix}
Y'_{0,0} & Y'_{0,1} & Y'_{0,2} & Y'_{0,3} \\
Y'_{1,0} & Y'_{1,1} & Y'_{1,2} & Y'_{1,3} \\
Y'_{2,0} & Y'_{2,1} & Y'_{2,2} & Y'_{2,3} \\
Y'_{3,0} & Y'_{3,1} & Y'_{3,2} & Y'_{3,3}
\end{pmatrix}
$$

其中，系数矩阵为列混淆系数矩阵的逆。

4. 设计特点

AES 是基于有限域 $GF(2^8)$ 面向字节设计的 SP 结构分组密码，处理单位是字节，适用于 8 位处理平台；若将 S 盒查询与列混淆 M 列成 8 比特输入 32 比特输出的大表，则可以得到优异的 32 位实现效果。算法的设计使用了宽轨迹策略，经过 2 轮变换可以达到全扩散，在 4 轮加密变换中活跃 S 盒个数至少为 $1+4+16+4=25$ 个，结合 S 盒的差分均匀度和非线性度，足以抵抗差分分析和线性分析，即对这两种分析方法具有可证明安全性。AES 结构设计特点如图 6-7 所示。

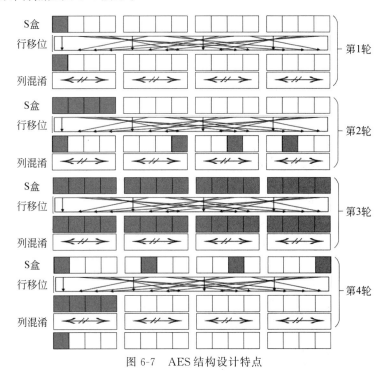

图 6-7　AES 结构设计特点

6.2.2　AES 安全性评估

AES 自 2001 年颁布至今，国内外学者提出了各种各样的分析方法，如不可能差分分析、积分分析、相关密钥差分分析、中间相遇攻击等[50,103-106]，其中相关密钥差分分析可以理论攻击全轮 AES-192 和 AES-256。单密钥恢复理论攻击最有效的方法是中间相遇攻击，攻击 10 轮 AES-256 的理论计算复杂度约为 $2^{245.6}$；对 AES-128 较有效的攻击方法是不可能差分分析和积分分析。下面介绍低轮 AES 的不可能差分分析、积分分析和 AES-256 的相关密钥差分分析的局部碰撞原理。

1. 不可能差分分析

假设对某个分组密码存在 $r-1$ 轮不可能差分区分器，此后加若干轮可以进行恢复密钥攻击。不失一般性，此处假设明文经过 r 轮加密得到对应的密文，若猜测最后一轮密钥并解密一轮后得到了不可能差分区分器的输出差分 β，那么该密钥为错误轮密钥。对 r 轮迭代密码进行不可能差分分析的步骤如下：

第一步，构建不可能差分区分器。通过分析算法结构，构建 $r-1$ 轮不可能差分区分器 $\alpha \nrightarrow \beta$。

第二步，选择合适的明密文对加密并过滤。明文对满足不可能差分区分器的输入差分 α。对这些明文进行 r 轮加密，得到对应的密文对，将不符合的密文对抛弃。

第三步，猜测并确定密钥。猜测第 r 轮相关的密钥比特并解密一轮，若得到不可能差分区分器的输出差分 β，则猜测的密钥是错误的。对所有正确的密文对执行这一步，直到密钥唯一确定为止。

假设通过上述攻击可以得到 $|K|$ 比特密钥，每个明文对可以淘汰 2^{-t} 个密钥，为保证正确密钥被唯一确定，则需要的选择明文对数 N 必须满足式(6-1)：

$$(2^{|K|}-1)\times(1-2^{-t})^N < 1 \tag{6-1}$$

当 t 比较大时，可得

$$N > 2^t \times \ln 2 \times |K| \approx 2^{t-0.53}|K|$$

通过式(6-1)可以发现，在实施不可能差分分析时，需要猜测的密钥量几乎不影响数据复杂度，需要的数据量主要由每对明文淘汰密钥的概率决定。

根据 AES 活跃 S 盒传播路径，存在 4 轮不可能差分区分器。为方便表示，略去第 4 轮的列混淆变换。具体有定理 6-1 成立。

定理 6-1 假设 4 轮 AES 的输入差分为 ΔX_0，输出差分为 ΔX_4，其中第 4 轮不包含列混淆变换，当且仅当满足以下两个条件时，$\Delta X_0 \to \Delta X_4$ 为 AES 的一个 4 轮不可能差分区分器。

(1) 输入差分 ΔX_0 中只有 1 字节非零。

(2) 输出差分满足 $SR^{-1}(\Delta X_4)$ 至少有 1 列字节全为零。

证明：假设加密方向输入状态差分 ΔX_0 只有 1 字节活跃，如图 6-8 所示，* 表示活跃字节，即该字节差分非零，经过 2 轮变换后以概率 1 使得 ΔX_2 的 16 字节全部活跃；解密方向第 4 轮输出状态 ΔX_4 满足 $SR^{-1}(\Delta X_4)$ 中至少有 1 列全为零，不失一般性，假设只有第 1 列全为零，其余 3 列活跃，则解密 2 轮之后，第 3 轮输入状态差分 ΔX_2 有 4 字节不活跃，与 ΔX_2 的 16 字节全部活跃发生矛盾。由此可以得到一个 AES 算法的 4 轮不可能差分区分器。

在 AES 的 4 轮不可能差分区分器之后加一轮，可以进行 5 轮恢复密钥攻击。猜测第

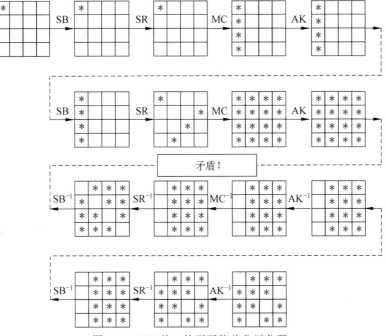

图 6-8　AES 的 4 轮不可能差分区分器

5 轮部分密钥并解密一轮。若得到区分器输出的差分模式,则猜测的密钥错误;反之猜测的密钥有可能正确。

类似的不可能差分区分器还有很多,恢复密钥攻击时选择可降低计算复杂度的不可能差分区分器即可。

2. 积分分析

根据积分性质,由于 AES 的 S 盒是一个置换,所以当其输入遍历所有值时,对应输出也遍历所有值。再根据扩散层性质,有引理 6-1 成立。

引理 6-1　假设 AES 的输入明文集合满足 Λ-集,即只有 1 字节活跃的集合,此处活跃指的是集合中的所有数据在该字节处取遍 256 个值,那么 3 轮加密之后输出状态 X_3 的所有字节都保持平衡性质,即 AES 存在 3 轮积分区分器。

证明：Λ-集中所有明文只有 1 字节活跃,对所有明文加密并跟踪活跃字节 A 在 AES 算法 3 轮中的变化,如图 6-9 所示。

经过第 1 轮的列混淆,这个活跃字节变为一个全是活跃字节的列;经过第 2 轮的行移位,4 个活跃字节移到了 4 个不同的列,列混淆之后,每字节都活跃,这些集合仍然有 Λ-集的特性,所以经过第 3 轮的字节代替之后仍保持活跃,直到第 3 轮的列混淆;假设第 3 轮的列混淆输出第一个字节为 $Z_{0,0}^2$,那么将 Λ-集中所有 P 对应的 $Z_{0,0}^2$ 进行异或,有以下表达式成立：

$$\bigoplus_{P \in \Lambda} Z_{0,0}^2 = \bigoplus_{P \in \Lambda} (02 \cdot Y_{0,0}^2 \oplus 03 \cdot Y_{1,1}^2 \oplus 01 \cdot Y_{2,2}^2 \oplus 01 \cdot Y_{3,3}^2)$$

$$= (\bigoplus_{P \in \Lambda} 02 \cdot Y_{0,0}^2) \oplus (\bigoplus_{P \in \Lambda} 03 \cdot Y_{1,1}^2) \oplus (\bigoplus_{P \in \Lambda} 01 \cdot Y_{2,2}^2) \oplus (\bigoplus_{P \in \Lambda} 01 \cdot Y_{3,3}^2)$$

$$= 0 \oplus 0 \oplus 0 \oplus 0$$
$$= 0$$

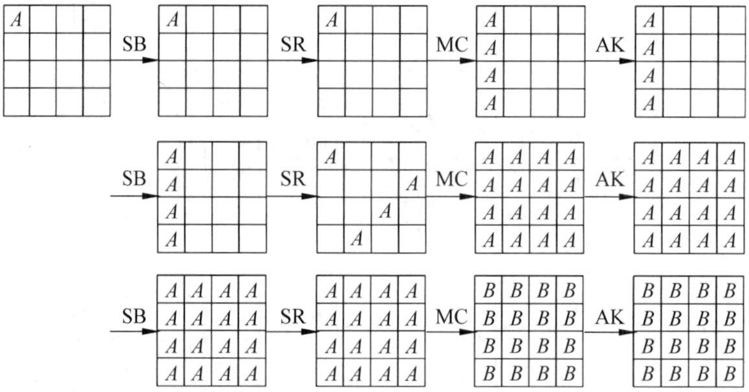

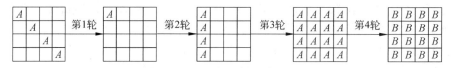

图 6-9　AES 的 3 轮积分区分器

所以字节 $Z_{0,0}^2$ 平衡。继续异或常量轮密钥，不影响平衡性质，故 $X_{0,0}^3$ 平衡。同理可得输出状态 X_3 的其余字节都保持平衡性质，最后得到 AES 的 3 轮积分区分器。

值得注意的是，虽然输出状态 X_3 的所有字节都保持平衡性质，但是不能保证输入明文集合中的所有数据在每一字节处都遍历 256 个值，也就是说，经过第 4 轮 S 盒代替之后的输出字节不再具有平衡性质。

在上述区分器之后再加一轮可以进行 4 轮积分攻击，由于 MC 和 AK 可以交换，用 K' 表示 $MC^{-1}(K)$，对第 4 轮输出的第一列 $X_{l,0}^4$ 进行如下计算：

$$\bigoplus SB^{-1}(SR^{-1}(MC^{-1}(X_{l,0}^4) \oplus K'_{0,0})) = 0 \qquad (6\text{-}2)$$

结果具有平衡特性。

由以上性质可以进行 5 轮积分攻击。对 5 轮积分攻击的所有输出密文，猜测 $K_{0,0}^5$、$K_{1,3}^5$、$K_{2,2}^5$、$K_{3,1}^5$，然后对其进行 SR、SB 的逆向解密，再进行式（6-2）中的计算。若结果具有平衡特性，则猜测的部分密钥有可能正确。

在初始部分加一轮，如图 6-10 所示，可继续将 5 轮积分攻击扩展为 6 轮。

图 6-10　AES 的 4 轮积分区分器

对 AES 的 6 轮积分攻击要求第 1 轮的输出 X_1 只要有 1 字节为活跃字节（满足 Λ-集），而这个活跃字节必然关系到输入明文的 4 字节，所以选择的集合中含明文 2^{32} 个，可以看作 2^{24} 组 Λ-集。这个特点可以描述为定理 6-2 的 4 轮积分区分器。

定理 6-2　假设 AES 的输入明文集合满足在 $X_{0,0}^0$、$X_{1,1}^0$、$X_{2,2}^0$、$X_{3,3}^0$ 这 4 个字节处遍历 2^{32} 个值，那么 4 轮加密之后输出状态 X_4 的所有字节都保持平衡性质，即 AES 存在 4 轮积分区分器。

基于上述 4 轮积分区分器，选择相应的明文集合并加密 6 轮；第 5 轮和第 6 轮对得到

的密文集合共猜测 2^{40} 个密钥,解密两轮可以确定正确的密钥。整个计算需要约 2^{72} 次加密,由于这个工作量太大,可以通过部分和技术减少工作量。

定义 6-1　（部分和技术）　对于 $x_t = \sum_{j=0}^{t} S_j[c_j \oplus k_j]$ 可进行分步计算,如图 6-11 所示。假设原有数据为 $[c_0, c_1, c_2, c_3, \cdots, c_t]$。先猜测 k_0, k_1,计算 $S_0[c_0 \oplus k_0] \oplus S_1[c_1 \oplus k_1]$ 得到 x_1,原数据变为 $[x_1, c_2, c_3, \cdots, c_t]$;再猜测 k_2,计算 $x_1 \oplus S_2[c_2 \oplus k_2]$ 得到 x_2,原数据变为 $[x_2, c_3, \cdots, c_t]$……最后猜测 k_t,计算 $x_{t-1} \oplus S_t[c_t \oplus k_t]$ 得到 x_t。

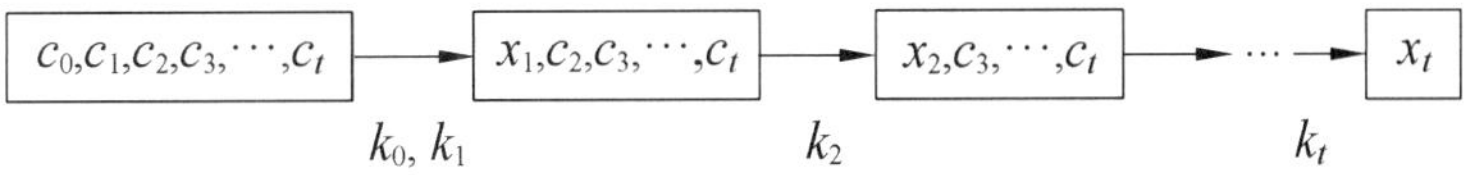

$$[c_0, c_1, c_2, c_3, \cdots, c_t] \xrightarrow{k_0, k_1} [x_1, c_2, c_3, \cdots, c_t] \xrightarrow{k_2} [x_2, c_3, \cdots, c_t] \to \cdots \xrightarrow{k_t} x_t$$

图 6-11　部分和技术

例 6-4　当 $t=3$ 时,对于 2^{32} 个密文 $[c_0, c_1, c_2, c_3]$,计算 $x_3 = \sum_{j=0}^{3} S_j[c_j \oplus k_j]$ 需要查询 S 盒 $2^{32} \times 2^{32} = 2^{64}$ 次,使用部分和技术后需要查询 $2^{32} \times 2^{16} \times 3 \approx 2^{49.1}$ 次。

采用部分和技术进行 6 轮 AES 积分攻击的整体工作量约为 2^{52} 次 S 盒查询,若 2^8 次 S 盒查询等同于一次 6 轮加密,则整个工作量等同于 2^{44} 次 6 轮加密。

在上述 6 轮之后再加一轮,可扩展为 7 轮加密。攻击过程中首先猜测最后一轮的所有密钥 K_7（共 16 个字节）,由密钥扩展算法,可以得到 K_6 的前两列字节和 K_5 的最后一列字节。所以解密到第 6 轮的时候,只需猜测其余两个未知密钥字节,即共猜测 18 个字节就可以得到需要的 21（$=16+4+1$）个密钥字节,大大降低了计算复杂度。

3. 相关密钥差分分析

1992 年和 1993 年,L.R.Knudsen 和 E.Biham 分别提出了相关密钥攻击方法。攻击者根据密钥扩展的差分传播特征,选择与当前密钥相关的密钥,通过密钥差分与加密过程中数据差分的抵消来寻找更多轮数的相关密钥差分路径。这种攻击思想来自局部碰撞的概念,核心想法是通过密钥差分和加密中间状态差分的抵消减少活跃 S 盒,从而找到更多轮数的有效差分路径。

例 6-5　图 6-12 显示了 AES-256 相关密钥差分分析的一轮局部碰撞。密钥引入 5 个差分字节,其中 4 个具有线性关系 $02x$、$03x$、$01x$、$01x$,明文差分为 0。在一轮列混淆之后,数据差分以概率 2^{-8} 与密钥差分相抵消,得到概率为 2^{-8} 的 2 轮相关密钥差分路径。

与 AES-256 相比,AES-192 的密钥扩展算法较为复杂,但也可以抵消加密变换中的差分,从而减少差分路径中的活跃 S 盒个数。

例 6-6　如图 6-13 所示,第 2~5 轮相关密钥差分路径中的局部碰撞与 4 个活跃 S 盒输入输出

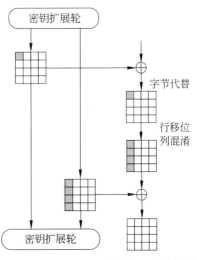

图 6-12　AES-256 相关密钥差分分析的
一轮局部碰撞

差分相关,第 2 轮列混淆之后碰撞概率为 2^{-8},第 3 轮列混淆之后碰撞概率为 $2^{-8} \times 2^{-7}$,第 4 轮列混淆之后碰撞概率为 2^{-8},所以 4 轮相关密钥差分路径的概率为 2^{-31},在前后各加一轮可以进行 6 轮密钥恢复攻击,此处不再详述。

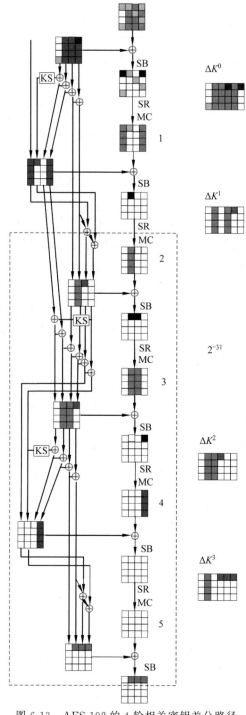

图 6-13　AES-192 的 4 轮相关密钥差分路径

上述例子中的相关密钥差分路径不止一条,选择合适的两条可以构建 Boomerang 区分器,进而攻击全轮 AEA-192。针对 AEA-256 也有类似的结果,详细描述见文献[105]。

根据相关密钥差分分析的特点,设计密钥扩展算法时应该尽量避免密钥扩展中的差分传输模式与加密过程中的差分传输模式相同。

6.3　ARIA

ARIA 是 2003 年韩国国家安全研究所(National Security Research Institute)提出的一种新的符合 AES 征集标准的 SP 结构分组密码,并于 2004 年被韩国商业部、工业部和能源部确认为韩国标准分组密码。

6.3.1　ARIA 设计

ARIA 是明文分组长度为 128 比特的 SP 结构的分组密码,其密钥长度可变,分别为 128、192、256 比特。在相应的密钥长度下,推荐迭代轮数 N_r 分别是 12、14、16 轮。ARIA 加解密结构相同,轮密钥顺序相反并进行了简单线性变换。ARIA 的加解密流程如图 6-14 所示。

1. 加密变换

ARIA 的 128 比特明文输入可以写成一个 4×4 的字节矩阵,按 4 字节一列进行排列,如图 6-15 所示。用 P、ek_i 和 C 分别表示 ARIA 加密算法的明文、第 i 轮轮密钥和密文,N_r 轮 ARIA 加密流程描述如下。

1)初始白化

将白化密钥 ek_0 与明文 P 按字节做异或运算:
$$X_0 = P \oplus ek_0$$

2)轮函数迭代

对 $1 \leqslant i \leqslant N_r - 1$,进行如下迭代变换,每个轮函数包括字节代替 SL、扩散 DL 和轮密钥加 RKA:
$$X_i = \text{RKA}_{ek_i} \circ \text{DL} \circ \text{SL}(X_{i-1})$$

3)密文生成

将第 N_{r-1} 轮的输出结果通过第 N_r 轮变换,获得密文:
$$C = \text{RKA}_{ek_r} \circ \text{SL}(X_{r-1})$$
其中,第 N_r 轮变换与前几轮变换相比没有扩散层。

轮函数包括字节代替 SL、扩散 DL 和轮密钥加 RKA。

(1)字节代替 SL。使用 4 个 S 盒,分别为 S_1、S_2、S_1^{-1}、S_2^{-1},为了使加解密结构相同,S 盒在奇数轮 SL_o 与偶数轮 SL_e 中的使用有所不同,如图 6-16 所示。

(2)扩散 DL。采用 $\text{GF}(2^8)^{16} \to \text{GF}(2^8)^{16}$ 的一个线性变换,又表示为 $\text{DL}(\cdot)$,输入为 $(x_0, x_1, \cdots, x_{15})$,输出为 $(y_0, y_1, \cdots, y_{15})$,对应的变化公式如下:

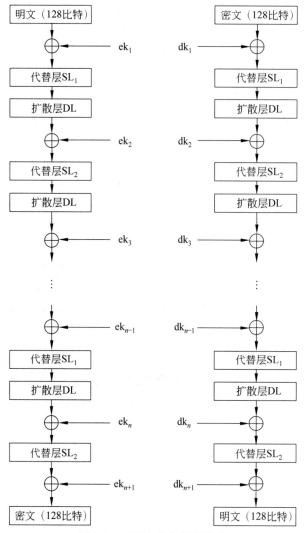

$$x_0 \quad x_4 \quad x_8 \quad x_{12}$$
$$x_1 \quad x_5 \quad x_9 \quad x_{13}$$
$$x_2 \quad x_6 \quad x_{10} \quad x_{14}$$
$$x_3 \quad x_7 \quad x_{11} \quad x_{15}$$

图 6-14　ARIA 的加解密流程　　　　图 6-15　ARIA 的 128 比特明文输入

S_1	S_2	S_1^{-1}	S_2^{-1}	S_1	S_2	S_1^{-1}	S_2^{-1}	S_1	S_2	S_1^{-1}	S_2^{-1}	S_1	S_2	S_1^{-1}	S_2^{-1}

(a) S 盒在奇数轮 SL_o 中的使用

S_1^{-1}	S_2^{-1}	S_1	S_2	S_1^{-1}	S_2^{-1}	S_1	S_2	S_1^{-1}	S_2^{-1}	S_1	S_2	S_1^{-1}	S_2^{-1}	S_1	S_2

(b) S 盒在偶数轮 SL_e 中的使用

图 6-16　ARIA 轮变换中的 S 盒排列

$$y_0 = x_3 \oplus x_4 \oplus x_6 \oplus x_8 \oplus x_9 \oplus x_{13} \oplus x_{14}$$
$$y_1 = x_2 \oplus x_5 \oplus x_7 \oplus x_8 \oplus x_9 \oplus x_{12} \oplus x_{15}$$
$$y_2 = x_1 \oplus x_4 \oplus x_6 \oplus x_{10} \oplus x_{11} \oplus x_{12} \oplus x_{15}$$
$$y_3 = x_0 \oplus x_5 \oplus x_7 \oplus x_{10} \oplus x_{11} \oplus x_{13} \oplus x_{14}$$

$$y_4 = x_0 \oplus x_2 \oplus x_5 \oplus x_8 \oplus x_{11} \oplus x_{14} \oplus x_{15}$$

$$y_5 = x_1 \oplus x_3 \oplus x_4 \oplus x_9 \oplus x_{10} \oplus x_{14} \oplus x_{15}$$

$$y_6 = x_0 \oplus x_2 \oplus x_7 \oplus x_9 \oplus x_{10} \oplus x_{12} \oplus x_{13}$$

$$y_7 = x_1 \oplus x_3 \oplus x_6 \oplus x_8 \oplus x_{11} \oplus x_{12} \oplus x_{13}$$

$$y_8 = x_0 \oplus x_1 \oplus x_4 \oplus x_7 \oplus x_{10} \oplus x_{13} \oplus x_{15}$$

$$y_9 = x_0 \oplus x_1 \oplus x_5 \oplus x_6 \oplus x_{11} \oplus x_{12} \oplus x_{14}$$

$$y_{10} = x_2 \oplus x_3 \oplus x_5 \oplus x_6 \oplus x_8 \oplus x_{13} \oplus x_{15}$$

$$y_{11} = x_2 \oplus x_3 \oplus x_4 \oplus x_7 \oplus x_9 \oplus x_{12} \oplus x_{14}$$

$$y_{12} = x_1 \oplus x_2 \oplus x_6 \oplus x_7 \oplus x_9 \oplus x_{11} \oplus x_{12}$$

$$y_{13} = x_0 \oplus x_3 \oplus x_6 \oplus x_7 \oplus x_8 \oplus x_{10} \oplus x_{13}$$

$$y_{14} = x_0 \oplus x_3 \oplus x_4 \oplus x_5 \oplus x_9 \oplus x_{11} \oplus x_{14}$$

$$y_{15} = x_1 \oplus x_2 \oplus x_4 \oplus x_5 \oplus x_8 \oplus x_{10} \oplus x_{15}$$

（3）轮密钥加 RKA。将 128 比特的轮密钥与 128 比特的中间状态进行逐比特异或。

2. 密钥扩展算法

设 KL、KR 均为 128 比特变量，MK 为主密钥（128、192、256 比特），按以下公式用 MK 和若干 0 填充 KL 和 KR：

$$KL \parallel KR = MK \parallel 0 \cdots 0$$

然后对这组数据进行初始化和轮密钥生成。

1）主密钥初始化

按图 6-17 中 3 轮 256 比特输入的 Feistel 结构产生 4 个均为 128 比特的数据 W_0、W_1、W_2、W_3。图 6-17 中 F_o 和 F_e 分别表示加密主过程中奇数轮和偶数轮的轮函数，参数 CK_1、CK_2 和 CK_3 根据主密钥长度选取 C_1、C_2 和 C_3，如表 6-11 所示。

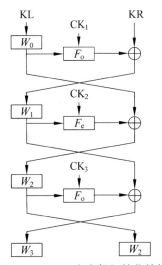

图 6-17　ARIA 主密钥初始化结构

表 6-11　ARIA 的主密钥参数选取

主密钥长度	CK$_1$	CK$_2$	CK$_3$
128 比特	C_1	C_2	C_3
192 比特	C_2	C_3	C_1
256 比特	C_3	C_1	C_2

其中，C_1、C_2 和 C_3 是 π^{-1} 小数部分的前 3 个 128 比特：

$$C_1 = 0x517cc1b727220a94fe12abe8fa9a6ee0$$
$$C_2 = 0x6db14acc9e21c820ff28b1d5ef5de2b0$$
$$C_3 = 0xdb92371d2126e9700324977504e8c90e$$

2）轮密钥生成

对生成的数据 W_0、W_1、W_2、W_3 进行以下操作，生成需要的轮密钥 ek_i，其中 $1 \leqslant i \leqslant 17$。

$$ek_1 = (W_0) \oplus (W_1 \ggg 19), \quad ek_2 = (W_1) \oplus (W_2 \ggg 19),$$
$$ek_3 = (W_2) \oplus (W_3 \ggg 19), \quad ek_4 = (W_0 \ggg 19) \oplus (W_3),$$
$$ek_5 = (W_0) \oplus (W_1 \ggg 31), \quad ek_6 = (W_1) \oplus (W_2 \ggg 31),$$
$$ek_7 = (W_2) \oplus (W_3 \ggg 31), \quad ek_8 = (W_0 \ggg 31) \oplus (W_3),$$
$$ek_9 = (W_0) \oplus (W_1 \lll 61), \quad ek_{10} = (W_1) \oplus (W_2 \lll 61),$$
$$ek_{11} = (W_2) \oplus (W_3 \lll 61), \quad ek_{12} = (W_0 \lll 61) \oplus (W_3),$$
$$ek_{13} = (W_0) \oplus (W_1 \lll 31), \quad ek_{14} = (W_1) \oplus (W_2 \lll 31),$$
$$ek_{15} = (W_2) \oplus (W_3 \lll 31), \quad ek_{16} = (W_0 \lll 31) \oplus (W_3),$$
$$ek_{17} = (W_0) \oplus (W_1 \lll 19)$$

在加密变换时，对于 ARIA-128，按顺序使用前 13 个轮密钥；对于 ARIA-192，按顺序使用前 15 个轮密钥；对于 ARIA-256，按顺序使用全部 17 个轮密钥。

3. 解密变换

ARIA 的解密变换结构与加密变换结构相同，对使用的轮密钥进行了简单线性变换，即对于 n 轮的解密变换，解密轮密钥为

$$[dk_1, dk_2, dk_3, \cdots, dk_n, dk_{n+1}] = [ek_{n+1}, DL(ek_n), DL(ek_{n-1}), \cdots, DL(ek_2), ek_1]$$

其中，$DL(ek_i)$ 表示对 $ek_i (2 \leqslant i \leqslant n)$ 进行线性变换 $DL(\cdot)$。

4. 设计特点

ARIA 面向字节设计，适用于 8 位处理器；扩散层基于多级扩散设计（见 4.2 节），同样适用于 32 位处理器。ARIA 算法结构的最大特点是满足对合性，即加密、解密结构相同，非线性变换层使用了 4 个 S 盒（分别为 S_1、S_2、S_1^{-1}、S_2^{-1}）组成的有序排列，线性层采用二元域上 16×16 的对合矩阵。例如，两轮字节代替层与扩散层组合如图 6-18 所示，该结构对合，软硬件实现时节省算法占用的存储空间，效率高。

图 6-18　ARIA 的两轮对合结构

6.3.2　ARIA 安全性评估

关于 ARIA 的安全性分析起始于其设计者,当时对 ARIA 进行了差分分析、线性分析、截断差分分析、不可能差分分析、积分分析、插值攻击等[107-110];此后,Biryukov 等人改进了截断差分分析和线性分析结果[107],攻击达到 7 轮;Wu 等人首次提出了 4 轮不可能差分区分器和相应的恢复密钥攻击[108];随着 Boomerang 攻击的日益成熟,Ewan 等人提出了 6 轮 Boomerang 攻击,降低了所需数据复杂度[109];2010 年,Li 等人给出了 ARIA 的 4 轮 Integral 积分区分器,对 6 轮 ARIA-128 攻击的时间复杂度达到了最小[110]。本节重点介绍低轮 ARIA 算法的不可能差分分析、积分分析以及截断差分分析。

1. 不可能差分分析

根据 6.2.2 节介绍的不可能差分分析原理,下面对 5 轮 ARIA 进行不可能差分分析。

第一步,构建 ARIA 不可能差分区分器。构建原理与 AES 类似,如图 6-19 所示,引入 1 个非零字节差分 a,即 $X_1^1 = a000000000000000$,经过 2 轮加密达到全扩散,也就是说所有字节位置的差分都是非零,得到 $c_i (0 \leq i \leq 15)$,有以下表达式:

$$c_0 = b_3 \oplus b_4 \oplus b_6 \oplus b_8 \oplus b_9 \oplus b_{13} \oplus b_{14}, \quad c_1 = b_8 \oplus b_9,$$
$$c_2 = b_4 \oplus b_6, \quad c_3 = b_{13} \oplus b_{14},$$
$$c_4 = b_8 \oplus b_{14}, \quad c_5 = b_3 \oplus b_4 \oplus b_9 \oplus b_{14},$$
$$c_6 = b_9 \oplus b_{13}, \quad c_7 = b_3 \oplus b_6 \oplus b_8 \oplus b_{13},$$
$$c_8 = b_4 \oplus b_{13}, \quad c_9 = b_6 \oplus b_{14},$$
$$c_{10} = b_3 \oplus b_6 \oplus b_8 \oplus b_{13}, \quad c_{11} = b_3 \oplus b_4 \oplus b_9 \oplus b_{14},$$
$$c_{12} = b_6 \oplus b_9, \quad c_{13} = b_3 \oplus b_6 \oplus b_8 \oplus b_{13},$$
$$c_{14} = b_3 \oplus b_4 \oplus b_9 \oplus b_{14}, \quad c_{15} = b_4 \oplus b_8$$

根据上述表达式得到下面的关系式:

$$c_7 = c_{10} = c_{13} = b_3 \oplus b_6 \oplus b_8 \oplus b_{13}, \quad c_{11} = c_{14} = b_3 \oplus b_4 \oplus b_9 \oplus b_{14}$$

然后从第 4 轮输出数据出发,沿解密方向推导 2 轮,假设第 4 轮输出为 $X_4^0 = 0h000000hhh000h0$,则有 $X_4^1 = f_0000000000f_{10}0000f_{15}$,经过第 3 轮的解密变换,有

$$e_0 = 0, \quad e_1 = f_{15}, \quad e_2 = f_{10} \oplus f_{15}, \quad e_3 = f_0 \oplus f_{10},$$
$$e_4 = f_0 \oplus f_{15}, \quad e_5 = f_{10} \oplus f_{15}, \quad e_6 = f_0 \oplus f_{10}, \quad e_7 = 0,$$
$$e_8 = f_0 \oplus f_{10} \oplus f_{15}, \quad e_9 = f_0, \quad e_{10} = f_{15}, \quad e_{11} = 0,$$
$$e_{12} = 0, \quad e_{13} = f_0 \oplus f_{10}, \quad e_{14} = f_0, \quad e_{15} = f_{10} \oplus f_{15}$$

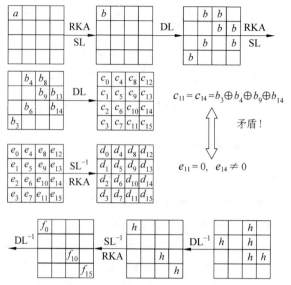

图 6-19　ARIA 的 4 轮不可能差分区分器

在第 2 轮输出处,沿加密方向推导得第 3 轮 S 盒的输入数据中始终有 $c_{11}=c_{14}$,而沿解密方向推导得第 3 轮 S 盒的输出数据中始终有 $e_{11}=0,e_{14}\neq0$,由此产生矛盾。

以上得到 ARIA 算法 4 轮不可能差分区分器。

第二步,选择合适的明密文对加密并过滤。

(1) 选择 2^n 个明文结构,每个结构中含有 2^8 个明文,即在第 1 字节处取遍所有值,这样的明文可以两两组合,构成符合 4 轮不可能差分区分器输入差分的明文对。将这些明文加密 5 轮,构成 2^{15+n} 个密文对。

(2) 满足差分模式 $0*000000**000*0$ 的密文对留下,其中 $*$、0 分别表示非零差分字节和零差分字节,通过零差分字节共过滤掉 2^{-88} 个密文对。

第三步,猜测并恢复密钥。

如图 6-20 所示,猜测 k_6 对应于 $*$ 位置的 40 比特密钥,查询 S 盒层的逆,若得到形如 $0h000000hhh000h0$ 的差分,则猜测密钥错误。这一步将有 $2^{40}\times(1-2^{-32})^{2^{15+n-88}}$ 个错误密钥留下。当 $n=110$ 时,错误密钥留下的概率为 $2^{-46.2}$,远小于 1。最后剩下的密钥为正确密钥。

图 6-20　ARIA 的一轮密钥恢复

在上述攻击过程中,当数据复杂度为 2^{118} 个明文时,第二步的时间复杂度为 2^{118} 次 5 轮加密变换,密文过滤的时间复杂度可以忽略不计;第三步的时间复杂度不超过 $2^{30} \times 2^{40} \times 5/(16 \times 5) \approx 2^{66}$ 次 5 轮加密变换,所以总的时间复杂度可以记为 2^{118} 次 5 轮加密。

2. 积分分析

针对 ARIA 的积分分析仍然分为两个步骤——构建积分区分器和恢复密钥。下面重点介绍区分器构建过程,密钥恢复可参考 AES 的积分分析。假设 ARIA 输入状态的第一个字节活跃,即用 x 表示活跃字节,下面推导其积分性质的传输过程。

引理 6-2　若 ARIA 输入明文的第 0 个字节活跃,则经过 2 轮加密后,第 3 轮 SL 输出状态中第 6、9、15 个字节的值保持平衡性质。

证明:选择明文集合,满足第 0 个字节活跃,记为 x,其余字节为常数 C。也就是说,集合中每个明文的第 0 个字节的取值互不相同,其余字节取值都相同。

进行如下 2 轮加密:

$$
\begin{bmatrix} x & C & C & C \\ C & C & C & C \\ C & C & C & C \\ C & C & C & C \end{bmatrix}
\xrightarrow{\text{SL}}
\begin{bmatrix} x & C & C & C \\ C & C & C & C \\ C & C & C & C \\ C & C & C & C \end{bmatrix}
\xrightarrow{\text{DL}}
\begin{bmatrix} C & y \oplus \beta_3 & y \oplus \beta_8 & C \\ C & C & y \oplus \beta_9 & y \oplus \beta_{13} \\ C & y \oplus \beta_6 & C & y \oplus \beta_{14} \\ y \oplus \beta_3 & C & C & C \end{bmatrix}
$$

$$
\xrightarrow{\text{SL}}
\begin{bmatrix} C & S_1^{-1}(y \oplus \gamma_4) & S_1^{-1}(y \oplus \gamma_8) & C \\ C & C & S_2^{-1}(y \oplus \gamma_9) & S_2^{-1}(y \oplus \gamma_{13}) \\ C & S_1(y \oplus \gamma_6) & C & S_1(y \oplus \gamma_{14}) \\ S_2(y \oplus \gamma_3) & C & C & C \end{bmatrix}
$$

$$
\xrightarrow{\text{DL}}
\begin{bmatrix} * & * & * & * \\ * & * & y_9 & * \\ * & y_6 & * & * \\ * & * & * & y_{15} \end{bmatrix}
$$

在第 2 轮扩散层 DL 输出的第 6、9、15 个字节位置,即 y_6、y_9 和 y_{15},有以下表达式:

$$
\begin{cases}
y_6 = S_2^{-1}(y \oplus \gamma_9) \oplus S_2^{-1}(y \oplus \gamma_{13}) \oplus C_1 \\
y_9 = S_1(y \oplus \gamma_6) \oplus S_1(y \oplus \gamma_{14}) \oplus C_2 \\
y_{15} = S_1^{-1}(y \oplus \gamma_4) \oplus S_1^{-1}(y \oplus \gamma_8) \oplus C_3
\end{cases}
\tag{6-3}
$$

对于 ARIA 中的 S 盒,方程 $S(x) \oplus S(x \oplus a) = b$ 若有解,则至少有两个解:x_0 和 $x_0 \oplus a$,当 x 遍历所有值时,b 的值以偶数次出现。因此式(6-3)中 y_6、y_9 和 y_{15} 的值都以偶数次出现。经过第 3 轮的 SL 之后,对应字节的值也以偶数次出现,即这 3 个字节具有平衡性质。

假设用 $[0,(6,9,15)]$ 表示引理 6-2 所描述性质的位置,那么表 6-12 中的 $[a,(b,c,d)]$ 位置都满足该性质。

表 6-12 活跃字节与平衡字节的对应关系

a	(b,c,d)	a	(b,c,d)	a	(b,c,d)	a	(b,c,d)
0	6, 9, 15	4	2, 11, 13	8	1, 7, 14	12	3, 5, 10
1	7, 8, 14	5	3, 10, 12	9	0, 6, 15	13	2, 4, 11
2	4, 11, 13	6	0, 9, 15	10	3, 5, 12	14	1, 7, 8
3	5, 10, 12	7	1, 8, 14	11	2, 4, 13	15	0, 6, 9

定理 6-3 若 ARIA 输入取第 0、5、8、13 个字节活跃,则第 3 轮 SL 输出的(6,9,15)、(3,10,12)、(1,7,14)、(2,4,11)位置的字节平衡,继而第 3 轮 DL 输出的第 2、5、11、12 个字节保持平衡性质。

证明: 根据引理 6-2,存在 2.5 轮积分区分器[0,(6,9,15)]、[5,(3,10,12)]、[8,(1, 7,14)]和[13,(2,4,11)],即明文输入取第 0、5、8、13 个字节位置活跃,则第 3 轮 SL 输出的(6,9,15)、(3,10,12)、(1,7,14)、(2,4,11)位置的字节平衡。经过第 3 轮 DL,有以下线性变换:

$$\begin{cases} y_2 = x_1 \oplus x_4 \oplus x_6 \oplus x_{10} \oplus x_{11} \oplus x_{12} \oplus x_{15} \\ y_5 = x_1 \oplus x_3 \oplus x_4 \oplus x_9 \oplus x_{10} \oplus x_{14} \oplus x_{15} \\ y_{11} = x_2 \oplus x_3 \oplus x_4 \oplus x_7 \oplus x_9 \oplus x_{12} \oplus x_{14} \\ y_{12} = x_1 \oplus x_2 \oplus x_6 \oplus x_7 \oplus x_9 \oplus x_{11} \oplus x_{12} \end{cases} \tag{6-4}$$

式(6-4)中的 x_i 都具有平衡性质,所以第 3 轮 DL 输出的 y_2、y_5、y_{11}、y_{12} 都保持平衡。

由定理 6-3 可以得出 ARIA 存在 3 轮积分区分器。根据高阶积分的概念,可以向前扩展一轮,得到 4 轮积分区分器,详见参考文献[110]。

3. 截断差分分析

根据 ARIA 扩散 DL 的性质,输入输出分支(非零分量个数之和)为 8 的截断差分模式有 3 种:1→7、7→1 和 4→4,可以用以下两种方法构造截断差分分析[107]。

方法 1,基于截断差分 1→7 进行分析。

第一步,构建截断差分路径。ARIA 的轮函数中扩散 DL 分支数为 8,最简单的截断差分是 1→7→1…,其中 1 和 7 指的是活跃 S 盒个数。例如:

$$\begin{aligned} \Delta P &= A000\ 0000\ 0000\ 0000 & &1(第 1 轮) \\ &000B\ B0B0\ BB00\ 0BB0 & &7(第 2 轮) \\ &C000\ 0000\ 0000\ 0000 & &1(第 3 轮) \\ &000D\ D0D0\ DD00\ 0DD0 & &7(第 4 轮) \\ &\qquad\vdots & &\quad\vdots \\ &000E\ E0E0\ EE00\ 0EE0 & &7(第 r 轮) \\ \Delta C &= 000F\ G0H0\ IJ00\ 0KL0 & & \end{aligned}$$

其中,ΔP 表示明文输入的差分,ΔC 表示密文输出的差分,A、B、C 等表示非零差分字节。

1→7 截断差分的概率为 1,但是 7→1 截断差分存在当且仅当 7 个非零差分字节经过 S 盒代替后仍然相等,这 7 个字节对应的位置如图 6-21 所示。查询两个不同的 S 盒

$(S_1$ 和 S_2)对应的差分分布表,存在 $7 \to 1$ 截断差分的概率是 $2^{-(2 \times 7 + 8 + 3 \times 7)} = 2^{-43}$。基于这种转变,7 轮截断差分 $1 \to 7 \to 1 \to 7 \to 1 \to 7 \to 1$ 或 8 轮截断差分 $1 \to 7 \to 1 \to 7 \to 1 \to 7 \to 1 \to 7$ 的概率同为 2^{-129}。

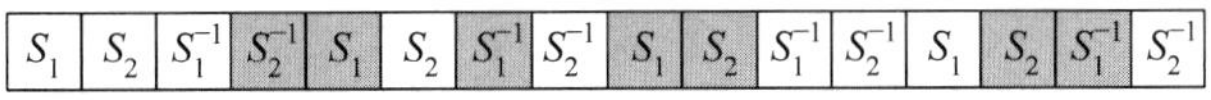

图 6-21　7 个非零差分字节的位置

然而,基于 7 轮截断差分进行密钥恢复时,无法选择足够多的明文对进行过滤,换成 7 轮差分形式 $7 \to 1 \to 7 \to 1 \to 7 \to 1 \to 7$,其特征概率会降低到 2^{-134}。概率降低是因为选择明文中 7 个字节的差分不相同,即

$$\Delta P = 000A\ B0C0\ DE00\ 0FG0 \qquad 7(\text{第 1 轮})$$
$$H000\ 0000\ 0000\ 0000 \qquad 1(\text{第 2 轮})$$
$$000I\ I0I0\ II00\ 0II0 \qquad 1(\text{第 3 轮})$$
$$J000\ 0000\ 0000\ 0000 \qquad 7(\text{第 4 轮})$$
$$000K\ K0K0\ KK00\ 0KK0 \qquad 7(\text{第 5 轮})$$
$$L000\ 0000\ 0000\ 0000 \qquad 1(\text{第 6 轮})$$
$$000M\ M0M0\ MM00\ 0MM0 \qquad 7(\text{第 7 轮})$$
$$\Delta C = 000N\ P0Q0\ RS00\ 0TU0$$

第二步,选择符合截断差分路径的明文进行加密并过滤。

(1)加密 2^{25} 个明文结构,每个结构中遍历 7 个字节,即 2^{56} 个输入,总共需要 2^{81} 个选择明文。这些明文可以构成 $2^{25} \times 2^{111} = 2^{136}$ 对,每一对满足截断差分形式 $000A\ B0C0$ $DE00\ 0FG0$,所以平均有 4 个明文对满足截断差分路径。

(2)将所有明文加密 7 轮,对于每一个明文结构,密文对在 9 个位置上差分为 0,期望获得 $\dfrac{2^{136}}{2^{72}} = 2^{64}$ 个满足条件的差分对。

第三步,猜测恢复密钥。在第 1 轮和最后 1 轮共有 2×7 个相关密钥字节,每一个候选对平均推荐 $2^8 \times 2^8$ 个 112 比特密钥,总共可以得到 2^{80} 个值。由于有 4 个候选对满足截断差分,因此正确的密钥出现 4 次,其他的密钥相对来说出现次数很少。

值得注意的是,此处 7 轮截断差分的概率远远低于 2^{-128},但是选择满足输入的明文对足够多,这种小概率截断差分仍然是有用的。在上述的攻击中,对于 7 轮 ARIA 恢复 112 比特密钥的数据和时间复杂度均为 2^{81}。

方法 2,基于截断差分 $4 \to 4$ 进行分析。

第一步,构建截断差分路径。截断差分 $4 \to 4$ 是指每轮中有 4 个非零差分字节:

$$\Delta P = ABCD\ 0000\ 0000\ 0000 \qquad 4(\text{第 1 轮})$$
$$EEEE\ 0000\ 0000\ 0000 \qquad 4(\text{第 2 轮})$$
$$FFFF\ 0000\ 0000\ 0000 \qquad 4(\text{第 3 轮})$$
$$\vdots \qquad\qquad\qquad \vdots$$
$$GGGG\ 0000\ 0000\ 0000 \qquad 4(\text{第 } r \text{ 轮})$$
$$\Delta C = HIJK\ 0000\ 0000\ 0000$$

4 个不同的明文差分值在经过 S 盒代替后,输出相同差分值的概率是 2^{-24}。这个概率值在下一轮是 2^{-21},这是因为 4 个字节进入的是同一个 S 盒。在最后 1 轮这个差分概率是 1,故 r 轮截断差分概率是 $2^{-24-21(r-2)}$。因此,7 轮 ARIA 的 4→4 模式截断差分的概率是 2^{-129}。

第二步,类似于第一种分析构造方法,选择合适的明文加密并过滤。

(1) 加密 5×2^{66} 个明文结构,每个结构中包含 2^{32} 个明文,使得在前 4 个字节位置上取遍所有可能值,其余字节为常数。这些明文组成 $5 \times 2^{66} \times 2^{63} = 5 \times 2^{129} \approx 2^{131.32}$ 对差分,具有形式 $ABCD\ 0000\ 0000\ 0000$。期望 7 轮差分特征之后获得 5 个这样的明文对。

(2) 对于每一个结构,根据密文的 12 个零差分字节进行过滤,期望获得 $2^{131}/2^{96} = 2^{35}$ 个满足这项条件的密文对。

第三步,猜测恢复密钥过程。对于第 1 轮和最后 1 轮的 2×4 个密钥字节,每一个候选对平均推荐 $2^8 \times 2^8$ 个可能值,总共可以得到 2^{51} 个值作为 8 个密钥字节(64 比特)。由于有 5 个候选对满足截断差分,因此正确的密钥至少出现 5 次;错误密钥相对来说是很少的,概率为 $2^{-4 \times 64} \times 2^{5 \times 51}/5! \approx 2^{-8}$。由此便可以过滤出正确密钥。

在上述对 ARIA 的截断差分分析中,恢复 64 比特密钥的数据和时间复杂度均为 $5 \times 2^{66} \times 2^{32} \approx 2^{100.32}$ 次 7 轮加密。

6.4　uBlock

uBlock 是 2019 年全国密码算法设计竞赛排名第一的分组密码,由中国科学院软件研究所吴文玲等人设计[111]。uBlock 算法适合各种软硬件平台,充分考虑了微处理器的计算资源,可以利用 SSE、AVX2 和 NEON 等指令集高效实现;硬件实现简单、有效,既可以高速实现,满足高性能环境的应用需求,也可以轻量化实现,满足资源受限环境的安全需求。

6.4.1　uBlock 设计

uBlock 的分组长度为 128 或 256 比特,密钥长度为 128 或 256 比特,记为 uBlock-128/128、uBlock-128/256、uBlock-256/256,它们的迭代轮数 r 分别为 16、24、24 轮。

1. 加密变换

加密变换由 r 轮迭代变换组成,整体结构为 SP,轮变换如图 6-22 所示。输入 n 比特明文 $P = X_0 \| X_1$ 和轮密钥 $RK^0, RK^1, \cdots, RK^r$,输出 n 比特密文 C。加密流程如下:

(1) 轮函数迭代。对 $1 \leqslant i \leqslant r$,进行如下迭代变换:

$$RK_0^i \| RK_1^i \leftarrow RK^i$$
$$X_0 \leftarrow S_n(X_0 \oplus RK_0^i), \quad X_1 \leftarrow S_n(X_1 \oplus RK_1^i)$$
$$X_1 \leftarrow X_1 \oplus X_0$$
$$X_0 \leftarrow X_0 \oplus (X_1 \underset{32}{<<<} 4), \quad X_1 \leftarrow X_1 \oplus (X_0 \underset{32}{<<<} 8)$$

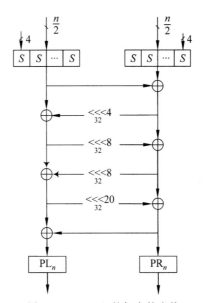

图 6-22　uBlock 的加密轮变换

$$X_0 \leftarrow X_0 \oplus (X_1 \underset{32}{<<<} 8), \quad X_1 \leftarrow X_1 \oplus (X_0 \underset{32}{<<<} 20)$$

$$X_0 \leftarrow X_0 \oplus X_1$$

$$X_0 \leftarrow \mathrm{PL}_n(X_0), \quad X_1 \leftarrow \mathrm{PR}_n(X_1)$$

（2）密文输出。经过 r 轮迭代变换之后得到密文 $C = \mathrm{RK}^r \oplus (X_0 \| X_1)$ 并输出。

轮函数中的基本组件定义如下：

（1）S 盒代替层 S_n。由 $\frac{n}{8}$ 个相同的 4 比特 S 盒并置而成，如下：

$$S_n : (\{0,1\}^4)^{\frac{n}{8}} \rightarrow (\{0,1\}^4)^{\frac{n}{8}}$$

$$\left(x_0, x_1, \cdots, x_{\frac{n}{8}-1}\right) \rightarrow \left(s(x_0), s(x_1), \cdots, s\left(x_{\frac{n}{8}-1}\right)\right)$$

4 比特 S 盒如表 6-13 所示。

表 6-13　uBlock 的 4 比特 S 盒

x	0	1	2	3	4	5	6	7	8	9	A	B	C	D	E	F
$s(x)$	7	4	9	C	B	A	D	8	F	E	1	6	0	3	2	5

（2）置换 PL_n 和 PR_n。PL_n 和 PR_n 都是面向字节的向量置换，具体见表 6-14。例如，PL_{128} 的表达式为

$$\mathrm{PL}_{128} : (\{0,1\}^8)^8 \rightarrow (\{0,1\}^8)^8$$

$$(y_0, y_1, \cdots, y_7) \rightarrow (z_0, z_1, \cdots, z_7)$$

$$z_0 = y_1, \quad z_1 = y_3, \quad z_2 = y_4, \quad z_3 = y_6,$$

$$z_4 = y_0, \quad z_5 = y_2, \quad z_6 = y_7, \quad z_7 = y_5$$

表 6-14　PL_n 和 PR_n

PL_{128}	$\{1,3,4,6,0,2,7,5\}$
PR_{128}	$\{2,7,5,0,1,6,4,3\}$
PL_{256}	$\{2,7,8,13,3,6,9,12,1,4,15,10,14,11,5,0\}$
PR_{256}	$\{6,11,1,12,9,4,2,15,7,0,13,10,14,3,8,5\}$

2. 解密变换

解密变换由 r 轮迭代变换组成,输入 n 比特密文 $C=Y_0\parallel Y_1$ 和轮密钥 $\text{RK}^r,\text{RK}^{r-1},\cdots,$ RK^0,输出 n 比特明文 P。第 i 轮解密流程如下:

$$\text{RK}_0^i\parallel\text{RK}_1^i\leftarrow\text{RK}^i$$
$$Y_0\leftarrow Y_0\oplus\text{RK}_0^i,\quad Y_1\leftarrow Y_1\oplus\text{RK}_1^i,$$
$$Y_0\leftarrow\text{PL}_n^{-1}(Y_0),\quad Y_1\leftarrow\text{PR}_n^{-1}(Y_1),\quad Y_0\leftarrow Y_0\oplus Y_1,$$
$$Y_1\leftarrow Y_1\oplus\left(Y_0\underset{32}{\lll}20\right),\quad Y_0\leftarrow Y_0\oplus\left(Y_1\underset{32}{\lll}8\right),$$
$$Y_1\leftarrow Y_1\oplus\left(Y_0\underset{32}{\lll}8\right),\quad Y_0\leftarrow Y_0\oplus\left(Y_1\underset{32}{\lll}4\right),$$
$$Y_1\leftarrow Y_1\oplus Y_0,\quad Y_0\leftarrow S_n^{-1}(Y_0)$$

其中,S_n^{-1}、PL_n^{-1} 和 PR_n^{-1} 分别是 S_n、PL_n 和 PR_n 的逆,具体见表 6-15 和表 6-16。

表 6-15　S^{-1}

x	0	1	2	3	4	5	6	7	8	9	A	B	C	D	E	F
$S^{-1}(x)$	C	A	E	D	1	F	B	0	7	2	5	4	3	6	9	8

表 6-16　PL_n^{-1} 和 PR_n^{-1}

PL_{128}^{-1}	$\{4,0,5,1,2,7,3,6\}$
PR_{128}^{-1}	$\{3,4,0,7,6,2,5,1\}$
PL_{256}^{-1}	$\{15,8,0,4,9,14,5,1,2,6,11,13,7,3,12,10\}$
PR_{256}^{-1}	$\{9,2,6,13,5,15,0,8,14,4,11,1,3,10,12,7\}$

3. 密钥扩展算法

将 k 比特密钥 K 放置在 k 比特寄存器中,取寄存器的左 n 比特作为轮密钥 RK^0,然后,对 $i=1,2,\cdots,r$,更新寄存器,并取寄存器的左 n 比特作为轮密钥 RK^i。

uBlock 密钥扩展结构如图 6-23 所示,更新方式如下:

$$K_0\parallel K_1\parallel K_2\parallel K_3\leftarrow K$$
$$K_0\parallel K_1\leftarrow\text{PK}_t(K_0\parallel K_1)$$
$$K_2\leftarrow K_2\oplus S_k(K_0\oplus\text{RC}_i)$$

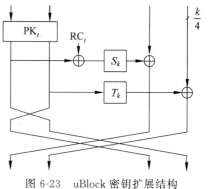

图 6-23　uBlock 密钥扩展结构

$$K_3 \leftarrow K_3 \oplus T_k(K_1)$$
$$K \leftarrow K_2 \| K_3 \| K_1 \| K_0$$

其中，S_k 是 $\dfrac{k}{16}$ 个 4 比特 S 盒的并置；T_k 是对 K_1 的每半字节 $\otimes 2$，有限域 $\mathrm{GF}(2^4)$ 的不可约多项式 $m(x) = x^4 + x + 1$；RC_i 为 32 比特常数，作用在 K_0 的左 32 比特；PK_t 有 3 种情况，$t = 1,2,3$，PK_1、PK_2 和 PK_3 分别用于 uBlock-128/128、uBlock-128/256 和 uBlock-256/256 的密钥扩展算法，PK_1 是 16 个半字节的向量置换，PK_2 和 PK_3 都是 32 个半字节的向量置换，具体见表 6-17。

表 6-17　PK_t

PK_1	{6,0,8,13,1,15,5,10,4,9,12,2,11,3,7,14}
PK_2	{10,5,15,0,2,7,8,13,14,6,4,12,1,3,11,9,24,25,26,27,28,29,30,31,16,17,18,19,20,21,22,23}
PK_3	{10,5,15,0,2,7,8,13,1,14,4,12,9,11,3,6,24,25,26,27,28,29,30,31,16,17,18,19,20,21,22,23}

图 6-23 中 32 比特常数 RC_i 由 8 级 LFSR 生成，初始条件为 $c_0 = c_3 = c_6 = c_7 = 0$，$c_1 = c_2 = c_4 = c_5 = 1$；对 $i \geqslant 8$，$c_i = c_{i-2} \oplus c_{i-3} \oplus c_{i-7} \oplus c_{i-8}$。

令

$$a_i = c_i\, \overline{c_{i+1}}\, c_{i+2}\, c_{i+3}\, c_{i+4}\, c_{i+5}\, c_{i+6}\, c_{i+7}$$
$$a_i' = c_i\, \overline{c_{i+1}}\, c_{i+2}\, \overline{c_{i+3}}\, c_{i+4}\, \overline{c_{i+5}}\, c_{i+6}\, c_{i+7}$$
$$a_i'' = c_i\, c_{i+1}\, c_{i+2}\, \overline{c_{i+3}}\, c_{i+4}\, c_{i+5}\, c_{i+6}\, \overline{c_{i+7}}$$
$$a_i''' = c_i\, c_{i+1}\, c_{i+2}\, c_{i+3}\, c_{i+4}\, \overline{c_{i+5}}\, c_{i+6}\, \overline{c_{i+7}}$$

则 $\mathrm{RC}_i = a_i \| a_i' \| a_i'' \| a_i'''$，具体见表 6-18。

表 6-18　RC_i

RC_1	988CC9DD	RC_7	5E4A0F1B	RC_{13}	DCC88D99	RC_{19}	4A5E1B0F
RC_2	F0E4A1B5	RC_8	7C682D39	RC_{14}	786C293D	RC_{20}	55410410
RC_3	21357064	RC_9	392D687C	RC_{15}	30246175	RC_{21}	6B7F3A2E
RC_4	8397D2C6	RC_{10}	B3A7E2F6	RC_{16}	A1B5F0E4	RC_{22}	17034652
RC_5	C7D39682	RC_{11}	A7B3F6E2	RC_{17}	8296D3C7	RC_{23}	EFFBBEAA
RC_6	4F5B1E0A	RC_{12}	8E9ADFCB	RC_{18}	C5D19480	RC_{24}	1F0B4E5A

4. 设计特点

随着计算机技术的发展以及 CPU 指令集的丰富，计算速度有了极大提升，在保证安全性的前提下，基于这些技术设计的密码算法运行效率更高，uBlock 是一个典型代表。下面从整体结构、算法组件和密钥扩展算法 3 方面描述 uBlock 的设计特点。

1）整体结构特点

uBlock 算法的整体结构称为 PX 结构，如图 6-24 所示。PX 结构是 SP 结构的一种细化结构,PX 是 Pshufb-Xor 的缩写,Pshufb 和 Xor 分别是向量置换和异或运算指令。采用 S 盒和分支数的理念,PX 结构针对差分分析和线性分析具有可证明的安全性,对于不可能差分分析、积分分析、中间相遇攻击等分析方法具有相对成熟的分析评估理论支持。在同等安全的条件下,PX 结构具有更好的软件和硬件实现性能。利用 SSE/AVX 指令集提供的 128/256 比特寄存器的异或运算和向量置换指令,对于由 4 比特 S 盒构造的非线性变换层以及线性变换中基于 4 比特的向量置换均仅需一条指令即可实现,因此,该加密方法的软件实现中每轮变换仅需要 m 条异或指令和 $m+4$ 条向量置换指令。此外,该实现方法不需要查表操作,不仅可以提供高性能软件实现,还可抵抗缓存计时等侧信道攻击。

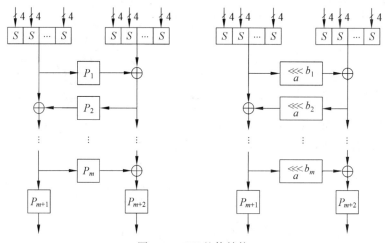

图 6-24　PX 整体结构

PX 结构非常灵活,根据 $P_j(j=1,2,\cdots,m)$、P_{m+1} 和 P_{m+2} 等不同的参数选择,都有相应的轮函数,便于设计多参数规模、安全性高且实现代价低的分组密码族。$P_j(j=1,2,\cdots,m)$ 可以选择面向字的置换,也可以选择分块循环移位,设计者可以灵活选取分块大小 a 和移位数 $b_j(j=1,2,\cdots,m)$。

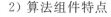

2) 算法组件特点

uBlock 算法采用 4 比特 S 盒,软件可以用 SSE 等指令集快速实现,同时硬件实现代价小,而且延迟能耗等方面都有明显优势。如图 6-25 所示,S 盒的硬件实现需要两个与非门、两个或非门、两个异或门和两个异或非门,关键路径为 4,每比特平均一个乘法电路,针对侧信道的 TI 实现可以达到 3-Share,分解深度为 2,属于最优情况。另外,uBlock 算法中加密和密钥扩展使用同一个 4 比特 S 盒,可以实现最大程度的硬件电路模块复用,有效降低了硬件实现规模和代价。

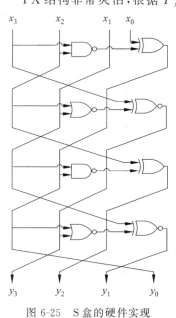

图 6-25　S 盒的硬件实现

uBlock 算法的扩散层由两部分组成:一个是 PX 结

构中的 $P_j(j=1,2,\cdots,m)$ 及异或运算,记为线性变换 B;另一个是 PX 结构中的 P_{m+1} 和 P_{m+2}。考虑到算法的软件实现性能和适应性,$P_j(j=1,2,\cdots,m)$ 选择了分块大小为 32 的循环移位,而且期望 m 尽可能小,b_j 尽可能为 0 或者是 8 的倍数。m 的选取和分块大小有关,也和扩散层的分支数有关。分块大小为 32,采用 4 比特 S 盒,基于二元域最优扩散层的设计思想,最少需迭代 6 次,即 $m=6$,保证 16×16 的二元域矩阵分支数为 8,达到二元域上的最佳。

P_7 和 P_8 对应算法中的 PL_n 和 PR_n,它们都是面向字节的向量置换,具有最佳的硬件性能,而且适用于 8 位处理器。

3) 密钥扩展算法特点

密钥扩展算法采用随用随生成的方式生成轮密钥,不增加存储负担。状态更新函数简单且可逆,使得密钥扩展算法的实现更加灵活。密钥扩展算法采用与加密算法不同的整体结构,利用向量置换构造了扩展 Feistel 结构,相比广义 Feistel 结构扩散更快,相比 Feistel 结构更轻量。在安全性方面,uBlock 主要考虑的是双系攻击和相关密钥类攻击的抵抗力、密钥扩展算法的扩散性、轮密钥和主密钥的关系。在实现性能方面,uBlock 充分利用向量置换,尽量不增加实现成本,为资源受限环境的应用提供保障。向量置换的设计主要考虑密钥扩展算法的扩散性和相关密钥活跃 S 盒的个数等因素,兼顾硬件和软件实现性能。S 盒的个数是安全性和实现性能的折中结果。$\otimes2$ 运算以很小的代价提供半字节内部的扩散,硬件实现 $\otimes2$ 运算仅需 1 比特异或。同时,向量置换、非线性 S 盒与状态字间的异或运算的联合使用提供了足够的非线性和良好的扩散效果,能够使得算法抵抗双系攻击等分析方法。

6.4.2　uBlock 安全性评估

2019 年,uBlock 算法刚提出时的安全性分析结果主要是由设计者提出的。2022 年,Tian 等人[191]改进了积分分析,得到 uBlock-128 的 8 轮和 uBlock-256 的 9 轮区分器;Mao 等人[192]改进了这个结果,得到 uBlock-256 的 10 轮区分器。

1. 差分分析

针对差分分析,采用搜索差分路径活跃 S 盒个数的方法评估算法抵抗攻击的能力。设计者通过计算机搜索了 uBlock-128 算法的差分活跃 S 盒个数,结果见表 6-19。10 轮 uBlock-128 算法至少有 66 个差分活跃 S 盒,由于 uBlock-128 算法采用的 S 盒的最大差分概率为 2^{-2},因此 10 轮 uBlock-128 算法的最大差分路径概率满足 $\text{DCP}_{\max}^{10r}\leqslant2^{66\times(-2)}=2^{-132}$,说明 10 轮 uBlock-128 算法已经不存在差分分析可利用的有效差分路径。考虑到 uBlock-128 算法的迭代轮数和全扩散轮数,可以认为全轮 uBlock-128 算法针对差分分析是安全的。

表 6-19　uBlock-128 算法的差分活跃 S 盒个数

轮　数	1	2	3	4	5	6	7	8	9	10
活跃 S 盒个数	1	8	13	24	30	36	43	50	56	66

对于 uBlock-256 算法,利用超级 S 盒和分支数,可以证明 4 轮 uBlock-256 算法至少有 32 个差分活跃 S 盒。因此,16 轮 uBlock-256 算法至少有 128 个差分活跃 S 盒,说明 uBlock-256 算法最长存在 15 轮的有效差分路径。进一步,考虑到 uBlock-256 算法的全扩散轮数为 3,迭代轮数为 24,因此,全轮 uBlock-256 算法针对差分分析是安全的。

2. 线性分析

针对线性分析,设计者也采用类似的搜索活跃 S 盒个数的方法评估该算法抵抗攻击的能力。对于 uBlock-128 算法,线性活跃 S 盒个数的测试结果与上面的差分测试结果相同。对于 uBlock-256 算法,可以证明 4 轮至少有 32 个线性活跃 S 盒。由于 uBlock 算法使用的 S 盒的最大线性概率为 2^{-2},因此,考虑到 uBlock 算法的迭代轮数和全扩散轮数,可以认为 uBlock 算法针对线性分析是安全的。

3. 积分分析

uBlock 算法整体结构为细化的 SP 结构,S 盒的代数次数为 3,因此,uBlock-128 算法是 $(4,3,32)$-SPN,uBlock-256 算法是 $(4,3,64)$-SPN。结合 MILP 工具与可分性技术,文献[1]化简了线性层对应的线性变换矩阵以删除部分冗余可分迹,构建了更精确的可分性传播模型,最终得到了以下结果:uBlock-128 算法存在 8 轮积分区分器,数据复杂度为 2^{124} 个选择明文;uBlock-256 算法存在 10 轮积分区分器,数据复杂度为 2^{255} 个选择明文。

对于 uBlock-128 算法,任意选择一个半字节取常数,其余 31 个半字节活跃。8 轮 uBlock-128 算法加密之后,2^{124} 个密文的异或和有 96 个位置为 0,如表 6-20 所示。

表 6-20 uBlock-128 算法的 8 轮积分区分器

序号	输　　入	输出异或和
1	$CAAA \cdots AAAA$	0100010001000100$\cdots$0100010001000100
2	$ACAA \cdots AAAA$	0100010001000100$\cdots$0100010001000100
⋮	⋮	⋮
32	$AAAA \cdots AAAC$	0100010001000100$\cdots$0100010001000100

其中,C 表示常数半字节,A 表示活跃半字节,0 表示平衡比特,1 表示未知比特。

对于 uBlock-256 算法,任意选择一个比特取常数,其余 255 个比特活跃。10 轮 uBlock-256 算法加密之后,2^{255} 个密文的异或和中存在平衡位置,如表 6-21 所示。

表 6-21 uBlock-256 算法的 10 轮积分区分器

序号	输　　入	输出异或和
1	$caaaaaaaaaaaaaaa \cdots aaaaaaaaaaaaaaaa$	1110111011101110$\cdots$1110111011101110
2	$acaaaaaaaaaaaaaa \cdots aaaaaaaaaaaaaaaa$	0000000000000000$\cdots$0000000000000000
3	$aacaaaaaaaaaaaaa \cdots aaaaaaaaaaaaaaaa$	0110011001100110$\cdots$0110011001100110

续表

序号	输　入	输出异或和
4	*aaacaaaaaaaaaaaa*…*aaaaaaaaaaaaaaaa*	1110111011101110…1110111011101110
5	*aaacaaaaaaaaaaaa*…*aaaaaaaaaaaaaaaa*	1110111011101110…1110111011101110
6	*aaaacaaaaaaaaaaa*…*aaaaaaaaaaaaaaaa*	0000000000000000…0000000000000000
7	*aaaaacaaaaaaaaaa*…*aaaaaaaaaaaaaaaa*	0110011001100110…0110011001100110
8	*aaaaaacaaaaaaaaa*…*aaaaaaaaaaaaaaaa*	1110111011101110…1110111011101110
⋮	⋮	⋮
256	*aaaaaaaaaaaaaaaa*…*aaaaaaaaaaaaaaac*	1110111011101110…1110111011101110

其中, c 表示常数比特, a 表示活跃比特, 0 表示平衡比特, 1 表示未知比特。

考虑到 uBlock 算法的扩散性和迭代轮数,并且已有的积分区分器都不超过加密总轮数的一半,可以认为 uBlock 算法针对积分分析提供了足够的安全冗余。

习题 6

(1) 评估 TOY 算法的结构,给出理论安全轮数并进行说明。

(2) 设计一个 MDS 矩阵替换 TOY 算法的扩散层,比较新算法与原算法的安全性。

(3) 详细写出分组密码 PRESENT 的解密变换。

(4) 基于 AES 算法设计一个对合的整体结构,并与 AES 算法进行至少一种安全性分析比较。

(5) 基于 4 轮不可能差分区分器,对 AES 算法完成 6 轮不可能差分分析。

(6) 基于 AES 算法的 4 轮积分区分器,利用部分和技术完成 6 轮 AES-128 积分分析。

(7) 练习以下 ARIA 算法的不可能差分区分器推导过程,并证明基于其中一条路径可以进行密钥恢复攻击。

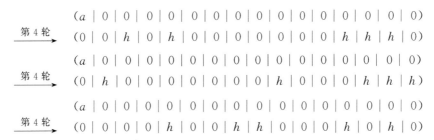

(8) 研究 ARIA 算法的扩散层,推出更多的 3 轮积分区分器,进一步推导 4 轮积分区分器并结合部分和技术尝试 6 轮密钥恢复攻击。

(9) 编程实现 ARIA 算法的活跃 S 盒个数搜索程序。

（10）基于 ARIA 算法进行线性分析的安全性评估。

（11）构建 ARIA 算法的 8 轮不可能差分区分器，并进行 9 轮恢复密钥攻击。

（12）推导或编程搜索 uBlock 算法的不可能差分区分器，基于该区分器进行密钥恢复攻击。

（13）编程实现 uBlock 算法的活跃 S 盒个数搜索程序，并进行正确性验证。

（14）对比 AES 算法和 uBlock 算法的实现效率和安全性，指出 uBlock 算法的优势。

（15）基于 uBlock 算法，尝试进行线性分析的安全性评估。

第 7 章 广义 Feistel 结构分组密码

广义 Feistel 结构除了按照 TYPE-Ⅰ、TYPE-Ⅱ、TYPE-Ⅲ进行分类,还可以根据每轮加密数据占分组长度的比例分为平衡广义 Feistel 结构和非平衡广义 Feistel 结构,例如,本章将要介绍的 SM4 为非平衡广义 Feistel 结构。

7.1 SM4

SM4 是用于无线局域网鉴别与保密基础结构(Wireless LAN Authentication and Privacy Infrastructure,WAPI)标准的分组密码,最早公开于 2006 年,2012 年 3 月 21 日由中国国家密码管理局发布并定为行业标准《SM4 分组密码算法》(GM/T 0002—2012),2016 年 8 月 29 日成为国家标准《信息安全技术 SM4 分组密码算法》(GB/T 32907—2016),2021 年 6 月 25 日正式成为国际标准 Information technology—Security techniques—Encryption algorithms—Part 3:Block ciphers-Amendment 1:SM4(ISO/IEC 18033-3:2010/AMD 1:2021)。

7.1.1 SM4 设计

SM4 是在 TYPE-Ⅰ广义 Feistel 结构的基础上设计的,分组长度为 128 比特,密钥长度也为 128 比特。它的加密算法与密钥扩展算法都采用了 32 轮非线性迭代结构。

1. 加密变换

SM4 的加密流程如图 7-1 所示,128 比特明文分成 4 个 32 比特字,记为(X_0,X_1,X_2,X_3),经过 32 轮广义 Feistel 变换。第 32 轮没有使用 T 函数,只是对 4 个字进行了位置逆序操作,其作用是使得加解密结构相同,最后输出 128 比特密文,记为(Y_0,Y_1,Y_2,Y_3)。

加密流程如下。

1)轮函数迭代

假设 32 比特的中间变量为 X_i,$0 \leqslant i \leqslant 31$,则第 i 轮的 F 函数为

$$X_{i+4} = F(X_i,X_{i+1},X_{i+2},X_{i+3},\mathrm{rk}_i) = X_i \oplus T(X_{i+1} \oplus X_{i+2} \oplus X_{i+3} \oplus \mathrm{rk}_i)$$

其中,T 函数是合成置换,rk_i 是第 $i+1$ 轮的轮密钥。

2)密文生成

最后一轮只进行逆序变换 R,即

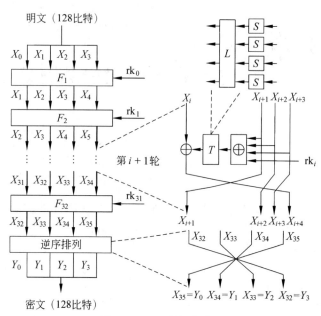

明文（128比特）

第 $i+1$ 轮

密文（128比特）

图 7-1　SM4 的加密流程

$$(Y_0, Y_1, Y_2, Y_3) = R(X_{32}, X_{33}, X_{34}, X_{35}) = (X_{35}, X_{34}, X_{33}, X_{32})$$

轮函数由密钥异或、合成置换 T 和循环移位等组件构成。合成置换 T 是一个 $F_2^{32} \to F_2^{32}$ 的可逆变换，由两步变换构成：S 盒代替 S 和线性变换 L。

（1）S 盒代替 S。输入的 32 比特分成 4 个 1 字节，分别查询 4 个 S 盒。SM4 的 S 盒如表 7-1 所示。

表 7-1　SM4 的 S 盒

	0	1	2	3	4	5	6	7	8	9	A	B	C	D	E	F
0	D6	90	E9	FE	CC	E1	3D	B7	16	B6	14	C2	28	FB	2C	05
1	2B	67	9A	76	2A	BE	04	C3	AA	44	13	26	49	86	06	99
2	9C	42	50	F4	91	EF	98	7A	33	54	0B	43	ED	CF	AC	62
3	E4	B3	1C	A9	C9	08	E8	95	80	DF	94	FA	75	8F	3F	A6
4	47	07	A7	FC	F3	73	17	BA	83	59	3C	19	E6	85	4F	A8
5	68	6B	81	B2	71	64	DA	8B	F8	E8	0F	4B	70	56	9D	35
6	1E	24	0E	5E	63	58	D1	A2	25	22	7C	3B	01	21	78	87
7	D4	00	46	57	9F	D3	27	52	4C	36	02	E7	A0	C4	C8	9E
8	EA	BF	8A	D2	40	C7	38	B5	A3	F7	F2	CE	F9	61	15	A1
9	E0	AE	5D	A4	9B	34	1A	55	AD	93	32	30	F5	8C	B1	E3
A	1D	F6	E2	2E	82	66	CA	60	C0	29	23	AB	0D	53	4E	6F
B	D5	DB	37	45	DE	FD	8E	2F	03	FF	6A	72	6D	6C	5B	51

	0	1	2	3	4	5	6	7	8	9	A	B	C	D	E	F
C	8D	1B	AF	92	BB	DD	BC	7F	11	D9	5C	41	1F	10	5A	D8
D	0A	C1	31	88	A5	CD	7B	BD	2D	74	D0	12	B8	E5	B4	B0
E	89	69	97	4A	0C	96	77	7E	65	B9	F1	09	C5	6E	C6	84
F	18	F0	7D	EC	3A	DC	4D	20	79	EE	5F	3E	D7	CB	39	48

(2) 线性变换 L。S 盒层输出的 4 个字节组成 32 比特的字 X,输入线性层,进行如下变换:

$$L(X) = X \oplus (X <<< 2) \oplus (X <<< 10) \oplus (X <<< 18) \oplus (X <<< 24)$$

输出 32 比特。

2. 密钥扩展算法

1) 主密钥白化

用 4 个 32 比特系统参数对 128 比特主密钥进行白化:

$$(K_0, K_1, K_2, K_3) = (\mathrm{MK}_0 \oplus \mathrm{FK}_0, \mathrm{MK}_1 \oplus \mathrm{FK}_1, \mathrm{MK}_2 \oplus \mathrm{FK}_2, \mathrm{MK}_3 \oplus \mathrm{FK}_3)$$

其中:

$$\mathrm{FK}_0 = (\mathrm{A3B1BAC6}), \quad \mathrm{FK}_1 = (\mathrm{56AA3350}), \quad \mathrm{FK}_2 = (\mathrm{677D9197}),$$
$$\mathrm{FK}_3 = (\mathrm{B27022DC})$$

2) 轮密钥生成

用下面的公式生成轮密钥:

$$\mathrm{rk}_i = K_{i+4} = K_i \oplus T'(K_{i+1} \oplus K_{i+2} \oplus K_{i+3} \oplus \mathrm{CK}_i), \quad i = 0,1,\cdots,31$$

其中,T' 与加密算法轮函数中的 T 基本相同,只将其中的线性变换 L 修改为以下的 L':

$$L'(X) = X \oplus (X <<< 13) \oplus (X <<< 23)$$

32 个固定参数 $\mathrm{CK}_i (i=0,1,\cdots,31)$ 如下:

00070E15,1C232A31,383F464D,545B6269,70777E85,8C939AA1,A8AFB6BD,
C4CBD2D9,E0E7EEF5,FC030A11,181F262D,343B4249,50575E65,6C737A81,
888F969D,A4ABB2B9,C0C7CED5,DCE3EAF1,F8FF060D,141B2229,30373E45,
4C535A61,686F767D,848B9299,A0A7AEB5,BCC3CAD1,D8DFE6ED,F4FB0209,
10171E25,2C333A41,484F565D,646B7279

3. 解密变换

SM4 的解密变换结构与加密变换结构相同,只是轮密钥顺序相反。

4. 设计特点

SM4 不仅适合软件实现,也适合硬件实现。SM4 在实现方面具有两个明显特点:

(1) 采用了广义 Feistel 整体结构,特点是加密过程与解密过程相同,只是轮密钥使用的顺序正好相反。

(2) T 函数是一个规模为 32 比特的线性置换,扩散性好且非常适用于 32 位处理器。

7.1.2 SM4 安全性评估

SM4 自公开发布以来,国内外众多的密码研究人员对其安全性进行了评估,评估方法几乎涵盖了目前已知的所有分组密码分析方法。目前攻击轮数最多为 23 轮。例如文献[112]找到了 SM4 的 19 轮有效差分特征,使得对 SM4 的差分分析达到了 23 轮;文献[113]对 SM4 进行了多维线性分析,给出了 SM4 的 23 轮多维线性分析结果。其他的攻击方法,如零相关线性分析、积分分析矩阵攻击等,攻击的轮数较低[114-116]。

1. 差分分析

SM4 的明文分组长度为 128 比特,每一轮中只有 32 比特输入 T 函数,5 轮可以达到全扩散,扩散速度较慢。考虑 SM4 的循环差分路径,有以下结论。

定理 7-1 假设 SM4 的输入明文对满足差分 $(\Delta X_0, \Delta X_1, \Delta X_2, \Delta X_3) = (\alpha, \alpha, \alpha, 0)$,其中,$\alpha$ 为 32 比特的非零差分,0 为 32 比特零差分,则对明文 5 轮加密之后输出差分仍为 $(\alpha, \alpha, \alpha, 0)$ 的概率不超过 2^{-42},即 SM4 存在 5 轮有效循环差分。

证明:当轮数 $r = 5$ 时,可以进行以下循环差分路径构造。假设选择明文的输入差分满足 $(\alpha, \alpha, \alpha, 0)$,$\alpha$ 为非零 32 比特。经过第 1、2 轮变换,第 3 轮输出差分为 $(0, \alpha, \alpha, \alpha)$ 的概率为 1;第 4 轮 T 函数输入差分为 α,设对应输出差分也为 α 的概率为 p;第 5 轮与第 4 轮输入差分相同,所以其 T 函数输入、输出差分都为 α 的概率也为 p。因此,对输入差分 $(\alpha, \alpha, \alpha, 0)$ 加密 5 轮后输出差分仍为 $(\alpha, \alpha, \alpha, 0)$ 的概率为 p^2。如图 7-2 所示,只需推导第 4 轮和第 5 轮的 T 函数都存在 $\alpha \to \alpha$ 的差分模式就可以得到 5 轮循环差分路径。

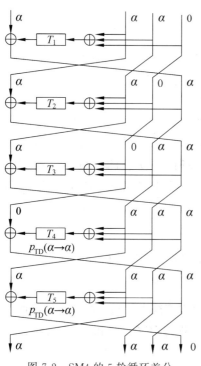

因为线性变换 L 分支数为 5,所以满足 T 函数 $\alpha \to \alpha$ 差分模式的 α 至少引起 3 个 S 盒活跃。此时,若对 T 函数进行穷举搜索,则需进行 $C_4^3 \times 2^{24} \times 2^{7 \times 3}$ 次,无法在有效时间内完成。考虑 L 逆变换的性质,输入差分模式 $(0, a_1, a_2, a_3)$,其中 $a_i \in GF(2^8)/\{0\}$,输出为 $(0, b_1, b_2, b_3)$,其中 $b_i \in GF(2^8)/\{0\}$,这种情况有 2^{16} 个。那么满足 T 函数 $\alpha \to \alpha$ 差分模式的概率 $p_{TD}(\alpha \to \alpha)$ 为

$$p_{SD}(a_1 \to b_1) \times p_{SD}(a_2 \to b_2) \times p_{SD}(a_3 \to b_3)$$

通过搜索可以得到 7905 个 α,搜索需要的计算复杂度不超过 2^{24}。每个活跃 S 盒的差分概率不超过 2^{-7},第 4 轮和第 5 轮共 6 个活跃 S 盒,所以 5 轮循环差分路径的概率不超过 2^{-42}。

例 7-1 在 SM4 算法的函数 T 中,当输入和输出差分 $\alpha = (00E5EDEC)$ 时,得到 S 盒输出差分 $L^{-1}(\alpha) = (00010C34)$,查询 S 盒差分分布表,得到对应的概率:

$$p_{SD}(E5 \to 01) = p_{SD}(ED \to 0C) = p_{SD}(EC \to 34)$$

图 7-2 SM4 的 5 轮循环差分

$$= 2^{-7}$$

字节 E5、ED、EC 经过 S 盒以概率 $2^{-7} \times 2^{-7} \times 2^{-7}$ 得到 01、0C、34。因此对于 T 函数，$p_{TD}(00E5EDEC \rightarrow 00010C34) = 2^{-21}$。

两轮 T 函数输入和输出都为 α 的概率相同，对于 SM4 存在概率为 2^{-42} 的 5 轮循环差分路径：

$$(00E5EDEC, 00E5EDEC, 00E5EDEC, 00000000)$$

$$\xrightarrow{5 \text{轮}} (00E5EDEC, 00E5EDEC, 00E5EDEC, 00000000)$$

由定理 7-1 的 5 轮循环差分路径继续迭代 3 次可以构造 15 轮差分路径，然后加 3 轮差分路径，构成 18 轮差分路径，如图 7-3 所示，概率为 2^{-126}，大于随机概率 2^{-128}。基于这样的差分路径可以进行更多轮的密钥恢复攻击。

2. 线性分析

线性分析与差分分析相似，由于广义 Feistel 结构扩散比较慢，可以先考虑轮迭代之间的传播关系，再搜索第 4 轮、第 5 轮中 T 函数的输入和输出线性掩码 $\alpha \rightarrow \alpha$，其中 α 表示有线性关系的比特位，即线性掩码，规模为 32 比特。如图 7-4 所示，构建 SM4 的 5 轮线性逼近等式的过程如下。

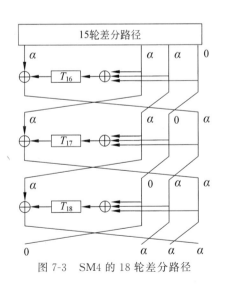

图 7-3　SM4 的 18 轮差分路径

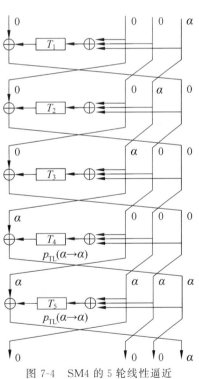

图 7-4　SM4 的 5 轮线性逼近

第一步，假设 T 函数的输入和输出掩码都为 α，则相关密钥比特位也为 α，即 $K[\alpha]$。那么一轮变换的有效线性逼近等式为

$$P[\alpha, 0, 0, 0] \oplus C[\alpha, \alpha, \alpha, \alpha] = K[\alpha]$$

连续两轮的有效线性逼近等式为

$$X_0[\alpha,0,0,0] \oplus X_1[\alpha,\alpha,\alpha,\alpha] = K_1[\alpha] \qquad (7\text{-}1)$$

$$X_1[\alpha,\alpha,\alpha,\alpha] \oplus X_2[0,0,0,\alpha] = K_2[\alpha] \qquad (7\text{-}2)$$

将式(7-1)和式(7-2)相异或,得到 2 轮变换的有效线性逼近等式:

$$X_0[\alpha,0,0,0] \oplus X_2[0,0,0,\alpha] = K_1[\alpha] \oplus K_2[\alpha]$$

再向解密方向扩展 3 轮,得到 5 轮线性逼近等式:

$$X_0[0,0,0,\alpha] \oplus X_5[0,0,0,\alpha] = K_4[\alpha] \oplus K_5[\alpha]$$

第二步,搜索满足 T 函数的输入和输出线性掩码 $\alpha \rightarrow \alpha$,得到表 7-2 中符合条件的 S 盒输入和输出掩码,表 7-2 中给出 24 个 $[\alpha, L^{-1}(\alpha)]$ 对。由于线性变换 L 的分支数为 5,所以一轮至少有 3 个活跃 S 盒。

表 7-2　L 函数输入和输出掩码

α	$L^{-1}(\alpha)$	α	$L^{-1}(\alpha)$
0X0011FFBA	0X0084BE2F	0X007852B3	0X00582B15
0X007905E1	0X005AFBC6	0X00A1B433	0X00F1027A
0X00EDCA7C	0X0083FFAA	0X00FA7099	0X00D20B1D
0X05E10079	0XFBC6005A	0X11FFBA00	0X84BE2F00
0X3300A1B4	0X7A00F102	0X52B30078	0X2B150058
0X709900FA	0X0B1D00D2	0X7852B300	0X582B1500
0X7905E100	0X5AFBC600	0X7C00EDCA	0XAA0083FF
0X9900FA70	0X1D00D20B	0XA1B43300	0XF1027A00
0XB3007852	0X1500582B	0XB43300A1	0X027A00F1
0XBA0011FF	0X2F0084BE	0XCA7C00ED	0XFFAA0083
0XE1007905	0XC6005AFB	0XEDCA7C00	0X83FFAA00
0XFA709900	0XD20B1D00	0XFFBA0011	0XBE2F0084

例 7-2　当 SM4 的 T 函数输入和输出掩码相同时,$[0,64,6F,FE] \rightarrow [0,6D,13,3]$ 是搜得的 4 个 S 盒的输入和输出掩码,该线性逼近的偏差为 $2^{3-1} \times (2^{-4.19})^2 \times 2^{-4} = 2^{-10.38}$,利用引理 5-1 计算 18 轮线性逼近的偏差为 $2^{6-1} \times (2^{-10.38})^6 = 2^{-57.28}$。

基于 18 轮线性逼近可以进行更多轮数的密钥恢复。除了差分分析、线性分析两种方法,还可以对 SM4 进行不可能差分分析、积分攻击等安全性评估。

7.2　LBlock

LBlock 是我国学者吴文玲和张蕾设计的轻量级分组密码,中文名称为"鲁班锁"。早期的轻量级分组密码仅考虑算法的硬件实现面积,软件实现性能不能满足无线传感器等应用需求。LBlock 的设计目标是：算法具有优良的硬件实现效率，同时在 8 位处理器上有很好的软件实现性能[117]。

7.2.1　LBlock 设计

我国轻量级分组密码 LBlock 和日本轻量级分组密码 TWINE 都是基于改进的 TYPE-Ⅱ广义 Feistel 结构设计的，与传统 TYPE-Ⅱ相比，扩散速度更快。LBlock 分组长度为 64 比特，密钥长度为 80 比特，加密轮数为 32 轮，其加解密流程如图 7-5 所示。

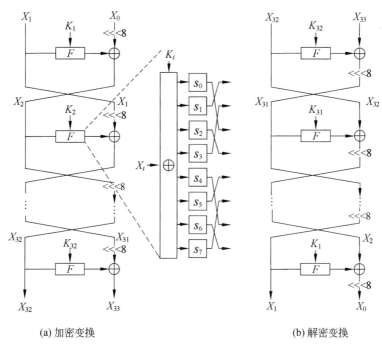

(a) 加密变换　　　　　　　　　　　　　(b) 解密变换

图 7-5　LBlock 的加解密流程

1. 加密变换

加密变换中每一轮的 F 函数包含轮密钥加变换、S 盒查询和线性变换 P。S 盒查询为 8 个相同的 4 比特输入、4 比特输出小 S 盒并置。依据近几年分析评估结果，设计者减少了 S 盒的种类，由起初的 8 个不同 S 盒变成同 8 个相同 S 盒；线性变换 P 为 8 阶置换。

64 比特的明文记为 $X_1 \parallel X_0$，具体加密流程如下：

1) 轮函数迭代

假设第 i 轮输入分为左右各 32 比特 $X_i \parallel X_{i-1}$，其中 $1 \leqslant i \leqslant 31$。$X_{i-1}$ 进行左循环移 8 比特，即 $X'_{i-1} = X_{i-1} \lll 8$，$X_i$ 进入函数 F，得

$$X_{i+1} = F(X_i, K_i) \oplus X'_{i-1} = P(S(X_i \oplus K_i)) \oplus X'_{i-1}$$

最后经过交换函数得到第 i 轮输出 $X_{i+1} \parallel X_i$。

2) 密文生成

当 $i=32$ 时，第 32 轮输入 $X_{32} \parallel X_{31}$，计算 $X_{33} = P(S(X_{32} \oplus K_{32})) \oplus (X_{i-1} \lll 8)$，得到输出密文 $X_{32} \parallel X_{33}$。

加密变换的函数 F 中主要包含两个组件：S 盒代替和线性变换 P。

（1）S 盒代替。代替过程如下描述：

$S：\{0,1\}^{32} \rightarrow \{0,1\}^{32}$

$Y = y_7 \| y_6 \| y_5 \| y_4 \| y_3 \| y_2 \| y_1 \| y_0 \rightarrow Z = z_7 \| z_6 \| z_5 \| z_4 \| z_3 \| z_2 \| z_1 \| z_0$

$z_7 = s(y_7)，\quad z_6 = s(y_6)，\quad z_5 = s(y_5)，\quad z_4 = s(y_4)，$

$z_3 = s(y_3)，\quad z_2 = s(y_2)，\quad z_1 = s(y_1)，\quad z_0 = s(y_0)$

其中的 4 比特 S 盒如表 7-3 所示。

表 7-3　LBlock 的 4 比特 S 盒

x	0	1	2	3	4	5	6	7	8	9	A	B	C	D	E	F
$S(x)$	E	9	F	0	D	4	A	B	1	2	8	3	7	6	C	5

（2）线性变换。P 是 8 个 4 比特字的向量置换，定义如下：

$P：\{0,1\}^{32} \rightarrow \{0,1\}^{32}$

$Z = z_7 \| z_6 \| z_5 \| z_4 \| z_3 \| z_2 \| z_1 \| z_0 \rightarrow U = u_7 \| u_6 \| u_5 \| u_4 \| u_3 \| u_2 \| u_1 \| u_0$

$u_7 = z_6，\quad u_6 = z_4，\quad u_5 = z_7，\quad u_4 = z_5，$

$u_3 = z_2，\quad u_2 = z_0，\quad u_1 = z_3，\quad u_0 = z_1$

2. 密钥扩展算法

将主密钥 $K = k_{79}k_{78} \cdots k_0$ 放在 80 比特的寄存器中，取寄存器左边的 32 位作为轮密钥 K_i，然后如下更新寄存器，更新后取寄存器最左边的 32 比特作为轮密钥 K_{i+1}。

$$K \leftarrow K <<< 24$$

$$K \leftarrow k_{79}k_{78}k_{77}k_{76}k_{75}k_{74}k_{73}k_{72} \cdots k_3 k_2 k_1 k_0$$

$$k_{55}k_{54}k_{53}k_{52} \leftarrow k_{55}k_{54}k_{53}k_{52} \oplus s[k_{79}k_{78}k_{77}k_{76}]$$

$$k_{31}k_{30}k_{29}k_{28} \leftarrow k_{31}k_{30}k_{29}k_{28} \oplus s[k_{75}k_{74}k_{73}k_{72}]$$

$$k_{67}k_{66}k_{65}k_{64} \leftarrow k_{67}k_{66}k_{65}k_{64} \oplus k_{71}k_{70}k_{69}k_{68}$$

$$k_{51}k_{50}k_{49}k_{48} \leftarrow k_{51}k_{50}k_{49}k_{48} \oplus k_{11}k_{10}k_9 k_8$$

$$k_{54}k_{53}k_{52}k_{51}k_{50} \leftarrow k_{54}k_{53}k_{52}k_{51}k_{50} \oplus [i]_5$$

其中，$[i]_5$ 为 i 的二进制 5 比特表示。

3. 解密变换

解密变换与加密变换相似，只是 $<<<8$ 的位置有所变化，放在轮函数异或之后，并且轮密钥顺序与加密变换的轮密钥顺序相反。输入 64 比特的密文 $C = X_{32} \| X_{33}$，解密过程如下描述：

对 $j = 31, 30, \cdots, 0$，计算 $X_j = (F(X_{j+1}, K_{j+1}) \oplus X_{j+2}) >>> 8$，输出 $X_1 \| X_0$ 为 64 比特的明文。

4. 设计特点

在实现性能方面，LBlock 重点考虑了硬件实现复杂度。为了使得硬件实现代价尽可能小，其整体结构采用 Feistel 结构，尽可能减少轮函数中 S 盒的个数和规模。考虑到算法的实现效率,LBlock 的整体结构每轮有一半数据进入函数 F,另一半数据进行简单的循环移位。相比异或、乘法等运算,比特换位更易于硬件实现。然而,考虑到算法在 8 位和 32 位处理器上的实现性能,LBlock 没有用比特换位,而是用字节换位起到扩散的作用,尤其是右半边的循环移位 8 比特充分考虑了在 8 位和 32 位处理器上的实现性能。进一步,函数 F 中的字节换位变换在实现中可以结合 S 盒查表同时进行。

7.2.2 LBlock 安全性评估

LBlock 自 2011 年发布以来,经受住了各种攻击的考验[117-121]。其中相关密钥不可能差分分析、零相关线性分析攻击的轮数最多,都达到了 23 轮;其次是不可能差分分析、积分分析,攻击轮数达到了 22 轮;此外,结合可分性和自动分析技术能够构造 17 轮 LBlock 的积分区分器。

1. 差分分析

如果密码算法基于字节(或者半字节)设计,差分路径或者截断差分、不可能差分都可以通过搜索活跃 S 盒个数下界计算其概率。LBlock 的整体结构及逆的最优扩散轮数均为 8,差分和线性活跃 S 盒个数随着轮数的增加而增加。接下来重点介绍 Feistel-SP 结构差分活跃模式和活跃 S 盒个数下界(最少活跃 S 盒个数)的搜索,Feistel-SP 结构是指密码的整体结构为 Feistel,函数 F 为 SP 结构。下面对编程过程进行几点说明:

(1) 输入差分非零的 S 盒称为差分活跃 S 盒,记为 1;否则用 0 表示。当两个 1 相异或时,有两种结果:1(非零差分)或 0(零差分)。

(2) 针对 r 轮分组密码,S 盒的输入差分序列是 $(\Delta s_0, \Delta s_1, \cdots, \Delta s_{t-1})$,即每轮有 t 个 S 盒,对应的差分活跃模式记为 $(a_0, a_1, \cdots, a_{rt-1})$,则有

$$a_i = \begin{cases} 1, & \Delta s_i \neq 0 \\ 0, & \Delta s_i = 0 \end{cases} \quad (i = 0, 1, \cdots, rt-1)$$

(3) 针对 r 轮分组密码,差分活跃 S 盒个数最少的差分活跃模式称为 r 轮最佳差分活跃模式。

(4) 差分模式分布表 Pd 指 F 函数中线性变换 P 的所有可能输入和输出差分模式 (X, Y) 列成的表。

对于 LBlock 算法,遍历 2^{16} 个输入半字节,利用算法 7-1 进行深度搜索,得到的活跃 S 盒个数下界如表 7-4 所示。

算法 7-1 活跃 S 盒搜索

输入:算法轮数 r、线性变换 P 的差分模式分布表 Pd 和 BEST$_i$($1 \leq i \leq r$)
输出:r 轮最佳差分活跃模式 BestPath 和活跃 S 盒个数下界 BEST$_r$
Function:Round$-i$($1 \leq i \leq (r-1)$)
for 对第 i 轮输入和输出差分模式 $(X_i, Y_i) \in$ Pd 的每一个候选值 do
　　令 N_i 等于 X_i 差分活跃 S 盒的个数
　　if$(N_1 + N_2 + \cdots + N_i + \text{BEST}_{r-i}) < \text{BEST}_r$,then
　　　　运行函数 Round$-(i+1)$
　　end

续表

```
end
Function：Round－r
for 对第 r 轮输入差分模式 Xr＝XOR(Xr−2；Yr−1) do
    令 Nr 等于 Xr 差分活跃 S 盒的个数
    if(N1＋N2＋…＋Nr)＜BESTr，then
        BESTr＝N1＋N2＋…＋Nr
        BestPath＝((X1；Y1)；…；Xr)
    end
end
```

表 7-4　LBlock 算法的活跃 S 盒个数下界

轮数	DS	LS	轮数	DS	LS
1	0	0	11	22	22
2	1	1	12	24	24
3	2	2	13	27	27
4	3	3	14	30	30
5	4	5	15	32	32
6	6	6	16	35	35
7	8	8	17	36	36
8	11	11	18	39	39
9	14	14	19	41	41
10	18	18	20	44	44

因为 LBlock 的 S 盒的最大差分概率为 2^{-2}，15 轮最少有 32 个活跃 S 盒，对应的差分路径最大概率为 $(2^{-2})^{32}=2^{-64}$，所以 16 轮以上没有有效差分路径。类似地，根据得到的活跃模式，结合 S 盒线性分布表可以构建 r 轮有效线性逼近等式。

2. 积分分析

假设每 4 比特为一个单元，用一个分量表示，那么 LBlock 每一轮的输入为 64 比特 (X_i, X_{i-1})，可以用 16 个分量表示。积分分析中通常用 C 表示常量单元，用 A 表示活跃单元，用 B 表示平衡单元。LBlock 具有定理 7-2 描述的 16 轮积分区分器。

定理 7-2　假设 LBlock 的输入明文集合为 $(AAAC\ AAAA\ AAAA\ AAAA)$，那么经过 16 轮变换后输出密文集合满足 $(????\ ????\ ?B?B\ ?B?B)$，其中 4 个单元满足平衡性质，即 LBlock 存在 16 轮积分区分器。

证明：首先从加密方向构建 9 轮积分区分器，输入集合满足

$$(X_1, X_0) = (CCCC\ CCCC\ ACCC\ CCCC)$$

依次加密得到

$$X_2 = F(X_1) \oplus (X_0 <<< 8) = (CCCC\ CCCC) \oplus (CCCC\ CCAC) = (CCCC\ CCAC)$$

$$X_3 = F(X_2) \oplus (X_1 <<< 8) = (CCCC\ CCCA) \oplus (CCCC\ CCCC) = (CCCC\ CCCA)$$

继续计算,得到接下来几轮的输出状态:

$$X_4 = (CCCC\ AACC)$$

$$X_5 = (CCCC\ AAAC)$$

$$X_6 = (CCAA\ ACAA)$$

$$X_7 = F(X_6) \oplus (X_5 <<< 8) = (CACA\ CAAA) \oplus (CCAA\ ACCC) = (CAAB\ AAAA)$$

其中 $F(X_6)$ 和 $(X_5 <<< 8)$ 的 x_4^i 位置的 A 是由第 1 轮的活跃单元经过不同的 S 盒代替得到的,它们异或值只能保证平衡性质。由于平衡单元 B 经过 S 盒后的输出状态不能预测,所以有

$$X_8 = (B?AA\ BBAA)$$

$$X_9 = (?B?B\ ?B?B)$$

$$X_{10} = (????\quad ????\ )$$

由以上步骤得到图 7-6 中 LBlock 的 9 轮积分区分器,称为 1 阶 9 轮积分区分器。

接下来这样的积分区分器还可以向解密方向扩展 6 轮,1 轮的扩展如图 7-7 所示,6 轮扩展过程如下:

$$X_{-1} = (P(X_0) \oplus X_1) <<< 8 = ((CCAC\ CCCC) \oplus (CCCC\ CCCC)) <<< 8$$
$$= (CCCC\ ACCC)$$

$$X_{-2} = (ACAC\ CCCC)$$

$$X_{-3} = (CCCC\ AAAC)$$

$$X_{-4} = (AAAC\ ACAC)$$

$$X_{-5} = (AAAC\ AAAA\ )$$

$$X_{-6} = (AAAA\ AAAA\ )$$

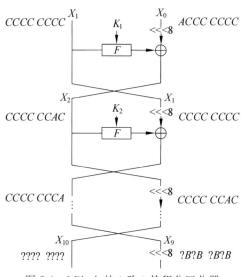

图 7-6　LBlock 的 1 阶 9 轮积分区分器

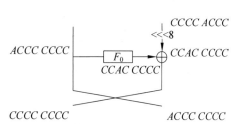

图 7-7　积分区分器向解密方向扩展 1 轮

将解密方向扩展的 6 轮与加密方向的 9 轮相连,就构成了 15 轮积分区分器,如

表 7-5 所示。

表 7-5　LBlock 算法 15 轮积分区分器

轮　数	积　分　特　征			
1	*AAAC*	*AAAA*	*AAAA*	*AAAA*
2	*AAAC*	*ACAC*	*AAAC*	*AAAA*
3	*CCCC*	*AAAC*	*AAAC*	*ACAC*
4	*ACAC*	*CCCC*	*CCCC*	*AAAC*
5	*ACCC*	*CCCC*	*CCCC*	*ACCC*
6	*CCCC*	*CCCC*	*ACCC*	*CCCC*
7	*CCCC*	*CCAC*	*CCCC*	*CCCC*
8	*CCCC*	*CCCA*	*CCCC*	*CCAC*
9	*CCCC*	*AACC*	*CCCC*	*CCCA*
10	*CCCC*	*AAAC*	*CCCC*	*AACC*
11	*CCAA*	*ACAA*	*CCCC*	*AAAC*
12	*CAAB*	*AAAA*	*CCAA*	*ACAA*
13	*B?AA*	*BBAA*	*CAAB*	*AAAA*
14	*?B?B*	*?B?B*	*B?AA*	*BBAA*
15	*????*	*????*	*?B?B*	*?B?B*

分别基于差分路径、线性逼近等式、积分区分器,可以对 LBlock 进行更多轮数的恢复密钥攻击。

7.3　CLEFIA

CLEFIA 是 SONY 公司于 2007 年提出的分组密码[122],于 2012 年 1 月 15 日成为国际标准,在 Information Technology—Security Techniques—Lightweight Cryptography—Part 2: Block Ciphers(ISO/IEC 29192-2:2012)中有详细描述。

7.3.1　CLEFIA 设计

CLEFIA 基于 TYPE-Ⅱ型广义 Feistel 结构设计,函数 F 为 SP 结构。分组长度为 128 比特,密钥长度为 128、192、256 比特,分别对应 18、22、26 轮。

1. 加密变换

将 128 比特明文分成 4 个 32 比特字 (P_0, P_1, P_2, P_3),其中 P_1、P_3 与两个白化密钥 WK_0、WK_1 对应异或,得到 $(X_{0,0}, X_{0,1}, X_{0,2}, X_{0,3})$,进入 N_r 轮迭代,最后一轮不进行字

移位操作,密文输出是(C_0,C_1,C_2,C_3),C_1、C_3是与WK_2、WK_3两个白化密钥异或后的输出。RK_{2i-2},RK_{2i-1}是第i轮的轮密钥,长度分别为 32 比特。其加密流程如图 7-8 所示。

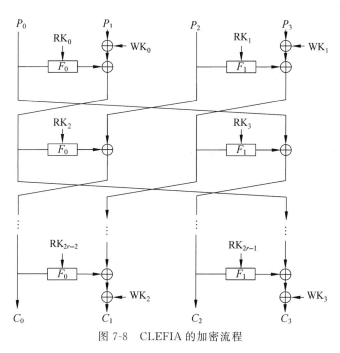

图 7-8 CLEFIA 的加密流程

具体加密流程如下。

1)明文白化

对明文进行白化密钥变换:
$$(P_0,P_1 \oplus WK_0,P_2,P_3 \oplus WK_1) = (X_{0,0},X_{0,1},X_{0,2},X_{0,3})$$

2)轮函数迭代

对于$1 \leqslant i \leqslant N_r - 1$,第$i$轮的输入为$(X_{i-1,0},X_{i-1,1},X_{i-1,2},X_{i-1,3})$,输出为
$$(X_{i,0},X_{i,1},X_{i,2},X_{i,3})$$
$$= (X_{i-1,1} \oplus F_0(X_{i-1,0},RK_{2i-2}),X_{i-1,2},X_{i-1,3} \oplus F_1(X_{i-1,2},RK_{2i-1}),X_{i-1,0})$$

3)密文生成

第N_r轮进行如下变换:
$$(X_{N_r,0},X_{N_r,1},X_{N_r,2},X_{N_r,3})$$
$$= (X_{N_r-1,0},X_{N_r-1,1} \oplus F_0(X_{N_r-1,0},RK_{2N_r-2}),X_{N_r-1,2},X_{N_r-1,3} \oplus F_1(X_{N_r-1,2},RK_{2N_r-1}))$$
输出密文为
$$(C_0,C_1,C_2,C_3) = (X_{N_r,0},X_{N_r,1} \oplus WK_2,X_{N_r,2},X_{N_r,3} \oplus WK_3)$$

CLEFIA 加密流程中的子函数F_0和F_1都采用了 SP 结构,如图 7-9 所示,主要包含 3 个基本组件:轮密钥加、S 盒代替层、扩散层。

(1)轮密钥加。将密钥和中间状态逐比特异或加,即函数$F_t(t=0,1)$的输入 32 比

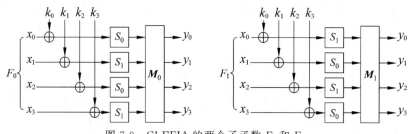

图 7-9　CLEFIA 的两个子函数 F_0 和 F_1

特分成 4 个 1 字节 x_0, x_1, x_2, x_3，每个字节与第 i 轮的 k_0, k_1, k_2, k_3（由 RK_{2i-2} 或 RK_{2i-1} 分成的 4 个 1 字节）进行异或。

（2）S 盒替代层。使用了两个不同的 S 盒重复交叉排列，4 个输入字节分别进入对应的 S 盒，查询后得到对应的输出。

（3）扩散层。S 盒代替层输出的 4 个 1 字节经过一个线性变换进行混合后仍得到 4 个 1 字节输出，即 y_0, y_1, y_2, y_3。值得注意的是，两个函数 F_0 和 F_1 中 S_0 和 S_1 的顺序不同，而且扩散层使用的 MDS 矩阵 $\boldsymbol{M}_0$ 和 $\boldsymbol{M}_1$ 也不同，具体如图 7-9 所示，分别如下：

$$\boldsymbol{M}_0 = \begin{bmatrix} 01 & 02 & 04 & 06 \\ 02 & 01 & 06 & 04 \\ 04 & 06 & 01 & 02 \\ 06 & 04 & 02 & 01 \end{bmatrix}, \quad \boldsymbol{M}_1 = \begin{bmatrix} 01 & 08 & 02 & 0a \\ 08 & 01 & 0a & 02 \\ 02 & 0a & 01 & 08 \\ 0a & 02 & 08 & 01 \end{bmatrix}$$

2. 密钥扩展算法

密钥扩展算法的一个显著特点是使用了交换函数 Σ，该函数利用双交换（double swap）对密钥进行了重新排列。

交换函数 Σ：$\{0,1\}^{128} \rightarrow \{0,1\}^{128}$ 如下定义：

$$X_{(128)} \mapsto Y_{(128)}$$

$$Y = X[7\text{-}63] \mid X[121\text{-}127] \mid X[0\text{-}6] \mid X[64\text{-}120]$$

其中 $X[a\text{-}b]$ 表示 X 中从第 a 比特到第 b 比特的比特串，第 0 比特表示最低位。交换函数 Σ 的作用如图 7-10 所示。

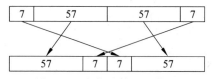

图 7-10　交换函数 Σ 的作用

加密变换中第 i 轮使用的密钥 RK_i、RK_{i+1} 可从表 7-6 查到。

L 对应的值是以 $\mathrm{CON}_i^{(128)}$ $(i = 0, 1, \cdots, 23)$ 为轮密钥，对 128 比特主密钥 $K = K_0 \mid K_1 \mid K_2 \mid K_3$ 进行 12 轮 CLEFIA 的加密变换得到的，长度为 128 比特。Σ 即上述交换函数，$\Sigma^i(L)$ 表示对 L 进行 i 次 Σ 函数变换，主要作用是使得 L 逐步扩散。

表 7-6　轮密钥 RK_i 扩展

WK_0	WK_1	WK_2	WK_3	$\leftarrow$	K	
RK_0	RK_1	RK_2	RK_3	$\leftarrow$	$L\oplus$	$(CON_{24}^{(128)}\mid CON_{25}^{(128)}\mid CON_{26}^{(128)}\mid CON_{27}^{(128)})$
RK_4	RK_5	RK_6	RK_7	$\leftarrow$	$\Sigma(L)\oplus K\oplus$	$(CON_{28}^{(128)}\mid CON_{29}^{(128)}\mid CON_{30}^{(128)}\mid CON_{31}^{(128)})$
RK_8	RK_9	RK_{10}	RK_{11}	$\leftarrow$	$\Sigma^2(L)\oplus$	$(CON_{32}^{(128)}\mid CON_{33}^{(128)}\mid CON_{34}^{(128)}\mid CON_{35}^{(128)})$
RK_{12}	RK_{13}	RK_{14}	RK_{15}	$\leftarrow$	$\Sigma^3(L)\oplus K\oplus$	$(CON_{36}^{(128)}\mid CON_{37}^{(128)}\mid CON_{38}^{(128)}\mid CON_{39}^{(128)})$
RK_{16}	RK_{17}	RK_{18}	RK_{19}	$\leftarrow$	$\Sigma^4(L)\oplus$	$(CON_{40}^{(128)}\mid CON_{41}^{(128)}\mid CON_{42}^{(128)}\mid CON_{43}^{(128)})$
RK_{20}	RK_{21}	RK_{22}	RK_{23}	$\leftarrow$	$\Sigma^5(L)\oplus K\oplus$	$(CON_{44}^{(128)}\mid CON_{45}^{(128)}\mid CON_{46}^{(128)}\mid CON_{47}^{(128)})$
RK_{24}	RK_{25}	RK_{26}	RK_{27}	$\leftarrow$	$\Sigma^6(L)\oplus$	$(CON_{48}^{(128)}\mid CON_{49}^{(128)}\mid CON_{50}^{(128)}\mid CON_{51}^{(128)})$
RK_{28}	RK_{29}	RK_{30}	RK_{31}	$\leftarrow$	$\Sigma^7(L)\oplus K\oplus$	$(CON_{52}^{(128)}\mid CON_{53}^{(128)}\mid CON_{54}^{(128)}\mid CON_{55}^{(128)})$
RK_{32}	RK_{33}	RK_{34}	RK_{35}	$\leftarrow$	$\Sigma^8(L)\oplus$	$(CON_{56}^{(128)}\mid CON_{57}^{(128)}\mid CON_{58}^{(128)}\mid CON_{59}^{(128)})$

密钥扩展算法中用到的 $CON_i^{(128)}$ $(i=0,1,\cdots,59)$ 是密钥为 128 比特的 CLEFIA 版本中需要的 60 个轮常数。令 $P_{(16bit)}=0\text{xB7E1}(=(e-2)\times 2^{16})$，$Q_{(16bit)}=0\text{x243F}(=(\pi-3)\times 2^{16})$，这 60 个常数 $CON_i^{(128)}$ 是由选定的 30 个常数 $T_i^{(128)}$（如表 7-7 中所示）与圆周率 π、自然对数基 $e(=2.71828\cdots)$ 经过下面的运算得到的：

$$T_0 \leftarrow IV^{(k)}$$
$$\text{For } i=0 \text{ to } l^{(k)}-1 \text{ do}$$
$$CON_{2i}^{(k)} \leftarrow (T_i \oplus P)\mid(\overline{T_i}<<<1)$$
$$CON_{2i+1}^{(k)} \leftarrow (\overline{T_i}\oplus Q)\mid(T_i<<<8)$$
$$T_{i+1} \leftarrow T_i \cdot 0\text{x}0002^{-1}$$

其中乘法和求逆是有限域 $GF(2^{16})$ 上以 $x^{16}+x^{15}+x^{13}+x^{11}+x^5+x^4+1$ 为不可约多项式进行的运算。

表 7-7　30 个 $T_i^{(128)}$ 的值

i	$T_i^{(128)}$	i	$T_i^{(128)}$	i	$T_i^{(128)}$
0	428A	10	7E5A	20	E964
1	2145	11	3F2D	21	74B2
2	C4BA	12	CB8E	22	3A59
3	625D	13	65C7	23	C934
4	E536	14	E6FB	24	649A
5	729B	15	A765	25	324D
6	ED55	16	87AA	26	CD3E
7	A2B2	17	43D5	27	669F
8	5159	18	F5F2	28	E757
9	FCB4	19	7AF9	29	A7B3

3. 解密变换

CLEFIA 解密变换与加密变换相似,只是拉线层由左循环变成了右循环,同时轮密钥顺序相反。

4. 设计特点

CLEFIA 分组密码的轮函数中采用的两个矩阵都是有限域 $GF(2^8)$ 上分支数最优的矩阵。一方面,可以与 S 盒查询结合在一起查询,不仅适用于 8 位处理器,更适用于 32 位处理器,占用存储资源较少,且加解密速度快;另一方面,分支数都为 5,可以保证 3 轮 CLEFIA 迭代结构中最少有 5 个活跃 S 盒,进而 12 轮 CLEFIA 迭代结构中最少有 28 个活跃 S 盒,由此决定了差分概率不超过 $2^{28 \times (-4.67)}(=2^{-130.76})$,也就是说,对攻击者来说,没有潜在的 12 轮差分特征可以利用。

7.3.2 CLEFIA 安全性评估

CLEFIA 的安全性分析报告最初由设计者给出[122],包括差分分析、线性分析、不可能差分分析和 Square 攻击等,其中抗不可能差分分析的结果最好。2008 年利用相同的不可能差分区分器,并充分考虑密钥扩展算法的弱点,Yukiyasu 等人提出了最多 14 轮的 CLEFIA 攻击[123]。此后 Zhang 等人提出了新的 9 轮不可能差分区分器,并改进了攻击复杂度[124]。对 CLEFIA 的积分攻击也有一些成果,大都是国内学者基于 8 轮积分区分器进行的攻击[125]。2011 年 WISA 会议上,Li 等人首次提出了 CLEFIA 的 9 轮积分区分器,推动了积分攻击的研究[126]。本节介绍关于 CLEFIA 类差分分析的 Sandwich-Boomerang 区分器构建过程和积分分析过程。

1. Sandwich-Boomerang 攻击

许多性能较好的分组密码虽然不存在轮数较多的高概率差分路径,但是通常难以避免存在轮数较少的高概率差分路径。1999 年,David Wagner 提出的 Boomerang 分析方法很好地利用了这一点[127]。

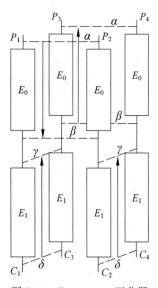

图 7-11 Boomerang 区分器

Boomerang 分析的思想是选择两条短的高概率差分路径进行连接,用来分析算法的更多轮,如图 7-11 所示。这里选择的明文 P_1、P_2 满足 $P_1 \oplus P_2 = \alpha$,经过区分器之后,若输出的 P_3、P_4 满足 $P_3 \oplus P_4 = \alpha$,则 (P_1, P_2, P_3, P_4) 称为一组适应性明文,即满足区分器的明文四元组。

如图 7-11 所示,假设两条短的高概率差分路径为 $\alpha \rightarrow \beta$ 和 $\gamma \rightarrow \delta$,所在的迭代轮分别为 E_0 和 E_1,那么连接起来的迭代轮可以表示为 $E = E_1 * E_0$。记差分概率 $P(\alpha \rightarrow \beta) = P(\beta \rightarrow \alpha) = p$,$P(\gamma \rightarrow \delta) = q$,则攻击过程如下:

(1) 选择明文 P_1 和 P_2,满足 $P_1 \oplus P_2 = \alpha$,进行 E 加密之后得到对应的密文 (C_1, C_2)。

（2）计算 $C_1 \oplus \delta = C_3$，$C_2 \oplus \delta = C_4$，进行 E^{-1} 解密后得到对应的明文 (P_3, P_4)。

（3）检验 $P_3 \oplus P_4 = \alpha$ 是否成立，如果成立，则 (P_1, P_2, P_3, P_4) 是一个满足区分器的明文四元组。

对于 E，明文对 (P_1, P_2) 符合差分路径 $\alpha \rightarrow \beta$ 的概率为 p，密文对 (C_1, C_3) 和 (C_2, C_4) 均符合差分路径 $\delta \rightarrow \gamma$ 的概率为 q^2。当上述各式均成立时，$P_3 \oplus P_4 = \alpha$ 成立的概率为 p，即符合差分路径 $\beta \rightarrow \alpha$ 的概率为 p。那么由明密文对组成的四元组通过该区分器的概率为 $(pq)^2$。而对于随机置换，四元组通过的概率为 2^{-n}。因此只要选择好的差分路径使得 $(pq)^2 > 2^{-n}$，就可以成功构建区分器。

2000 年，John Kelsey 等人提出了 Boomerang 攻击的选择明文变体，称为适应性 Boomerang 攻击，其主要思想是加密大量明文对，寻找符合 Boomerang 区分器要求的四元组[128]。2001 年，Eli Biham 对 Boomerang 攻击方法进行了改进，衍生出 Rectangle 攻击方法，并将其应用于多种分组加密算法的攻击[129]。Rectangle 攻击是适应性 Boomerang 攻击的改进版本，通过使用多条差分路径增加区分器的概率，从而减小复杂度。

这种方法的攻击思想是，首先选择大量明文对 $(P, P \oplus \alpha)$，从中选出四元组 (P_1, P_2, P_3, P_4)，满足 $P_1 \oplus P_2 = P_3 \oplus P_4 = \alpha$，然后进行 E 加密，得到对应输出的密文，选出满足 $C_1 \oplus C_3 = C_2 \oplus C_4 = \delta$ 的密文四元组 (C_1, C_2, C_3, C_4)。

由于 $E_0(P_1) \oplus E_0(P_3) = \gamma$ 的概率为 2^{-n}，所以上述四元组通过区分器 E 的概率为 $2^{-n} p^2 q^2$。若对所有的中间差分 (β_i, γ_i) 同时分析，则有 $\bar{p} = \sqrt{\sum_{\beta_i} \mathrm{Pr}^2(\alpha \rightarrow \beta_i)}$ 和 $\bar{q} = \sqrt{\sum_{\gamma_i} \mathrm{Pr}^2(\gamma_i \rightarrow \delta)}$，这时四元组满足区分器 E 的概率为 $2^{-n}(\bar{p}\,\bar{q})^2$，区分成功的条件为 $2^{-n}(\bar{p}\,\bar{q})^2 > 2^{-2n}$。

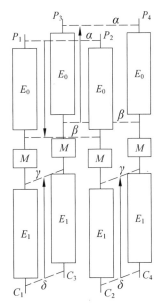

图 7-12　Sandwich-Boomerang 区分器

接下来的几年里，Eli Biham 和 Alex Biryukov 等人分别将这种方法与密钥差分相结合来构造区分器，并基于该区分器攻击了包括 AES 在内的多种知名分组密码，其中最为突出的是 2009 年美密会上对 AES-256 的理论破译。

随着 Boomerang 攻击的发展，2010 年的美密会上 Orr Dunkelman 等人对第 3 代移动通信中使用的 KASUMI 算法构建了 7 轮带有中间层的 Boomerang 区分器，从而大大提高了实际攻击效果[130]。下面称之为 Sandwich-Boomerang 区分器，如图 7-12 所示，M 表示在 E_0 和 E_1 之间增加的一轮变换。

Sandwich-Boomerang 区分器的优势在于利用了算法中差分截断模式的特点，由此提升区分器区分成功的概率或者延长了区分器的长度。

符合差分输入的明文对通过 Boomerang 区分器的概率为 $(pq)^2$，在这样的区分器中间再加一层，记为 M。假设 P_1 和 P_3 对应的差分模式为 $M(\gamma)$，P_2 和 P_4 对应的差分模

式为 $M'(\gamma)$，二者相等的概率记为 $p(M(\gamma)=M'(\gamma))=t$。如果 $t\times(pq)^2>2^{-n}$，就可以成功构建含有 M 层的 Sandwich-Boomerang 区分器。

CLEFIA 基于广义 Feistel 结构设计，存在差分截断模式，根据其特点可以构建 8 轮 Sandwich-Boomerang 区分器，这个区分器由 3 轮的 E_0 和 4 轮的 E_1 以及 1 轮的中间层 M 构成。该区分器对选择明文区分成功的概率为 2^{-92}，而随机模型下区分成功的概率仅为 2^{-121}，由二者比较可知该区分器构建是成功的。具体构建过程如下所述。

CLEFIA 的 8 轮区分器由 3 部分组成：E_0、E_1 和中间层 M，对应的轮数分别为 3 轮、4 轮和 1 轮。E_0 应用的 3 轮截断差分路径 $\alpha\to\beta$ 如图 7-13 所示，其中的 α 和 β 如下所示：

$$\alpha=[000a,M_0(000d),0000,0000]$$
$$\beta=[0000,000a,M_1(000b),0000]$$

a、b、d 都表示任意非零差分字节，它们之间没有关系，所以用不同的字母表示。

（1）E_0 应用的 3 轮截断差分路径如图 7-13 所示，截断差分 α 中 a 经过 S 盒查询之后恰好与 d 对应上的概率为 2^{-7}，所以 α 经过第 1 轮变换后输出截断差分 $[0000,0000,0000,000a]$ 的概率为 2^{-7}，经过第 2 轮加密后输出截断差分 $[0000,0000,000a,0000]$ 的概率为 1，再经过第 3 轮加密后输出截断差分 β 的概率仍为 1。由此可以得到三轮变换 $\alpha\to\beta$ 的概率为 $P(\alpha\to\beta)=2^{-7}$。在对明文 P_1、P_2 加密的过程中，这个连续 3 轮的截断差分路径概率与解密得到 P_3、P_4 的截断差分路径概率相等，都为 $p=P(\alpha\to\beta)=P(\beta\to\alpha)=2^{-7}$。

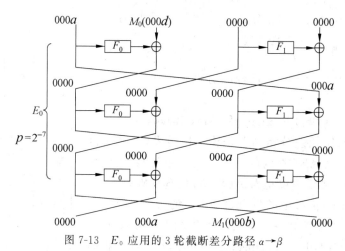

图 7-13　E_0 应用的 3 轮截断差分路径 $\alpha\to\beta$

（2）E_1 应用的 4 轮截断差分路径 $\delta\to\gamma$ 如图 7-14 所示，其中的 δ 和 γ 如下所示：

$$\delta=[000a,M_0(000d),0000,0000]$$
$$\gamma=[000a,M_1(000b),F_1(M_1(000b)),0000]$$

与截断差分路径 $\alpha\to\beta$ 推理类似，截断差分 δ 中 a 经过 S 盒查询之后恰好与 d 对应上的概率为 2^{-7}，所以 δ 经过 E_1^{-1} 的第 1 轮变换后输出截断差分 $[0000,0000,0000,000a]$ 的概率为 2^{-7}，经过第 2 轮变换后输出截断差分 $[0000,0000,000a,0000]$ 的概率为 1，经过第 3 轮变换后输出截断差分 $[0000,000a,M_1(000b),0000]$ 的概率也为 1，再经过第 4 轮变换后输出截断差分 γ 的概率仍为 1。由此可以得到这 4 轮的截断差分路径 $\delta\to\gamma$ 的概率为

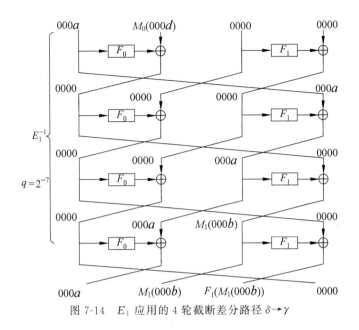

图 7-14　E_1 应用的 4 轮截断差分路径 $\delta \to \gamma$

2^{-7}。由于 γ 是截断差分,所以两个截断差分 γ 满足下述条件的概率为 2^{-32}。

$$\begin{cases}(X^{\mathrm{L}}_{1,4} \oplus X^{\mathrm{L}}_{3,4}) \oplus (X^{\mathrm{L}}_{2,4} \oplus X^{\mathrm{L}}_{4,4}) = [0000, M_1(000?\,)] \\ (X^{\mathrm{R}}_{1,4} \oplus X^{\mathrm{R}}_{3,4}) \oplus (X^{\mathrm{R}}_{2,4} \oplus X^{\mathrm{R}}_{4,4}) = [0000, 0000]\end{cases}$$

其中 $X^{\mathrm{L}}_{i,j}$ 表示第 i 个明文加密第 j 轮的左支输出,相应的 $X^{\mathrm{R}}_{i,j}$ 表示右支输出,"?"表示该字节的差分值未知。

（3）中间层 M 如图 7-15 所示,这一部分的构建较为重要。由于 CLEFIA 算法是一种广义 Feistel 结构,所以轮函数可以用如图 7-16 所示的形式表示。

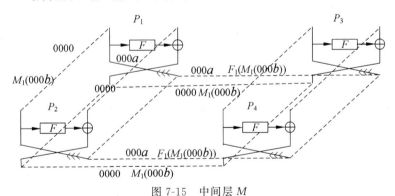

图 7-15　中间层 M

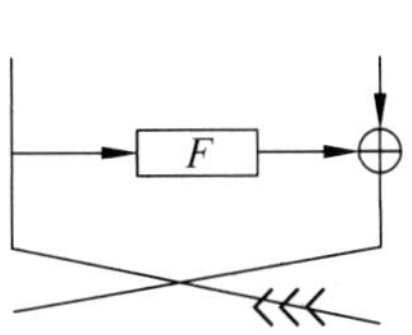

图 7-16　CLEFIA 算法的等价轮函数

其中 $\lll$ 表示向左循环移位 32 比特,那么 $\beta=[0000,000a,M_1(000b),0000]$ 分左右两边可以写成 $\beta=[0000,M_1(000b),000a,0000]$。

已知条件为

$$X_{1,3} \oplus X_{2,3} = \beta = [0000,M_1(000b),000a,0000]$$

而且

$$X_{1,4}^L \oplus X_{2,4}^L = [\Delta F_0(0000) \oplus 000a, \Delta F_1(M_1(000b) \oplus 0000)]$$
$$= [000a,???? \ ]$$

即

$$X_{1,4} \oplus X_{2,4} = [000a,????,M_1(000b),0000]$$

其中"?"表示该字节的差分值未知。

又因为

$$(X_{1,4} \oplus X_{3,4}) \oplus (X_{2,4} \oplus X_{4,4}) = [0000,M_1(000?\ ),0000,0000]$$

所以

$$X_{3,4} \oplus X_{4,4} = [000a,????,M_1(000b),0000]$$

进一步有

$$X_{3,3}^L \oplus X_{4,3}^L = X_{3,4}^L \oplus X_{4,4}^L = [0000,M_1(000b)] = X_{1,3}^L \oplus X_{2,3}^L$$
$$X_{3,3}^R \oplus X_{4,3}^R = [\Delta F_0(0000) \oplus 000a, \Delta F_1(M_1(000b)) \oplus ????\ ]$$

进而得到

$$P(X_{3,3} \oplus X_{4,3} = \beta) = P(\Delta F_1(M_1(000b)) \oplus ????\ = 0000) = 2^{-32}$$

由以上 3 部分可以构建 8 轮区分器,区分成功的概率为

$$(2^{-7})^2 \times (2^{-7})^2 \times 2^{-32} \times 2^{-32} = 2^{-92}$$

而随机模型下 P_3 与 P_4 满足输出差分的概率为

$$p(P_3 \oplus P_4 = [000a,M_0(000d),0000,0000]) = 2^{-121}$$

由此可见,通过构建 8 轮区分器区分成功的概率将在很大程度上大于随机情况下区分成功的概率,具体恢复密钥攻击见文献[131]。

2. 积分分析

CLEFIA 基于 TYPE-Ⅱ 结构设计,当轮函数中的 F 函数为随机置换时存在 8 轮积分区分器,而设计者最初给的积分区分器也是 8 轮。实际上,由于函数 F 的 SP 结构采用的扩散层分支数为 5,所以积分路径搜索时解密方向可以多扩展 1 轮。CLEFIA 存在 9 轮积分区分器,如定理 7-3 所述。

定理 7-3 假设 CLEFIA 分组密码输入的明文集合满足

$$(AAAA\ AAAA\ M_0(v000) \oplus M_1(w000)\ AAAA)$$

其中 A 表示相互独立的活跃字节,明文集合含 2^{112} 个明文,则加密 9 轮后输出密文集合满足

$$(????\ \ BBBB\ ????\ \ ????\ )$$

密文中有 4 个字节保持平衡性质,所以 CLEFIA 至少存在 9 轮积分区分器。

证明: 如图 7-17 所示,从第 5 轮开始,向加密方向构建 5 轮积分区分器,向解密方向

构建 4 轮高阶积分区分器,共计 9 轮积分区分器,需要的明文数据量为 2^{112}。详细证明过程与 Camellia、LBlock 等分组密码积分区分器的证明类似。

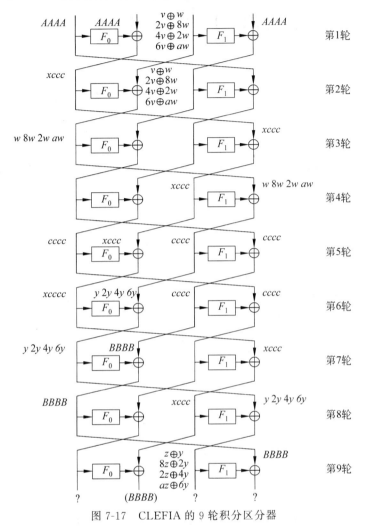

图 7-17　CLEFIA 的 9 轮积分区分器

CLEFIA 的 11 轮密钥恢复过程如下。

在 9 轮积分区分器之后再加 2 轮可以进行 11 轮 CLEFIA 密钥恢复攻击,如图 7-18 所示,阴影部分表示需要猜测的密钥。由于 B 指和为零的性质,所以对其进行可逆线性变换之后仍为 B,即第 10 轮 S 盒查询之后的 4 个字节与 $M_0^{-1}[c_0,c_1,c_2,c_3]$ 异或之后具有 B 的性质,即可以得到下列等式:

$$\bigoplus_{i=1}^{2^{96}}S_0\big[S_1(c_8 \oplus \mathrm{RK}_{21,0}) \oplus 8S_0(c_9 \oplus \mathrm{RK}_{21,1})$$

$$\oplus\, 2S_0(c_{10} \oplus \mathrm{RK}_{21,2}) \oplus aS_1(c_{11} \oplus \mathrm{RK}_{21,3}) \oplus c_{12} \oplus \mathrm{RK}_{18,0}\big]$$

$$=\bigoplus_{i=1}^{2^{96}}M_0^{-1}[c_0,c_1,c_2,c_3]_0$$

对 2^{112} 个密文值进行计数,出现次数为奇数的留下,出现次数为偶数的抛弃,上述等式左

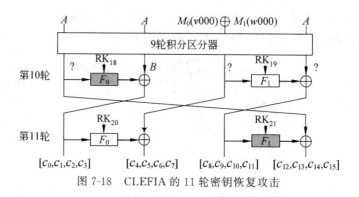

图 7-18 CLEFIA 的 11 轮密钥恢复攻击

右两边可以分开计数,左边最多留下 2^{40} 个密文分量值,右边最多留下 2^{32} 个密文分量值,等价于下式:

$$\bigoplus_{i=1}^{2^{40}} S_0 \big[S_1(c_8 \oplus RK_{21,0}) \oplus 8S_0(c_9 \oplus RK_{21,1})$$
$$\oplus 2S_0(c_{10} \oplus RK_{21,2}) \oplus aS_1(c_{11} \oplus RK_{21,3}) \oplus c_{12} \oplus RK_{18,0} \big]$$
$$= \bigoplus_{i=1}^{2^{32}} M_0^{-1} [c_0, c_1, c_2, c_3]_0$$

上式的左边利用部分和技术,对 2^{40} 个值进行 4 个字节密钥猜测和 S 盒查询,最多需要 $2^{40} \times 2^{16} \times 4 = 2^{58}$ 次 S 盒查询;再计算上式的右边,由于最多有 2^{32} 个值出现,所以最多进行 5×2^{32} 次异或运算;最后,要确定唯一密钥需要 6 个明文结构,所以数据复杂度和时间复杂度分别为 6×2^{112} 和 $6 \times 2^{58}/(11 \times 8) = 2^{54.3}$ 次 11 轮加密。

 习题 7

(1) 证明 SM4 算法的整体结构是对合的。

(2) 针对 SM4 算法中的 T 函数,编程实现输入输出模式均为 $(0, \alpha, \alpha, \alpha)$ 的具体差分和线性掩码,其中 α 为非零字节。

(3) 针对 SM4 算法中的 T 函数,编程搜索 T 函数的输入和输出线性掩码 $\alpha \to \alpha$。

(4) 结合基于字节的搜索技术,分析并构造 SM4 算法的不可能差分区分器。

(5) 尝试对 SM4 算法中的线性组件进行修改,使得等轮变换中活跃 S 盒个数增加。

(6) 编程搜索 8 阶置换扩散层,使得对应的 8 个分块 GFS 全扩散轮数为 6。进一步,尝试筛选出软件实现效率最优的结构。

(7) 编程实现 LBlock 算法的活跃 S 盒搜索程序。

(8) 基于 LBlock 算法 15 轮积分区分器至少进行 20 轮密钥恢复,并计算时间复杂度和数据复杂度(可基于部分和技术进行更多轮数的密钥恢复攻击)。

(9) LBlock 算法的轮函数中 8 个 S 盒互不相同和相同时对安全性是否有影响? 试分析原因。

第8章

其他结构分组密码

本章主要介绍基于 Lai-Massey 结构的典型分组密码 IDEA、基于 MISTY 结构的国际标准 MISTY1、基于线性反馈移位寄存器设计的 KATAN 以及基于 TYPE-Ⅲ 结构的 ARX 类轻量级密码标准 LEA。除此之外,还有很多其他结构的分组密码,本章不一一介绍。

8.1 IDEA

IDEA(International Data Encryption Algorithm,国际数据加密算法)是由 Lai 和 Massey 于 1991 年提出的分组密码,由瑞士的 Ascom 公司注册专利,以商业目的使用 IDEA 算法必须向该公司申请许可。目前 IDEA 是应用最广泛的分组密码之一,包含在 PGP 等很多密码包里。

8.1.1 IDEA 设计

IDEA 分组长度为 64 比特,密钥长度为 128 比特,算法迭代 8 轮。密码强度主要依赖于 3 种不同代数群运算的联合:异或、模 2^{16} 加法和域 $\mathrm{GF}(2^{16}+1)$ 上的乘法。

1. 加密变换

明文记为 (P_1, P_2, P_3, P_4),令 $X_1^0 = P_1$,$X_2^0 = P_2$,$X_3^0 = P_3$,$X_4^0 = P_4$。加密流程如下。

1) 轮函数迭代

对于 $1 \leqslant i \leqslant 8$,第 i 轮的输入是 4 个 16 比特字 $(X_1^{i-1}, X_2^{i-1}, X_3^{i-1}, X_4^{i-1})$,经过下面两层变换输出 $(X_1^i, X_2^i, X_3^i, X_4^i)$,结构如图 8-1 所示。

第一层将输入数据与密钥的混合记为 KA,$a \odot b$ 表示 a 和 b 相乘并进行 $\mathrm{mod}(2^{16}+1)$ 运算,运算结果中 2^{16} 由 0 代替;$a \boxplus b$ 表示 a 和 b 相加并进行 $\mathrm{mod}(2^{16})$ 运算。设 Z_1^i、Z_2^i、Z_3^i、Z_4^i 是 4 个轮密钥,中间值记为 $(Y_1^i, Y_2^i, Y_3^i, Y_4^i)$,则

$$Y_1^i = Z_1^i \odot X_1^{i-1}, \quad Y_2^i = Z_2^i \boxplus X_2^{i-1}, \quad Y_3^i = Z_3^i \odot X_3^{i-1}, \quad Y_4^i = Z_4^i \boxplus X_4^{i-1}$$

第二层变换记为 MA,输入是 $(p^i, q^i) = (Y_1^i \oplus Y_3^i, Y_2^i \oplus Y_4^i)$,输出记为 (u^i, t^i),这部分轮密钥记为 Z_5^i、Z_6^i,则

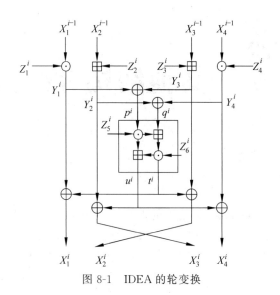

图 8-1　IDEA 的轮变换

$$u^i = (p^i \odot Z_5^i) \boxplus t^i, \quad t^i = (q^i \boxplus (p^i \odot Z_5^i)) \odot Z_6^i$$

第 i 轮输出是 $(Y_1^i \oplus t^i, Y_3^i \oplus t^i, Y_2^i \oplus u^i, Y_4^i \oplus u^i)$，记为 $(X_1^i, X_2^i, X_3^i, X_4^i)$。

2）密文生成

在最后一轮中没有 MA 层，密文是 $C = (Y_1^9, Y_2^9, Y_3^9, Y_4^9)$。

2. 密钥扩展算法

IDEA 密钥扩展算法是线性的，每个轮密钥从主密钥中选择，如表 8-1 所示。第 1 轮使用的密钥 Z_1^1 为主密钥的第 $0 \sim 15$ 比特，其余类推。

表 8-1　IDEA 密钥扩展算法的轮密钥

轮数	Z_1^i	Z_2^i	Z_3^i	Z_4^i	Z_5^i	Z_6^i
$i=1$	0～15	16～31	32～47	48～63	64～79	80～95
$i=2$	96～111	112～127	25～40	41～56	57～72	73～88
$i=3$	89～104	105～120	121～8	9～24	50～65	66～81
$i=4$	82～97	98～113	114～1	2～17	18～33	34～49
$i=5$	75～90	91～106	107～122	123～10	11～26	27～42
$i=6$	43～58	59～74	100～115	116～3	4～19	20～35
$i=7$	36～51	52～67	68～83	84～99	125～12	13～28
$i=8$	29～44	45～60	61～76	77～92	93～108	109～124
$i=9$	22～37	38～53	54～69	70～85		

3. 解密变换

IDEA 的解密结构与加密结构相同，轮密钥顺序相反，且进行乘法运算的密钥需要进行模逆运算以得到对应密钥的逆。

4. 设计特点

IDEA 的整体结构被称为 Lay-Massey 结构,特点为加解密结构相同。算法组件包含异或、模 2^{16} 加法和模(2^{16}+1)的乘法,且分别基于 3 种不同代数群,便于软硬件实现。

8.1.2　IDEA 的中间相遇攻击

IDEA 自 1991 年提出以来经受了各种各样的密码分析[132-136]。随着研究的深入,逐步在 IDEA 密钥扩展算法中发现了大量的弱密钥类,对其攻击效果较显著的方法是中间相遇攻击。在本节中,变量 x 的最低比特位记为 $\mathrm{lsb}(x)$,最低的 i 个比特记为 $\mathrm{lsb}_i(x)$;同样,变量 x 的最高比特位记为 $\mathrm{msb}(x)$,最高的 i 个比特记为 $\mathrm{msb}_i(x)$。

1. IDEA 算法的几个性质

下面给出 IDEA 算法的几个性质,这些性质是中间相遇攻击的主要依据。

引理 8-1　在 IDEA 算法的一轮变换中有性质 $\mathrm{lsb}(t \oplus u) = \mathrm{lsb}(p \cdot Z_5)$。

引理 8-2　设 $P = \{(P_1, P_2, P_3, P_4)\}$ 是包含 256 个明文的集合,满足以下条件:P_1、P_3、$\mathrm{lsb}_8(P_2)$ 是定值;$\mathrm{lsb}_8(P_2)$ 取遍所有值,即 $0,1,\cdots,255$;P_4 与 P_2 对应,使得($P_2 \boxplus Z_2^1) \oplus (P_4 \cdot Z_4^1)$ 是定值。令 P^2 表示第 2 轮 MA 盒的第一个输入,则 $\mathrm{lsb}_8(P^2)$ 是定值;$\mathrm{msb}_8(P^2)$ 取遍所有值,即 $0,1,\cdots,255$。

此外,以明文中 $\mathrm{msb}_8(P_2)$ 的值为顺序,从 $\mathrm{msb}_8(P_2)=0$ 开始,P^2 的形式为 $(y_0|z)$,$(y_1|z),\cdots,(y_{255}|z)$,其中 $y_i = (((i \boxplus a) \oplus b) \boxplus c) \oplus d$,$0 \leqslant i \leqslant 255$,$a$、$b$、$c$、$d$、$z$ 均为 8 比特定值。

引理 8-3　明文集 P 如引理 8-2 中的定义。加密这个明文集 P,则明文集 P 中所有 256 个明文都有 $\mathrm{lsb}(Z_5^2 \cdot P^2)$ 等于 $\mathrm{lsb}(X_2^2 \oplus X_3^2)$ 或者 $\mathrm{lsb}(X_2^2 \oplus X_3^2) \oplus 1$。

引理 8-4　在 IDEA 算法的两轮变换中,有以下等式成立:

$$\mathrm{lsb}(X_2^i \oplus X_3^i \oplus (Z_5^i \cdot (X_1^i \oplus X_2^i)) \oplus (Z_5^{i-1} \cdot (X_1^{i-1} \oplus X_2^{i-1})))$$
$$= \mathrm{lsb}(X_2^{i-2} \oplus X_3^{i-2} \oplus Z_2^{i-1} \oplus Z_3^{i-1} \oplus Z_2^{i-1} \oplus Z_3^{i-1})$$

以上 4 个引理可以参考文献[133]进行证明。

从 MA 变换开始分析 IDEA 算法具有以下的性质。

定理 8-1　在 IDEA 算法中有

$$\mathrm{lsb}(Y_2^i \oplus Y_3^i \oplus Z_2^i \oplus Z_3^i) = \mathrm{lsb}(Y_2^{i-1} \oplus Y_3^{i-1} \oplus (Z_5^{i-1} \cdot (Y_1^{i-1} \oplus Y_3^{i-1})))$$

证明:由 IDEA 算法的轮变换可知

$$Y_2^i = (Y_3^{i-1} \oplus t^{i-1}) \boxplus Z_2^i, \quad Y_3^i = (Y_2^{i-1} \oplus u^{i-1}) \boxplus Z_3^i$$

而 $s^i = u^i \boxplus t^i$,又有 $s^i = Z_5^i \cdot p^i = Z_5^i \cdot (Y_1^i \oplus Y_3^i)$ 同时对最低比特位来说异或(XOR)和模 2^{16} 加法是相同的,故异或以上两式就可以得到结论。

定理 8-1 只应用到一轮。若应用到两轮,迭代上式就得推论 8-1。

推论 8-1　在 IDEA 算法中有以下结论:

$$\mathrm{lsb}(Y_2^i \oplus Y_3^i \oplus Z_2^i \oplus Z_3^i \oplus Z_2^{i-1} \oplus Z_3^{i-1})$$
$$= \mathrm{lsb}(Y_2^{i-2} \oplus Y_3^{i-2} \oplus (Z_5^{i-2} \cdot (Y_1^{i-2} \oplus Y_3^{i-2})) \oplus (Z_5^{i-1} \cdot (Y_1^{i-1} \oplus Y_3^{i-1})))$$

证明：由定理 8-1，
$$\mathrm{lsb}(Y_2^i \oplus Y_3^i \oplus Z_2^i \oplus Z_3^i) = \mathrm{lsb}(Y_1^{i-2} \oplus Y_3^{i-2} \oplus (Z_5^{i-1} \cdot (Y_1^{i-1} \oplus Y_3^{i-1})))$$
同样
$$\mathrm{lsb}(Y_2^{i-1} \oplus Y_3^{i-1} \oplus Z_2^{i-1} \oplus Z_3^{i-1}) = \mathrm{lsb}(Y_2^{i-2} \oplus Y_3^{i-2} \oplus (Z_5^{i-2} \cdot (Y_1^{i-2} \oplus Y_3^{i-2})))$$
异或以上两式就得到结论。

定理 8-2 在 IDEA 算法中有以下性质：
$$\mathrm{lsb}(Y_2^i \oplus Y_3^i \oplus Z_2^i \oplus Z_3^i) = \mathrm{lsb}(Y_2^{i-1} \oplus Y_3^{i-1} \oplus (Z_5^{i-1} \cdot (X_1^{i-1} \oplus X_2^{i-1})))$$

证明： 由 IDEA 算法知 $X_1^i = Y_1^i \oplus t^i, X_2^i = Y_3^i \oplus t^i$，所以 $Y_1^i \oplus Y_3^i = X_1^i \oplus X_2^i$，又有 $s^i = Z_5^i \cdot p^i = Z_5^i \cdot (Y_1^i \oplus Y_3^i) = Z_5^i \cdot (X_1^i \oplus X_2^i)$，如定理 8-1 的证明就得到结论。

可将定理 8-2 的性质推广到两轮及更多轮。

推论 8-2 在 IDEA 算法中有以下结论：
$$\mathrm{lsb}(Y_2^i \oplus Y_3^i \oplus Z_2^i \oplus Z_3^i \oplus Z_2^{i-1} \oplus Z_3^{i-1})$$
$$= \mathrm{lsb}(Y_2^{i-2} \oplus Y_3^{i-2} \oplus (Z_5^{i-2} \cdot (X_1^{i-2} \oplus X_2^{i-2})) \oplus (Z_5^{i-1} \cdot (X_1^{i-1} \oplus X_2^{i-1})))$$
此外，对更多轮数有类似的结论。

证明： 由定理 8-2，
$$\mathrm{lsb}(Y_2^i \oplus Y_3^i \oplus Z_2^i \oplus Z_3^i) = \mathrm{lsb}(Y_2^{i-1} \oplus Y_3^{i-1} \oplus (Z_5^{i-1} \cdot (X_1^{i-1} \oplus X_2^{i-1})))$$
同样
$$\mathrm{lsb}(Y_2^{i-1} \oplus Y_3^{i-1} \oplus Z_2^{i-1} \oplus Z_3^{i-1}) = \mathrm{lsb}(Y_2^{i-2} \oplus Y_3^{i-2} \oplus (Z_5^{i-2} \cdot (X_1^{i-2} \oplus X_2^{i-2})))$$
异或以上两式就得到结论。

以上是 IDEA 算法轮函数所具有的性质，也就是 IDEA 算法与随机变换的一个区分，利用这些性质可以对 IDEA 算法进行恢复密钥攻击。

2. IDEA 算法 4 轮中间相遇攻击

IDEA 密钥扩展算法是线性的，128 比特密钥组成 8 个 16 比特字，构成开始的 8 个轮密钥，随后每次循环左移 25 比特再产生 8 个轮密钥，一共生成 52 个轮密钥。以下利用密钥扩展算法进行攻击。

中间相遇攻击可以先进行预计算，建立筛选集合，集合中包含特殊明文到中间值的一一对应。其次选出与筛选集合中明文相同的明密文对，然后猜测密钥并解密对应的密文，得到中间值。如果猜测的密钥是正确的，那么中间值是一致的；如果中间值不一致，那么密钥错误，就可以排除这个错误的猜测密钥。

分析 IDEA 密钥扩展算法，从不同轮开始攻击，相同轮数的加密过程所使用的密钥数量是不一样的，因此进行中间相遇攻击时，将从初始轮开始攻击改进为从第 3 轮开始。在对 4 轮 IDEA 算法的攻击中，首先预计算得到所有特殊明文对应的中间值 $\mathrm{lsb}(Z_5^4 \cdot p^4)$，再解密相应的明密文对得到 $\mathrm{lsb}(X_2^4 \oplus X_3^4)$，由引理 8-3 可知，当密钥正确时两者是一致的，由此可排除错误密钥。

攻击步骤如下：

第一步，计算筛选集合 S。该集合包含 2^{56} 个长为 256 的比特串，表示如下：
$$S = \{f(a,b,c,d,z,Z_5^4): 0 \leqslant a,b,c,d,z < 2^8, 0 \leqslant Z_5^4 < 2^{16}\}$$

设 f 是 (a,b,c,d,z,Z_5^4) 到长为 256 的比特串的映射,定义 $f(a,b,c,d,z,Z_5^4)[i]=$ $\mathrm{lsb}(Z_5^4 \cdot (y_i|z))$,其中 $y_i=(((i \boxplus a)\oplus b)\boxplus c)\oplus d,0\leqslant i\leqslant 255$。

第二步,选择集合 $P=\{(P_1,P_2,P_3,P_4)\}$,包含 2^{24} 个元素。其中 P_1、P_3 和 P_2 的低 8 比特是定值,P_4 和 P_2 的高 8 比特取遍所有可能值一次。此时令明文 $X_1^2=P_1$,$X_2^2=P_2$,$X_3^2=P_3$,$X_4^2=P_4$,对明文集合加密 4 轮。

第三步,对 Z_2^3 和 Z_4^3 的每个值,从明文集合中找 256 个明文,它们满足 X_2^2 的高 8 比特为 $0\sim255$,$(X_2^2 \boxplus Z_2^3)\oplus(X_4^2 \boxplus Z_4^3)$ 是定值。猜测轮密钥 Z_1^6、Z_2^6、Z_5^6、Z_6^6,部分解密得到 X_1^5、X_2^5,然后再猜测轮密钥 Z_5^5,对 256 个明文计算 $\mathrm{lsb}(X_2^6\oplus X_3^6\oplus(Z_5^6 \cdot (X_1^6\oplus X_2^6)))\oplus(Z_5^5 \cdot (X_1^5\oplus X_2^5)))$。如果猜测的轮密钥是正确的,由引理 8-4 可知计算的 256 个值都等于 $\mathrm{lsb}(X_2^4\oplus X_3^4)$ 或者 $\mathrm{lsb}(X_2^4\oplus X_3^4)\oplus1$。

第四步,把这 256 个比特按明文中 $\mathrm{msb}_8(X_2^2)$ 的值排列,$0\leqslant\mathrm{msb}_8(X_2^2)\leqslant255$。由引理 8-3 可知 $\mathrm{lsb}(X_2^4\oplus X_3^4)$ 等于 $\mathrm{lsb}(Z_5^4 \cdot p^4)$ 或者 $\mathrm{lsb}(Z_5^4 \cdot p^4)\oplus1$。因此,如果 Z_2^3、Z_4^3、Z_5^5、Z_1^6、Z_2^6、Z_5^6、Z_6^6 是正确的选择,由引理 8-2 可知这 256 个比特必定包含在集合 S 中。验证这 256 个比特是否包含在集合 S 中,如果不是,则排除相应的值。

第五步,如果多个密钥存在,则回到第三步选择另一组明文再进行筛选。

以上可以找到 Z_2^3、Z_4^3、Z_5^5、Z_1^6、Z_2^6、Z_5^6、Z_6^6 的正确值,而集合 S 中包含了 Z_5^4 的正确值。此时猜测的密钥一共是 80 比特,总共是 2^{88} 次部分解密,约 2^{87} 次加密。对第 4、5 轮的攻击,要在第三步猜测密钥 Z_1^7、Z_2^7、Z_3^7、Z_4^7 解密密文,此时多猜测 32 比特的密钥,一共是 112 比特,总共需要 2^{120} 次部分解密,约 2^{119} 次加密。对 5 轮的攻击,要猜测密钥 Z_5^7、Z_6^7,多猜测 7 比特密钥,一共是 119 比特,总共需要 2^{127} 次部分解密,约 2^{126} 次加密。

8.2　MISTY1

MISTY 是由日本著名密码学家 Matsui 等人于 1995 年设计的系列分组密码,包含 MISTY1、MISTY2 和 KASUMI 算法。MISTY1 算法是一个基于抵抗差分分析和线性分析的可证安全性理论而设计的实用分组密码,该算法入选了欧洲 NESSIE 项目,并且被推荐为日本政府官方加密算法。2005 年,MISTY1 被收录于 Information technology — Security techniques — Encryption algorithms — Part 3:Block ciphers(ISO/IEC 18033-3:2005),现行国际标准代号为 ISO/IEC 18033-3:2010。

8.2.1　MISTY1 设计

MISTY1 分组长度是 64 比特,密钥长度是 128 比特,轮数可变,但必须是 4 的倍数,一般使用 8 轮 MISTY1 算法[76]。

1. 加密变换

MISTY1 的整体结构为 Feistel 结构,输入明文 $P=(L_0,R_0)$,轮迭代中使用了函数 FO,奇数轮比偶数轮多加了 FL 变换,最后再经过 FL 变换输出密文。每轮加密流程如下。

1) 轮函数迭代

奇数轮与偶数轮的变换不同,具体如下:

当轮数 $i=1,3,5,7$ 时,第 i 轮输入 (L_{i-1}, R_{i-1}),进行如下操作:

$$L_{i-1}' = \mathrm{FL}(L_{i-1}, \mathrm{KL}_{iL}), \quad R_{i-1}' = \mathrm{FL}(R_{i-1}, \mathrm{KL}_{iR})$$

$$L_i = R_{i-1}' \oplus \mathrm{FO}(L_{i-1}', \mathrm{RK}_i), \quad R_i = L_{i-1}'$$

当轮数 $i=2,4,6$ 时,第 i 轮输入 (L_{i-1}, R_{i-1}),进行如下操作:

$$L_i = R_{i-1} \oplus \mathrm{FO}(L_{i-1}, \mathrm{RK}_i), \quad R_i = L_{i-1}$$

2) 密文生成

当 $i=8$ 时,第 8 轮进行如下变换后输出密文 (L_8, R_8)。

$$L_i' = L_{i-1}, \quad R_i' = R_{i-1} \oplus \mathrm{FO}(L_{i-1}, \mathrm{RK}_i)$$

$$L_i = \mathrm{FL}(L_i', \mathrm{KL}_{iL}), \quad R_i' = \mathrm{FL}(R_i', \mathrm{KL}_{iR})$$

以上加密流程中主要包含的基本组件有函数 FL、函数 FO、函数 FO 中嵌套的函数 FI 和函数 FI 中嵌套的 S 盒,如图 8-2 所示。

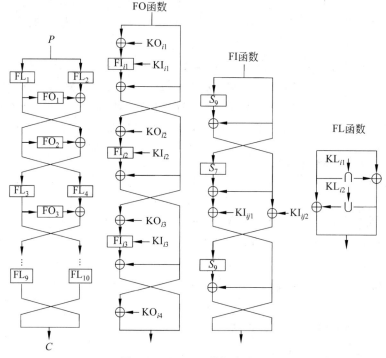

图 8-2　MISTY1 的加密流程

(1) 函数 FL 由 2 轮 Feistel 结构构成,输入 32 比特,记为 X_L、X_R,则输出表示为

$$Y_R = X_L \cap \mathrm{KL}_{i1} \oplus X_R$$

$$Y_L = X_L \oplus Y_R \cup \mathrm{KL}_{i2}$$

(2) 函数 FO 由 3 轮基于 FI 函数的 MISTY 结构构成,输入 32 比特,记为 X_L^0、X_R^0,则第 1 轮加密变换表示为

$$X_L^1 = X_R^0, \quad X_R^1 = \mathrm{FI}_{i1}(X_L^0 \oplus \mathrm{KO}_{i1}, \mathrm{KI}_{i1}) \oplus X_L^0$$

依次迭代 3 轮,第 4 轮与 KO_{i4} 异或后输出。

（3）函数 FI 由 3 轮基于 S 盒的 MISTY 结构构成,输入 16 比特,记为 $X_{\mathrm{L,9}}^{0}$、$X_{\mathrm{R,7}}^{0}$,即左边 9 比特,右边 7 比特,3 轮变换表示为

$$X_{\mathrm{L,7}}^{1}=X_{\mathrm{R,7}}^{0}, X_{\mathrm{R,9}}^{1}=S_9(X_{\mathrm{L,9}}^{0}) \oplus \mathrm{ex}(X_{\mathrm{R,7}}^{0})$$

$$X_{\mathrm{L,9}}^{2}=X_{\mathrm{R,9}}^{1} \oplus \mathrm{KI}_{ij2}, X_{\mathrm{R,7}}^{2}=S_7(X_{\mathrm{L,7}}^{1}) \oplus \mathrm{tr}(X_{\mathrm{R,9}}^{1}) \oplus \mathrm{KI}_{ij1}$$

$$X_{\mathrm{L,7}}^{3}=X_{\mathrm{R,7}}^{2}, X_{\mathrm{R,9}}^{3}=S_9(X_{\mathrm{L,9}}^{2}) \oplus \mathrm{ex}(X_{\mathrm{R,7}}^{2})$$

其中,$\mathrm{ex}(\cdot)$ 表示对输入扩展 2 个 0 比特的操作,$\mathrm{tr}(\cdot)$ 表示截掉 2 个比特的操作。

2. 密钥扩展算法

以 128 比特密钥版本为例进行说明,将 128 比特主密钥 K 分成每 16 比特一组,即 $K(128)=(K_1,K_2,K_3,K_4,K_5,K_6,K_7,K_8)$,第 i 轮密钥如下产生,$1 \leqslant i \leqslant 8$。

$$K'_{1(16)}=\mathrm{FI}(K_{1(16)}, \quad K_{2(16)}), K'_{5(16)}=\mathrm{FI}(K_{5(16)},K_{6(16)}),$$

$$K'_{2(16)}=\mathrm{FI}(K_{2(16)}, \quad K_{3(16)}), K'_{6(16)}=\mathrm{FI}(K_{6(16)},K_{7(16)}),$$

$$K'_{3(16)}=\mathrm{FI}(K_{3(16)}, \quad K_{4(16)}), K'_{7(16)}=\mathrm{FI}(K_{7(16)},K_{8(16)}),$$

$$K'_{4(16)}=\mathrm{FI}(K_{4(16)}, \quad K_{5(16)}), K'_{8(16)}=\mathrm{FI}(K_{8(16)},K_{1(16)})$$

MISTY1 轮密钥生成流程如图 8-3 所示。

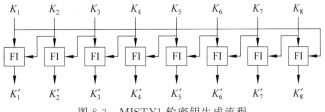

图 8-3　MISTY1 轮密钥生成流程

第 i 轮的轮密钥由 $\mathrm{RK}_i=(\mathrm{KO}_{ij},\mathrm{KI}_{ij})$ 和 KL_i 组成,由表 8-2 中的 K_i 和 K'_i 生成。

表 8-2　轮密钥关系

$\mathbf{KO}_{i1}$	$\mathbf{KO}_{i2}$	$\mathbf{KO}_{i3}$	$\mathbf{KO}_{i4}$	$\mathbf{KI}_{i1}$	$\mathbf{KI}_{i2}$	$\mathbf{KI}_{i3}$	$\mathbf{KL}_{iL}$	$\mathbf{KL}_{iR}$
K_i	K_{i+2}	K_{i+7}	K_{i+4}	K'_{i+5}	K'_{i+1}	K'_{i+3}	$K'_{\frac{i+1}{2}}$（奇数 i） $K'_{\frac{i}{2}+2}$（偶数 i）	$K'_{\frac{i+1}{2}+6}$（奇数 i） $K'_{\frac{i}{2}+4}$（偶数 i）

3. 解密变换

MISTY1 的整体结构为对合结构,即加解密结构相同,只是轮密钥顺序相反。

4. 设计特点

MISTY1 整体结构仍为 Feistel 结构,保持了加解密结构相同,减少了算法实现的资源占用。轮函数采用了 MISTY 结构,使用了两种规模的 S 盒,分别为 7 比特和 9 比特。在 MISTY 结构处理过程中需要不断地进行比特扩展 $\mathrm{ex}(\cdot)$ 和比特截断 $\mathrm{tr}(\cdot)$ 操作,一定程度上降低了算法的软件实现效率,相比之下算法的硬件实现效率更优。

8.2.2 MISTY1 的积分分析

针对 MISTY1 分组密码,Tsunoo 等人改进了 Babbage 等人的结果,提出了 7 轮高阶差分分析[137,138]。Jia 等人改进了 Dunkelman 等人的不可能差分分析结果[139,140]。基于高阶差分分析和积分分析的研究成果,Todo 等人提出了基于比特的可分性搜索,给出了 8 轮 MISTY1 理论攻击结果[48]。高阶差分分析和可分性搜索技术的本质都是基于积分为零的特征进行的,可以将它们统称为积分分析。

1. 高阶差分分析

首先介绍密码函数导数的概念。

定义 8-1 设 $(S,+)$、$(T,+)$ 是阿贝尔群。一个函数 $f:S \to T$,f 在 $a(a \in s)$ 点的导数定义如下:

$$\Delta_a f(x) = f(x+a) - f(x)$$

进一步,f 在点 $a_1, a_2, \cdots, a_i$ 处的 i 阶导数定义为 $\Delta^{(i)}_{a_1,a_2,\cdots,a_i} f(x) = \Delta_{a_i}(\Delta^{(i-1)}_{a_1,a_2,\cdots,a_{i-1}} f(x))$。

值得注意的是,Biham 和 Shamir 在攻击中用到的特征和差分对应于一阶导数的定义。二阶导数的概念就是延伸的定义,称之为高阶差分。

定义 8-2 设阶为 i 的 1 轮差分是一个 $i+1$ 维数组 $(a_1, a_2, \cdots, a_i, \beta)$,使得 $\Delta^{(i)}_{a_1,a_2,\cdots,a_i} f(x) = \beta$ 成立。

考虑二元域上的函数 f,对 i 阶导数 $a_1, a_2, \cdots, a_i$ 必须是相互独立的且不为零。

设 $L[a_1, a_2, \cdots, a_i]$ 表示遍历 $a_1, a_2, \cdots, a_i$ 的所有 2^i 个可能的线性组合,那么

$$\Delta^{(i)}_{a_1,a_2,\cdots,a_i} f(x) = \sum_{\gamma \in L[a_1,a_2,\cdots,a_i]} f(x \oplus \gamma)$$

如果 a_i 线性独立于 $a_1, a_2, \cdots, a_{i-1}$,那么 $\Delta^{(i)}_{a_1,a_2,\cdots,a_i} f(x) = 0$。

在分组密码中设加密函数为 E,输入明文为 X,密钥为 K,如果 $E(X,K)$ 关于 X 的布尔阶为 N,那么方程组(8-1)成立,且相对于 X 独立:

$$\begin{cases} \Delta^{(N)} E(X,K) = \text{constant} \\ \Delta^{(N+1)} E(X,K) = 0 \end{cases} \tag{8-1}$$

假设 E 由 R 个函数 $F^i(1 \leq i \leq R)$ 构成,输入为 X 的第 $R-1$ 轮输出为

$$Y^{R-1}(X) = F^{R-1}(\cdots F^1(X;K_1)\cdots;K_{R-1})$$

如果 $Y^{R-1}(X)$ 关于 X 的布尔阶为 N,由方程组(8-1)有方程组(8-2):

$$\begin{cases} \Delta^{(N)} Y^{R-1}(X) = \text{constant} \\ \Delta^{(N+1)} Y^{R-1}(X) = 0 \end{cases} \tag{8-2}$$

注意到,X 对应的密文为 $C(X)$,$Y^{R-1}(X)$ 可以由解密最后一轮代替:

$$Y^{R-1}(X) = F^{-1}(C(X);K_R)$$

代入方程组(8-2)就有

$$\begin{cases} \bigoplus_{A \in V^{(N)}} F^{-1}(C(X \oplus A);K_R) = \text{constant} \\ \bigoplus_{A \in V^{(N+1)}} F^{-1}(C(X \oplus A);K_R) = 0 \end{cases}$$

正确的 K_R 就可以通过解这个方程得到。

高阶差分分析一般只对非线性组件的代数次数比较低、迭代次数比较少的密码算法有效,但并不能因此忽略它的重要性。下面以定理的形式给出 MISTY1 的高阶差分特征。

定理 8-3　在没有 FL 函数的 MISTY1 中,选择明文集合 $P = (\alpha, \alpha, \alpha, \alpha, \alpha, \alpha, \alpha, \beta)$,其中 α 表示常量字节,β 表示遍历低 7 比特的字节。7 阶差分的第 3 轮中间状态数据 X_L^3 满足 $\Delta^{(7)} X_L^3[31-25] = 1101101$。

证明:如图 8-4 所示,以下进行逐轮分析。

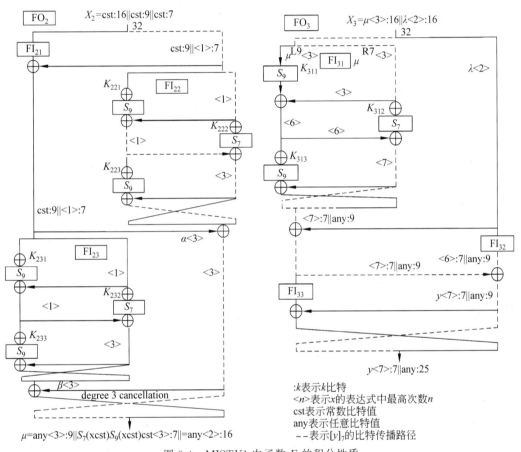

图 8-4　MISTY1 中函数 F 的积分性质

第 1 轮 FO 的输入是常量,所以不改变每一项的最高次数。

第 2 轮 FO 的输入为 $(\alpha, \alpha, \alpha, \beta)$,最后 7 比特(自变量)分别经过 $FL_{2,2}$ 中 S_9、S_7 各一次(并排或不连续)。S_9 的次数最高为 2,S_7 的次数最高为 3,因此 $FL_{2,2}$ 输出的 16 比特关于 7 比特最高次数为 3;类似地,第 2 轮 FO 的 $FL_{2,3}$ 输出关于 7 比特的最高次数也为 3。由于 $FL_{2,2}$ 和 $FL_{2,3}$ 输出的最高次数项的系数都为 1,所以二者相互抵消,使得 FO_2 输出的后 16 比特关于 7 比特自变量的最高次数为 2,而前 16 比特的最高次数仍为 3。这样的结果与第 1 轮输入的左 32 比特常数异或,最高次数项并不改变,然后进入第 3 轮 FO 函数,定义前 16 比特为 μ,最高阶为 3,后 16 比特为 λ,最高阶为 2。

进入第 3 轮 FO 后,μ^{L9}(即 μ 的前 9 比特)经过与密钥的异或后进入 $FL_{3,1}$ 的 S_9,那么 S_9 的输出最高阶为 6,与 μ^{R7} 异或之后,最高阶不变,再进入 S_9 之后,输出的最高阶项的系数就与密钥相关。再考虑 μ^{R7} 输入 $FL_{3,1}$ 的 S_7 之后输出比特的最高次数为 7,因此 $FL_{3,1}$ 输出的前 7 比特关于输入 β 的表达式中,7 次项的系数与所有密钥无关,即为一个常数;再观察 λ 输入 $FL_{3,2}$ 之后输出前 7 比特的最高次数为 6,因此 FO_3 输出的前 7 比特关于输入 β 的最高次数为 7,且次数为 7 的这一项的系数与所有密钥无关,也就是关于 β 的 7 阶求导是一个常数,经过实验,这个常数为 1101101。

定理 8-4 第 3 轮中 $S_7(x)$ 输出的任意两比特的乘积项的次数小于 6。

这个性质是由 S_7 选用的 KASUMI 函数 x^{81} 决定的。$FI_{3,1}$ 中 S_7 的输入记为 $t(x)=S_7(x)\oplus S_9(x\oplus c)\oplus c'$,考虑它的输出中关于 (x,c) 的阶。此时 $S_7(x)$ 所含的项都是关于 x 的,不含有关于 c 的项,而 $S_9(x\oplus c)$ 含有关于 (x,c) 的 0、1、2 阶项。那么 $t(x)$ 进入 S_7 后关于 (x,c) 的输出就有以下几种可能:

(1) $\deg_x=7$ 且 $\deg_{x,c}=9$,是由 3 个阶为 3 的项相乘而得的,那么这 3 个项都是 $S_7(x)$ 中的项,所以与 c 无关。

(2) $\deg_x=7$ 且 $\deg_{x,c}=8$,是由两个阶为 3 的项再与一个阶为 2 的项相乘而得的。

(3) $\deg_x=7$ 且 $\deg_{x,c}=7$,显然阶为 7 的项是与 c 无关的。

由定理 8-4,第(2)种情况中两个阶为 3 的项来自 $S_7(x)$,这两项乘积的次数最大为 5,因此这种情况也与 c 无关。

利用 MISTY1 的 3 轮高阶差分特性可以对 MISTY1 进行 5 轮攻击,猜测并恢复第 5 轮的相关密钥比特。由此可见,要加强抗高阶差分分析的能力,则非线性组件 S 盒的代数次数不能太低。

针对具体分组密码的结构特点可以利用多种方法的组合进行分析。例如,对 7 轮 MISTY1 算法的改进攻击同时利用了高阶差分、积分和代数 3 种方法,下面进行简单介绍。

定理 8-5 在含有 FL 函数的 MISTY1 中,对于形如 $X^1=(\alpha,\alpha,\alpha,\alpha,\alpha,\beta,\alpha,\beta)$ 的第 2 轮输入的 14 阶差分,中间状态 X_L^4 满足 $\Delta^{(14)}X_L^4[31-25]=0$。

证明: FL 函数仅是由逻辑运算构成的函数,FL_3 的输入输出子分组可以表示成以下逐比特关系。固定的子分组可以用相同方式逐比特表示,由此,因为输入变量和固定输出是一一映射的关系,$X'^2=(\alpha,\beta,\alpha,\beta,\alpha,\alpha,\alpha,\alpha)$ 形式的 14 阶差分可以通过 FL_3 和 FL_4 给定,输入为 $X'^1=(\alpha,\alpha,\alpha,\alpha,\alpha,\beta,\alpha,\beta)$ 形式的 14 阶差分。定理 8-3 中 7 阶差分的值作为中间数据 X_L^4 出现 2^7 次,所以整体和为 0。

定理 8-6 在含有 FL 函数的 MISTY1 中,对于形如 $P=(\alpha,\beta,\alpha,\beta,\beta,\beta,\beta,\beta)$ 的 46 阶差分,中间状态 X_L^4 满足 $\Delta^{(46)}X_L^4[31-25]=0$。

证明: FL 函数的输入和输出变量、常值是一一对应的,由此提供了 14 阶差分。进一步,虽然 FO_1 的输出有 2^{14} 个随机值,对 X_R^0 穷举,则有 $X'^1=(\beta,\beta,\beta,\beta,\beta,\alpha,\beta,\alpha)$ 形式的 46 阶差分。这样,14 阶差分在中间状态 X_L^4 出现了 2^{32} 次,所以和为 0。

以上两个定理就是利用了积分的性质,使得数据通过一一映射 FL 函数后积分性质不变(异或和为 0)。由上面的定理可以构造一个 4 轮积分区分器,如图 8-5 所示。MISTY1 的整体结构是基于 Feistel 结构设计的,可以在积分区分器之后增加两轮,进行 6 轮攻击。

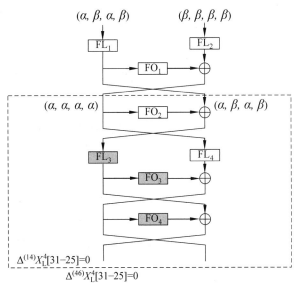

图 8-5　MISTY1 的 4 轮积分区分器

根据 MISTY1 的结构特点,可以将它的部分密钥表示成以下等价形式:

$$KO_{i_j} = EKI_{ij1} \parallel EKI_{ij2} \quad (1 \leqslant i \leqslant 8, 1 \leqslant j \leqslant 2)$$

$$\begin{cases} EKO_i[31-16] = A \oplus (A << 9) \oplus KO_{i4} \\ A = KO_{i1}[6-0] \oplus KI_{i1}[15-9] \oplus KO_{i2}[6-0] \oplus KI_{i2}[15-9] \end{cases}$$

$$\begin{cases} EKO_i[15-0] = B \oplus (B << 9) \\ B = KO_{i2}[6-0] \oplus KI_{i2}[15-9] \oplus KO_{i3}[6-0] \oplus KI_{i3}[15-9] \end{cases}$$

FL 函数的 6 轮 MISTY1 的恢复密钥攻击如下:

当且仅当 $KL_{52}[j]=1$ 的时候,$j=i-16$ 有以下方程:

$$\bigoplus_{A \in V(46)} X_L'^4[i] = 0, \quad i = 31, 30, \cdots, 25 \tag{8-3}$$

因为 $KL_{52}[15-9]=0$ 的概率为 $2^{-7}<0.01$,所以 7 个方程组中至少一个有解。

$X_L'^4[i]$ 可以被写成 F_i^{-1},输入为 34 比特的密文 C 和 65 比特的轮密钥 $TK_i = \{KO_{61}, KO_{62}, KL_8, KL_{72}[j]\}$。$X_L'^4[i] = F_i^{-1}(C; TK_i)$,代入式(8-3),有以下方程:

$$\bigoplus_{A \in V(46)} F_i^{-1}(C(X \oplus A); TK_i) = 0 \tag{8-4}$$

当 $KL_{52}[j]=1$ 时,式(8-4)是有解的;若式(8-4)无解,则 $KL_{52}[j]=0$。

进一步分析,式(8-4)中出现的 L_i 个未知系数,如果某些估计的未知系数有一个线性和关系,那么数据和计算复杂度都可以减小,因此有线性和关系的未知系数个数可以演变成独立未知系数的个数 l_i。此外,由于密钥扩展的关系,有 $KO_{62} = KL_{82} = K_8$,可以在减少攻击方程中的轮密钥变量的同时减小 L_i 和 l_i。

需要的选择明文 $D = D_{27} = 2^{46} \times \left\lfloor \dfrac{l_{27} + m}{n} \right\rfloor$,代入 $n=1$:

$$D = 2^{46} \times (189 + 10) \approx 2^{53.64}$$

在计算攻击方程的系数时,必须计算 $FL_8^{-1} + 2S_9$、$FL_8^{-1} + 2S_7$ 和 $\dfrac{FL_7^{-1}}{2}$,这些系数可以被认为是 18、14 和 2 比特,所以有

$$T_1 = \left(3 \times (2^{17} + 2^{13}) + \frac{1}{2} \times 2^1 \right) \times 1666 \times (189 + 10) \approx 2^{37.02}$$

以 S 盒查询为单位,上述攻击中每个 FO 函数查 9 次 S 盒,所以 $T_1 \approx \dfrac{2^{37.02}}{9 \times 6} \approx 2^{31.27}$,总的计算复杂度为 $T = T_1 + D \approx 2^{53.64}$。

对含有 FL 函数的 7 轮 MISTY1 进行攻击,数据复杂度和时间复杂度都会增加,分别为 $2^{54.1}$ 和 $2^{120.7}$。

2. 可分性搜索

可分性是 2015 年欧密会上 Todo 提出的广义积分性质,可以借助 MILP 工具搜索积分区分器[47]。MILP 问题是一种数学优化过程,即给出约束条件,求目标函数的最大值或最小值,目标函数和约束条件都是线性的,而且问题中所有的变量均取整数。这种工具被广泛地应用于工业生产和科学研究领域。

几乎所有对称密码算法都可以模型化为 3 个基本操作——复制、比特与和异或的组合,S 盒操作也可以直接用线性不等式表示,即构造一个线性不等式组精确地表示穿过 S 盒的可分性传播路径。最后,选择一个合适的目标函数,将 Todo 提出的搜索算法转化为一个 MILP 模型,利用这个数学模型搜索积分区分器。

1) 符号与定义

令 F_2 表示二元有限域,F_2^n 表示在 F_2 上的 n 比特的序列。令 $\mathbf{Z}$ 和 $\mathbf{Z}^n$ 分别表示整数环和 n 维整数向量集合。对任意的 $\boldsymbol{a} \in F_2^n$,$\boldsymbol{a}[i]$ 表示 $\boldsymbol{a}$ 的第 i 个元素,$w(\boldsymbol{a})$ 表示海明重量,其计算公式为 $w(\boldsymbol{a}) = \sum\limits_{i=1}^{n} \boldsymbol{a}[i]$。对任意的向量 $\boldsymbol{a} = [a_0, a_1, \cdots, a_{m-1}] \in (F_2^n)^m$,向量 $\boldsymbol{a}$ 的海明重量定义为 $W(\boldsymbol{a}) = (w(a_0), \cdots, w(a_{m-1}))$。

定义 8-3　令 π_u 是一个从 F_2^n 到 F_2 的函数,对于任意的 $u \in F_2^n$,使得 $x \in F_2^n$ 是 π_u 的输入,定义比特乘积函数 $\pi_u(x)$ 如下表示:

$$\pi_u(x) = \prod_{i=0}^{n-1} x[i]^{u[i]}$$

例 8-1　设 x 为 4 比特输入 $x_3 x_2 x_1 x_0$,$u = 0111$,则有 $\pi_{0111}(x) = x_2 x_1 x_0$。

定义 8-4　令 $\pi_{\mathbf{u}}$ 是一个从 $(F_2^n)^m$ 到 F_2 的函数,对于任意的 $\mathbf{u}$,$\mathbf{x} \in (F_2^n)^m$,即 $\mathbf{u} = (u_0, u_1, \cdots, u_{m-1})$,$\mathbf{x} = (x_0, x_1, \cdots, x_{m-1})$,比特乘积函数 $\pi_{\mathbf{u}}$ 定义如下:

$$\pi_{\mathbf{u}}(\mathbf{x}) = \prod_{i=0}^{m-1} \pi_{u_i}(x_i)$$

定义 8-5　令 X 为多重集合,其元素取值于 F_2^n,k 取值为 $0 \sim n$。对 X 中的任意一元素 x,当 $W(u) < k^{(0)}$ 时 $\pi_u(x)$ 的每个值始终出现偶数次,则称 X 满足可分性 D_k^n。

例 8-2　设 X 为多重集合,其元素取值于 F_2^4。作为示例,假设多重集合 X 为

$$X = \{0x0, 0x3, 0x3, 0x3, 0x5, 0x6, 0x8, 0xB, 0xD, 0xE\}$$

表 8-3 计算了 $\pi_u(x)$ 的异或总和。

表 8-3　多重集合 X 上 $\pi_u(x)$ 的异或总和

u	0x0	0x3	0x3	0x3	0x5	0x6	0x8	0xB	0xD	0xE	$\sum \pi_u(x)$ $(\bigoplus \pi_u(x))$
	0000	0011	0011	0011	0101	0110	1000	1011	1101	1110	
0000	1	1	1	1	1	1	1	1	1	1	10(0)
0001	0	1	1	1	1	0	0	1	1	0	6(0)
0010	0	1	1	1	0	1	0	1	0	1	6(0)
0011	0	1	1	1	0	0	0	1	0	0	4(0)
0100	0	0	0	0	1	1	0	0	1	1	4(0)
0101	0	0	0	0	1	0	0	0	1	0	2(0)
0110	0	0	0	0	0	1	0	0	0	1	2(0)
0111	0	0	0	0	0	0	0	0	0	0	0(0)
1000	0	0	0	0	0	0	1	1	1	1	4(0)
1001	0	0	0	0	0	0	0	1	1	0	2(0)
1010	0	0	0	0	0	0	0	1	0	1	2(0)
1011	0	0	0	0	0	0	0	1	0	0	1(1)
1100	0	0	0	0	0	0	0	0	1	1	2(0)
1101	0	0	0	0	0	0	0	0	1	0	1(1)
1110	0	0	0	0	0	0	0	0	0	1	1(1)
1111	0	0	0	0	0	0	0	0	0	0	0(0)

对于表 8-3 中所有 u 满足当 $W(u) < 3$ 时 $\bigoplus_{x \in X} \pi_u(x)$ 为 0。因此，该多重集合满足可分性 D_3^4。

以上是集合的可分性质。考虑 S 盒变换会传输集合的可分性质，下面举例说明。

例 8-3　假设一个 4×4 的 S 盒，输入输出均以十六进制表示，见表 8-4。

表 8-4　4×4 的 S 盒例子

x	0	1	2	3	4	5	6	7	8	9	A	B	C	D	E	F
$S(x)$	8	C	0	B	9	D	E	5	A	1	2	6	4	F	3	7

容易计算，该 S 盒是双射且代数次数为 2。现在输入一个与例 8-2 相同、满足可分性 D_3^4 的多重集合 $X = \{0x0, 0x3, 0x3, 0x3, 0x5, 0x6, 0x8, 0xB, 0xD, 0xE\}$，计算其输出多重集合为 $Y = \{0x8, 0xB, 0xB, 0xB, 0xD, 0xE, 0xA, 0x6, 0xF, 0x3\}$ 的可分性。表 8-5 计算了 $\pi_v(y)$ 的异或总和。

表8-5　多重集合 Y 上 $\pi_v(y)$ 的异或总和

v	0x8 1000	0xB 1011	0xB 1011	0xB 1011	0xD 1101	0xE 1110	0xA 1010	0x6 1111	0xF 0011	0x3 1110	$\sum \pi_v(y)$ ($\oplus \pi_v(y)$)
0000	1	1	1	1	1	1	1	1	1	1	10(0)
0001	0	1	1	1	1	0	0	0	1	1	6(0)
0010	0	1	1	1	0	1	1	1	1	1	8(0)
0011	0	1	1	1	0	0	0	0	1	1	5(1)
0100	0	0	0	0	1	1	0	1	1	0	4(0)
0101	0	0	0	0	1	0	0	0	1	0	2(0)
0110	0	0	0	0	0	1	0	1	1	0	3(1)
0111	0	0	0	0	0	0	0	0	1	0	1(1)
1000	1	1	1	1	1	0	1	0	1	1	8(0)
1001	0	1	1	1	1	0	0	0	1	0	5(1)
1010	0	1	1	1	0	1	0	0	1	1	6(0)
1011	0	1	1	1	0	0	0	0	1	0	4(0)
1100	0	0	0	0	1	0	0	0	1	1	3(1)
1101	0	0	0	0	1	0	0	0	1	0	2(0)
1110	0	0	0	0	0	1	0	0	1	0	2(0)
1111	0	0	0	0	0	0	0	0	1	0	1(1)

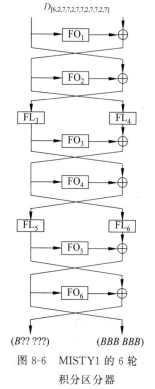

$D_{[6,2,7,7,2,7,7,2,7,7,2,7]}$

(B?? ???)　　　　(BBB BBB)

图 8-6　MISTY1 的 6 轮
积分区分器

对于满足 $W_v < 2$ 的所有 v，$\bigoplus\limits_{y \in Y} \pi_v(y)$ 为 0。因此，多重集合 Y 满足可分性 D_2^4。

显然，与传统积分性质中活跃 A 和平衡 B 相比，可分性 D_k^n 可以更精确地进行刻画。

2）可分性的传播

在每一轮加密过程中，经过 S 盒层和线性扩散层都会使可分性发生相应的变化。Todo 根据密码算法各个组件的特点，提出了可分性传播的 5 种规则，分别是描述 S 盒性质的代替与描述线性扩散层性质的复制、异或、分裂和合并。利用这些规则，可以描述可分性在传播过程中的变化，进而得到可分路径。令 f_r 表示分组密码的一轮加密函数，则分组密码初始可分性 $D_k^{n,m}$ 经过 r 轮加密之后变为 $D_{K_i}^{n,m}$，可分性的传播可以由 K_i 表示：

$$\{k\} \overset{\text{def}}{\Rightarrow} K_0 \overset{f_r}{\longrightarrow} K_1 \overset{f_r}{\longrightarrow} K_2 \overset{f_r}{\longrightarrow} \cdots$$

其中 $D_k^{n,m}$ 表示含 m 个分量的向量可分性。

MISTY 算法的 S_7 代数次数为 3，S_9 代数次数为 2，可分性传播速度较慢，导致 6 轮加密之后还有部分比特平衡。2015 年，Todo 等人给出了 MISTY1 分组密码的 6 轮积分区分器，如图 8-6 所示。

基于此积分区分器并结合部分和技术，Todo 进行了全轮 MISTY1 攻击，数据复杂度和时间复杂度分别为 $2^{63.994}$ 和 $2^{108.3}$[48]。

2016 年，向泽军等人基于 MILP 工具改进了可分性搜索算法，提出了用不等式组进行建模产生不等式系，进而描述可分性传播规则的方法[24]。首先产生每一个特定 S 盒所对应的可分轨迹；然后将可分轨迹作为函数输入，通过 SageMath 软件中的 Inequality_generator() 函数生成线性不等式组；最后通过 Reduce() 函数去掉冗余的不等式，极大地提高了搜索的速度。该方法具体如下面的描述。

（1）对 S 盒可分性传播的刻画。

算法 8-1 给出了计算 S 盒可分路径的通用算法，其中，$x = (x_{n-1}, x_{n-2}, \cdots, x_0)$ 和 $y = (y_{n-1}, y_{n-2}, \cdots, y_0)$ 分别表示 n 比特 S 盒的输入和输出，y_i 表示为 $(x_{n-1}, x_{n-2}, \cdots, x_0)$ 的布尔函数。

算法 8-1　搜索 S 盒的可分路径

输入：一个满足可分性为 $D_k^{1,n}$，$k = (k_{n-1}, k_{n-2}, \cdots, k_0)$ 的 S 盒
输出：一个向量集合 $\mathbb{K}$，使输出的多重集合满足可分性 $D_{\mathbb{K}}^{1,n}$

$\overline{\mathbb{S}} = \{\bar{k} \mid \bar{k} \succcurlyeq k\}$
$F(X) = \{\pi_{\bar{k}}(x) \mid \bar{k} \in \overline{\mathbb{S}}\}$
$\overline{\mathbb{K}} = \varnothing$
for $u \in (F_2)^n$ do
   if $\pi_u(y)$ 包含 $F(X)$ 中的任意一项，继续
     $\overline{\mathbb{K}} = \overline{\mathbb{K}} \cup \{u\}$
   end
  end
 $\mathbb{K} = \text{SizeReduce}(\overline{\mathbb{K}})$
 return $\mathbb{K}$
end

例 8-4　根据分组密码 PRESENT 的 S 盒的 ANF 表示，按照算法 8-1 可以推出其比特可分性，ANF 表示如下：

$$\begin{cases} y_3 = 1 \oplus x_0 \oplus x_1 \oplus x_3 \oplus x_1 x_2 \oplus x_0 x_1 x_2 \oplus x_0 x_1 x_3 \oplus x_0 x_2 x_3 \\ y_2 = 1 \oplus x_2 \oplus x_3 \oplus x_0 x_1 \oplus x_0 x_3 \oplus x_1 x_3 \oplus x_0 x_1 x_3 \oplus x_0 x_2 x_3 \\ y_1 = x_1 \oplus x_3 \oplus x_1 x_3 \oplus x_2 x_3 \oplus x_0 x_1 x_2 \oplus x_0 x_1 x_3 \oplus x_0 x_2 x_3 \\ y_0 = x_0 \oplus x_2 \oplus x_3 \oplus x_1 x_2 \end{cases}$$

假设 S 盒输入集合满足可分性 $D_{(0,1,1,1)}^{1,4}$，计算对应的输出可分性。

$$\pi_{(0,0,0,1)}((y_3, y_2, y_1, y_0)) = y_0$$

并且

$$\bigoplus_{x \in \mathbf{x}} \pi_{(0,0,0,1)}((y_3, y_2, y_1, y_0))$$
$$= \bigoplus_{x \in \mathbf{x}} y_0 = \bigoplus_{x \in \mathbf{x}} x_0 \oplus x_2 \oplus x_3 \oplus x_1 x_2$$

$$= \bigoplus_{x \in \mathbf{x}} \pi_{(0,0,0,1)}(x) \oplus \bigoplus_{x \in \mathbf{x}} \pi_{(0,1,0,0)}(x) \oplus \bigoplus_{x \in \mathbf{x}} \pi_{(1,0,0,0)}(x) \oplus \bigoplus_{x \in \mathbf{x}} \pi_{(0,1,1,0)}(x)$$

$$= 0 + 0 + 0 + 0 = 0$$

可见 y_0 仍然平衡,类似地,y_2 和 $y_0 y_2$ 也是平衡的。容易看出 y_1 和 y_3 包含 $x_0 x_1 x_2$ 项,所以二者不确定是否平衡。因此,输出 y 的可分性为 $D^{1:4}_{(0,0,1,0),(1,0,0,0)}$。

(2) 对复制、与、异或操作建模。

对于复制操作,记 $(a) \xrightarrow{\text{copy}} (b_0, b_1)$ 为复制函数的可分路径,则其可分性传播可以表示为

$$a - b_0 - b_1 = 0$$

其中,a、b_0、b_1 为二进制数。

对于与操作,记 $(a_0, a_1) \xrightarrow{\text{and}} (b)$ 为与函数的可分路径,则其可分性传播可以表示为

$$\begin{cases} b - a_0 - a_1 \geqslant 0 \\ b - a_0 \geqslant 0 \\ b - a_1 \geqslant 0 \end{cases}$$

其中,a_0、a_1、b 为二进制数。

对于异或操作,记 $(a_0, a_1) \xrightarrow{\text{Xor}} (b)$ 为异或函数的可分路径,则其可分性传播可以表示为

$$b - a_0 - a_1 = 0$$

其中,a_0、a_1、b 为二进制数。

通过这些传播规则,可以生成多个不等式系,作为 MILP 模型的限制条件。

(3) 迭代 r 轮并设定终止条件。

记 $D^{1:n}_{\mathbb{K}_i}$ 为经过 i 轮加密之后的可分性。要判断是否存在 r 轮区分器,只需检测 $\mathbb{K}_{r+1}$ 是否包含全部的单位向量。若 $\mathbb{K}_{r+1}$ 中首次出现了所有的 n 个单位向量,则可分性的传播终止,搜到了一个 r 轮的积分区分器。一个集合 X 满足可分性 $D^{1:n}_{\mathbb{K}}$ 则当且仅当 $\mathbb{K}$ 包含所有的 n 个单位向量时 X 不存在积分性质。

通过设定与目标轮数相应的目标函数,进行求解,搜索单位向量,以所有的 n 个单位向量是否全部出现作为搜索的终止条件,即可进行积分区分器的搜索。目标函数设定为

$$\text{Obj: Min}\{a^r_0 + a^r_1 + \cdots + a^r_{n-1}\}$$

搜索终止后,通过搜索到的单位向量集合中各单位向量中的 1 所在的比特位置,即可确定最终的积分区分器的平衡位置与未知位置。

目前针对基于规模 4×4 和 5×5 的 S 盒或者代数次数较低的 S 盒设计的分组密码,相对容易搜索其可分性,但是针对基于 8×8 的 S 盒设计的分组密码,搜索效率会大大降低。所以,可分性搜索对轻量化算法分析更有效。

8.3 KATAN

FSR(Feedback Shift Register,反馈移位寄存器)是序列密码设计中常见的组件。完全基于 FSR 组件设计的分组密码并不多,近几年公开的有 KATAN、BWGCF 等算法。

本节以 KATAN-32 为例进行说明。

8.3.1　KATAN 设计

KATAN 系列分组密码是由 Dunkelman 等人在 CHES 2009 上提出的[141]。该分组密码是面向硬件的轻量级分组密码,硬件实现代价非常低。它包括 3 个版本,分别是 KATAN-32、KATAN-48 和 KATAN-64,其分组长度分别为 32 比特、48 比特和 64 比特。本节只介绍 KATAN-32,密钥长度是 80 比特,加密轮数是 254 轮,密钥扩展算法基于一个线性反馈移位寄存器设计,加密算法基于两个非线性反馈移位寄存器和一个线性反馈移位寄存器设计,使用的非线性反馈函数为 2 次。

1. 加密变换

KATAN-32 轮函数的加密结构如图 8-7 所示,包括两个非线性反馈移位寄存器和一个生成轮函数控制参数 c 的线性反馈移位寄存器。32 比特明文 $(p_{31}, p_{30}, \cdots, p_0)$ 的输入记为初始状态: $x_{31-t}^0 = p_t$,$0 \leqslant t \leqslant 31$,前 13 比特和后 19 比特分别放入 13 比特寄存器和 19 比特寄存器,控制参数 c 初始值放入 8 比特线性反馈移位寄存器。填充方式为高位在左、低位在右,完成一轮计算操作后向左进动一拍。

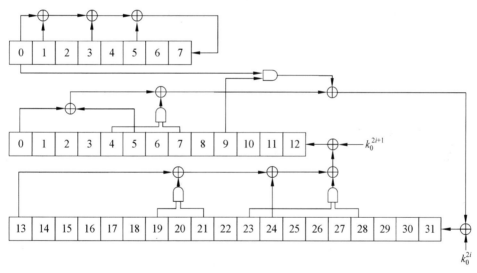

图 8-7　KATAN-32 轮函数的加密结构

具体加密流程如下。

1) 轮函数迭代

轮数变量为 i($0 \leqslant i \leqslant 254$),每个状态 $X^i = (x_0^i, x_1^i, \cdots, x_{31}^i)$。轮函数控制参数 c 的移位寄存器初始状态为 $(c_0, c_1, \cdots, c_7) = (1,1,1,1,1,1,1,0)$。一轮加密更新关系式为

$$c_{i+8} = c_i \oplus c_{i+1} \oplus c_{i+3} \oplus c_{i+5}$$

$$x_{12}^{i+1} = x_{13}^i \oplus x_{19}^i x_{21}^i \oplus x_{23}^i x_{28}^i \oplus x_{24}^i \oplus k_0^{2i+1}$$

$$x_{31}^{i+1} = x_0^i \oplus x_4^i x_7^i \oplus x_5^i \oplus x_9^i c_t \oplus k_0^{2i}$$

$$x_t^{i+1} = x_{t+1}^i, \quad 0 \leqslant t \leqslant 10$$

$$x_t^{i+1} = x_{t+1}^i, \quad 13 \leqslant t \leqslant 29$$

2）密文生成

进动 254 拍之后，将非线性反馈移位寄存器中的状态作为密文输出。其中，密文的高比特位和低比特位与明文是一致的，即最高比特位在最左端，最低比特位在最右端。

2. 密钥扩展算法

密钥扩展算法使用了一个线性反馈移位寄存器，80 比特的主密钥为 $(k_0^0, k_1^0, \cdots,$ $k_{79}^0)$，放入寄存器，进动一拍满足以下关系式

$$k_{79}^{i+1} = k_0^i \oplus k_{19}^i \oplus k_{30}^i \oplus k_{67}^i$$
$$k_t^{i+1} = k_{t+1}^i, \quad 0 \leqslant t \leqslant 78$$

进动第 $2i$ 和第 $2i+1$ 拍输出第 i 轮密钥。

3. 解密算法

KATAN 算法是基于反馈移位寄存器设计的，所以解密变换只需改变寄存器中的状态转移方向和个别逻辑运算的拉线位置即可，此部分可以作为课后练习。

4. 设计特点

KATAN 的轮函数中使用了两个非线性反馈移位寄存器，其代数次数仅为 2，整体结构的代数次数随着轮数的增加而增加。生成参数 c 的线性反馈移位寄存器对应一个 8 阶本原多项式 $x^8 + x^7 + x^5 + x^3 + 1$，保证生成参数序列的周期最长，满足 254 轮加密使用。密钥扩展算法中的反馈移位寄存器对应的连接多项式是本原多项式 $x^{80} + x^{61} + x^{50} + x^{13} + 1$，同时也是项数最少的 80 阶本原多项式，保证了硬件实现门数最少，而生成密钥序列周期最长。

8.3.2　KATAN 的积分分析

KATAN 自 2009 年公开发表以来，经受住了密码学者的攻击考验。最初的攻击是条件差分攻击[142]，效果较好的是 2013 年 ACISP 会议上给出的 KATAN-32、KATAN-48、KATAN-64 的 174 轮、145 轮、130 轮的飞去来器攻击[143]，其次是文献[144]给出的 KATAN-32、KATAN-48、KATAN-64 的中间相遇攻击安全性评估，并分别给出了 153 轮、129 轮、119 轮中间相遇攻击。由于 KATAN 是基于比特设计的算法，所以本节通过可分性搜索确定积分区分器。

例 8-5　在可分性搜索中，KATAN-32 算法的轮函数包含复制、与、异或运算，现考虑 x_{12}^{i+1} 的不等式表示。

首先，在轮函数迭代的过程中，$x_t^i, t \in \{13, 14, \cdots, 31\}$ 的值均进行 6 次运算，即相关变量需要进行 6 次复制操作。下面针对 x_{12}^{i+1} 使用的 6 比特变量构建复制操作：

$$x_{13}^i - x_{13,1}^i - x_{13,2}^i - x_{13,3}^i - x_{13,4}^i - x_{13,5}^i - x_{13,6}^i = 0$$
$$x_{19}^i - x_{19,1}^i - x_{19,2}^i - x_{19,3}^i - x_{19,4}^i - x_{19,5}^i - x_{19,6}^i = 0$$
$$x_{21}^i - x_{21,1}^i - x_{21,2}^i - x_{21,3}^i - x_{21,4}^i - x_{21,5}^i - x_{21,6}^i = 0$$
$$x_{23}^i - x_{23,1}^i - x_{23,2}^i - x_{23,3}^i - x_{23,4}^i - x_{23,5}^i - x_{23,6}^i = 0$$

$$x_{24}^i - x_{24,1}^i - x_{24,2}^i - x_{24,3}^i - x_{24,4}^i - x_{24,5}^i - x_{24,6}^i = 0$$

$$x_{28}^i - x_{28,1}^i - x_{28,2}^i - x_{28,3}^i - x_{28,4}^i - x_{28,5}^t - x_{28,6}^i = 0$$

其次,考虑与运算,表达式 $a_{12}^{i+1} = x_{23}^i x_{28}^i$ 对应的可分性可以刻画为以下不等式组:

$$\begin{cases} a_{12}^{i+1} - x_{23,3}^i \geqslant 0 \\ a_{12}^{i+1} - x_{28,1}^i \geqslant 0 \\ a_{12}^{i+1} - x_{23,3}^i - x_{28,1}^i \leqslant 0 \end{cases}$$

同理,表达式 $b_{12}^{i+1} = x_{19}^i x_{21}^i$ 可以刻画为以下不等式组:

$$\begin{cases} b_{12}^{i+1} - x_{19,5}^i \geqslant 0 \\ b_{12}^{i+1} - x_{21,4}^i \geqslant 0 \\ b_{12}^{i+1} - x_{19,5}^i - x_{21,4}^i \leqslant 0 \end{cases}$$

再次,考虑异或运算,表达式 $c_{12}^{i+1} = \oplus x_{23}^i x_{28}^i \oplus x_{24}^i = a_{12}^{i+1} \oplus x_{24}^i$ 可以刻画为

$$a_{12}^{i+1} + x_{24,2}^i - c_{12}^{i+1} = 0$$

同理,表达式 $d_{12}^{i+1} = \oplus x_{19}^i x_{21}^i \oplus x_{23}^i x_{28}^i \oplus x_{24}^i = c_{12}^{i+1} \oplus b_{12}^{i+1}$ 可以刻画为

$$c_{12}^{i+1} + b_{12}^{i+1} - d_{12}^{i+1} = 0$$

最后,表达式 $x_{12}^{i+1} = x_{13}^i \oplus x_{19}^i x_{21}^i \oplus x_{23}^i x_{28}^i \oplus x_{24}^i = d_{12}^{i+1} \oplus x_{13,6}^i$ 刻画为

$$d_{12}^{i+1} + x_{13,6}^i - x_{12}^{i+1} = 0$$

至此就得到了 x_{12}^{i+1} 的不等式刻画。

其他比特的可分性刻画类似于 x_{12}^{i+1} 的不等式刻画,列出 r 轮的所有不等式,通过 MILP 求解器即可得到是否存在 r 轮积分区分器的结论。

根据例 8-5 的建模思路编程搜索 KATAN 算法的可分性路径,这部分工作作为课后习题。

8.4 LEA

ARX 是对称密码算法设计中常用的一种结构,通过综合使用模加、(循环)移位以及异或实现算法的非线性组件,进而达到混淆和扩散的作用,可以被用来替换非线性组件 S 盒。ARX 结构多用于分组密码(如 LEA、TEA、XTEA、Threefish、HIGH 和 RAIDEN 等)和哈希函数(如 MD5、SipHash、SHA-1 等)的设计中,在我国的商用密码标准 SM3 的设计中也使用了 ARX 结构。

本节主要介绍分组密码 LEA[145],该算法于 2017 年被提交给 ISO/IEC 作为轻量分组密码的候选标准,于 2019 年 11 月成为国际标准,被收录于 Information security — Lightweight cryptography — Part 2: Block ciphers(ISO/IEC 29192-2:2019)。

8.4.1 LEA 设计

LEA 是一个适用于软件实现的轻量级分组密码,设计目标是为通用软件平台上的数据提供快速加密。它面向 32 比特字设计,分组长度为 128 比特,密钥长度为 128 比特、192 比特和 256 比特,分别记为 LEA-128、LEA-192 和 LEA-256,迭代轮数分别为 24、

28 和 32。

1. 加密变换

加密变换由 r 轮迭代运算组成,轮变换如图 8-8 所示,其中 $X_i[j]$ 表示 32 比特的字,$RK_i[j]$ 是轮密钥,⊞ 表示模 2^{32} 加,ROR_i 表示循环右移 i 比特,ROL_i 表示循环左移 i 比特。

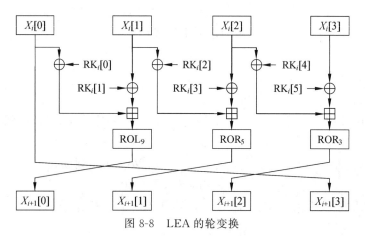

图 8-8　LEA 的轮变换

记 128 比特的明文 $P = X_0[0] \parallel X_0[1] \parallel X_0[2] \parallel X_0[3]$,具体加密流程如下。

1)轮函数迭代

假设 4 个 32 比特的中间变量为 $X_i[0]$、$X_i[1]$、$X_i[2]$、$X_i[3]$ $(0 \leqslant i \leqslant r)$,则第 i 轮的 F 函数为

$$X_{i+1}[0] = ROL_9((X_i[0] \oplus RK_i[0]) \boxplus (X_i[1] \oplus RK_i[1]))$$
$$X_{i+1}[1] = ROR_5((X_i[1] \oplus RK_i[2]) \boxplus (X_i[2] \oplus RK_i[3]))$$
$$X_{i+1}[2] = ROR_3((X_i[2] \oplus RK_i[4]) \boxplus (X_i[3] \oplus RK_i[5]))$$
$$X_{i+1}[3] = X_i[0]$$

2)密文生成

最后得到 128 比特密文 $C = X_r[0] \parallel X_r[1] \parallel X_r[2] \parallel X_r[3]$。

2. 密钥扩展算法

LEA 的密钥扩展算法需要 8 个 32 比特常数,具体如下:

$$\delta[0] = 0XC3EFE9DB, \quad \delta[1] = 0X44626B02,$$
$$\delta[2] = 0X79E27C8A, \quad \delta[3] = 0X78DF30EC,$$
$$\delta[4] = 0X715EA49E, \quad \delta[5] = 0XC785DA0A,$$
$$\delta[6] = 0XE04EF22A, \quad \delta[7] = 0XE5C40957$$

当密钥长度为 128 比特时,$K = K[0] \parallel K[1] \parallel K[2] \parallel K[3]$,令 $T[j] = K[j]$ $(0 \leqslant j \leqslant 3)$。对 $i = 0, 1, \cdots, 23$,轮密钥 $RK_i = RK_i[0] \parallel RK_i[1] \parallel \cdots \parallel RK_i[5]$ 如下生成:

$$T[0] \leftarrow ROL_1(T[0] \boxplus ROL_i(\delta[i \bmod 4]))$$
$$T[1] \leftarrow ROL_3(T[1] \boxplus ROL_{i+1}(\delta[i \bmod 4]))$$

$$T[2] \leftarrow \mathrm{ROL}_6(T[2] \boxplus \mathrm{ROL}_{i+2}(\delta[i \bmod 4]))$$

$$T[3] \leftarrow \mathrm{ROL}_{11}(T[3] \boxplus \mathrm{ROL}_{i+3}(\delta[i \bmod 4]))$$

$$\mathrm{RK}_i \leftarrow T[0] \| T[1] \| T[2] \| T[1] \| T[3] \| T[1]$$

当密钥长度为 192 比特时,$K = K[0] \| K[1] \| K[2] \| K[3] \| K[4] \| K[5]$,令 $T[j] = K[j]$ ($0 \leqslant j \leqslant 5$)。对 $i = 0, 1, \cdots, 27$,轮密钥 $\mathrm{RK}_i = \mathrm{RK}_i[0] \| \mathrm{RK}_i[1] \| \cdots \| \mathrm{RK}_i[5]$ 如下生成:

$$T[0] \leftarrow \mathrm{ROL}_1(T[0] \boxplus \mathrm{ROL}_i(\delta[i \bmod 6]))$$

$$T[1] \leftarrow \mathrm{ROL}_3(T[1] \boxplus \mathrm{ROL}_{i+1}(\delta[i \bmod 6]))$$

$$T[2] \leftarrow \mathrm{ROL}_6(T[2] \boxplus \mathrm{ROL}_{i+2}(\delta[i \bmod 6]))$$

$$T[3] \leftarrow \mathrm{ROL}_{11}(T[3] \boxplus \mathrm{ROL}_{i+3}(\delta[i \bmod 6]))$$

$$T[4] \leftarrow \mathrm{ROL}_{13}(T[4] \boxplus \mathrm{ROL}_{i+4}(\delta[i \bmod 6]))$$

$$T[5] \leftarrow \mathrm{ROL}_{17}(T[5] \boxplus \mathrm{ROL}_{i+5}(\delta[i \bmod 6]))$$

$$\mathrm{RK}_i \leftarrow T[0] \| T[1] \| T[2] \| T[3] \| T[4] T[5]$$

当密钥长度为 256 比特时,$K = K[0] \| K[1] \| K[2] \| \cdots \| K[7]$,令 $T[j] = K[j]$ ($0 \leqslant j \leqslant 7$)。对 $i = 0, 1, \cdots, 31$,轮密钥 $\mathrm{RK}_i = \mathrm{RK}_i[0] \| \mathrm{RK}_i[1] \| \cdots \| \mathrm{RK}_i[5]$ 如下生成:

$$T[6i \bmod 8] \leftarrow \mathrm{ROL}_1(T[6i \bmod 8] \boxplus \mathrm{ROL}_i(\delta[i \bmod 8]))$$

$$T[6i + 1 \bmod 8] \leftarrow \mathrm{ROL}_3(T[6i + 1 \bmod 8] \boxplus \mathrm{ROL}_{i+1}(\delta[i \bmod 8]))$$

$$T[6i + 2 \bmod 8] \leftarrow \mathrm{ROL}_6(T[6i + 2 \bmod 8] \boxplus \mathrm{ROL}_{i+2}(\delta[i \bmod 8]))$$

$$T[6i + 3 \bmod 8] \leftarrow \mathrm{ROL}_{11}(T[6i + 3 \bmod 8] \boxplus \mathrm{ROL}_{i+3}(\delta[i \bmod 8]))$$

$$T[6i + 4 \bmod 8] \leftarrow \mathrm{ROL}_{13}(T[6i + 4 \bmod 8] \boxplus \mathrm{ROL}_{i+4}(\delta[i \bmod 8]))$$

$$T[6i + 5 \bmod 8] \leftarrow \mathrm{ROL}_{17}(T[6i + 5 \bmod 8] \boxplus \mathrm{ROL}_{i+5}(\delta[i \bmod 8]))$$

$$\mathrm{RK}_i \leftarrow T[6i \bmod 8] \| T[6i + 1 \bmod 8] \| T[6i + 2 \bmod 8]$$
$$\| T[6i + 3 \bmod 8] \| T[6i + 4 \bmod 8] \| T[6i + 5 \bmod 8]$$

3. 解密变换

解密变换为加密变换的逆,轮密钥顺序相反。设计者认为有许多工作模式仅调用分组密码的加密算法,因此 LEA 不考虑加解密相似性,只强调加密算法的性能。

4. 设计特点

设计者认为 32/64 位处理器比 8/16 位处理器的应用将更加广泛,因此 LEA 面向 32 比特字,基于在多数 32/64 位处理器都能快速实现的 ARX 操作。LEA 的加密算法和密钥扩展算法的 ARX 操作可以有效并行实现,LEA 不仅具有快速软件加密的特点,而且代码量小。与 AES 等分组密码不同,LEA 最后一轮的轮变换和其他轮一样,便于加密算法的软件和硬件实现。LEA 的设计重点是循环移位数的选取,加密算法中的 3 个移位数的选取策略是扩散性较优。LEA 采用简单的密钥扩展算法,密钥字之间没有混合,只是对密钥字模加常数和循环移位,便于软件和硬件实现。

8.4.2　LEA 的差分分析

在安全性评估方面,差分分析和线性分析仍然是最有效的分析方法,然而对于 ARX

结构的分析不同于对传统具有 S 盒的分组密码的分析。对基于字节或半字节设计的算法,通过搜索活跃 S 盒个数的下界可以给出差分特征估计。当 S 盒规模较小时,可以先进行不等式刻画,然后基于 MILP 或 SAT 工具搜索差分特征。对 ARX 结构算法,Lipmaa 等人基于 MILP 工具给出了模加操作的差分特征刻画,并构建了自动化搜索模型[146],具体如下描述。

定义 8-6 模 2^n 加法的输入差分为 α、β,输出差分为 γ,那么异或差分概率如下计算:

$$\mathrm{xdp}^+(\alpha,\beta \to \gamma) = \frac{\#\{(x,y):((x \oplus \alpha) + (y \oplus \beta) \oplus (x+y) = \gamma\}}{2^{2n}}$$

Lipmaa 等人提出,先验证差分特征是否存在,再计算对应的差分特征概率,如下两个定理所示。

定理 8-7 模 2^n 加法的差分特征 $(\alpha,\beta \to \gamma)$ 的概率不为 0,当且仅当以下两个条件成立:

(1) $\alpha[0] \oplus \beta[0] \oplus \gamma[0] = 0$。

(2) 当 $\alpha[i-1] = \beta[i-1] = \gamma[i-1]$ 时,$\alpha[i-1] = \beta[i-1] = \gamma[i-1] = \alpha[i] \oplus \beta[i] \oplus \gamma[i]$。

定理 8-8 若 $(\alpha,\beta \to \gamma)$ 是一条真实存在的差分特征,那么差分概率为

$$\mathrm{xdp}^+(\alpha,\beta \to \gamma) = 2^{-\sum_{i=0}^{n-2} \neg \mathrm{eq}(\alpha[i],\beta[i],\gamma[i]))}$$

其中

$$\mathrm{eq}(\alpha[i],\beta[i],\gamma[i]) = \begin{cases} 1, & \alpha[i] = \beta[i] = \gamma[i] \\ 0, & \text{其他} \end{cases}$$

例 8-6 差分 $(\alpha,\beta \to \gamma) = (11100,11100 \to 11110)$ 不存在,这是因为 $\alpha[0] = \beta[0] = \gamma[0] \neq \alpha[1] \oplus \beta[1] \oplus \gamma[1]$。差分 $(\alpha,\beta \to \gamma) = (11100,00110 \to 10110)$ 存在,差分概率为

$$\mathrm{xdp}^+(\alpha,\beta \to \gamma) = 2^{-(\neg\mathrm{eq}(0,0,0)+\neg\mathrm{eq}(0,1,1)+\neg\mathrm{eq}(1,1,1)+\neg\mathrm{eq}(1,0,0))} = 2^{-2}$$

用下面 5 个不等式可以刻画定理 8-7 中的限制条件 $\alpha[0] \oplus \beta[0] \oplus \gamma[0] = 0$:

$$d_{\oplus} \geqslant \alpha[0]$$
$$d_{\oplus} \geqslant \beta[0]$$
$$d_{\oplus} \geqslant \gamma[0]$$
$$\alpha[0] \oplus \beta[0] \oplus \gamma[0] - 2d_{\oplus} \geqslant 0$$
$$\alpha[0] \oplus \beta[0] \oplus \gamma[0] \leqslant 2$$

进一步,这 5 个不等式可以等价于一个等式:

$$\alpha[0] \oplus \beta[0] \oplus \gamma[0] = 2d_{\oplus}$$

其中,$d_{\oplus}$ 是一个增加的比特变量。

下面用向量 $[\alpha[i] \quad \beta[i] \quad \gamma[i] \quad \alpha[i+1] \quad \beta[i+1] \quad \gamma[i+1]]$ 刻画第 i 比特与第 $i+1$ 比特差分之间的关系。根据定理 8-7,这个向量只有 56 种可能的模式,加上变量 $\neg\mathrm{eq}(\alpha[i],\beta[i],\gamma[i])$ 形成 7 维向量。56 种存在的差分向量模式如下所示:

$[0\,0\,0\,0\,0\,0\,0][0\,0\,0\,0\,1\,1\,0][0\,0\,0\,1\,0\,1\,0][0\,0\,0\,1\,1\,0\,0][0\,0\,1\,0\,0\,0\,1]$
$[0\,0\,1\,0\,0\,1\,1][0\,0\,1\,0\,1\,0\,1][0\,0\,1\,0\,1\,1\,1][0\,0\,1\,1\,0\,0\,1][0\,0\,1\,1\,0\,1\,1]$
$[0\,0\,1\,1\,1\,0\,1][0\,0\,1\,1\,1\,1\,1][0\,1\,0\,0\,0\,0\,1][0\,1\,0\,0\,0\,1\,1][0\,1\,0\,0\,1\,0\,1]$
$[0\,1\,0\,0\,1\,1\,1][0\,1\,0\,1\,0\,0\,1][0\,1\,0\,1\,0\,1\,1][0\,1\,0\,1\,1\,0\,1][0\,1\,0\,1\,1\,1\,1]$
$[0\,1\,1\,0\,0\,1\,1][0\,1\,1\,0\,1\,0\,1][0\,1\,1\,0\,1\,1\,1][1\,0\,0\,0\,0\,0\,1][1\,0\,0\,0\,0\,1\,1]$
$[0\,1\,1\,1\,0\,1\,1][0\,1\,1\,1\,1\,0\,1][0\,1\,1\,1\,1\,1\,1][1\,0\,0\,0\,0\,0\,1][1\,0\,0\,0\,0\,1\,1]$
$[1\,0\,0\,0\,1\,0\,1][1\,0\,0\,0\,1\,1\,1][1\,0\,0\,1\,0\,1\,1][1\,0\,0\,1\,0\,0\,1][1\,0\,0\,1\,1\,0\,1]$
$[1\,0\,0\,1\,1\,1\,1][1\,0\,1\,0\,0\,0\,1][1\,0\,1\,0\,0\,1\,1][1\,0\,1\,0\,1\,0\,1][1\,0\,1\,0\,1\,1\,1]$
$[1\,0\,1\,1\,0\,0\,1][1\,0\,1\,1\,0\,1\,1][1\,0\,1\,1\,1\,0\,1][1\,0\,1\,1\,1\,1\,1][1\,1\,0\,0\,0\,0\,1]$
$[1\,1\,0\,0\,0\,1\,1][1\,1\,0\,0\,1\,0\,1][1\,1\,0\,0\,1\,1\,1][1\,1\,0\,1\,0\,0\,1][1\,1\,0\,1\,0\,1\,1]$
$[1\,1\,0\,1\,1\,0\,1][1\,1\,0\,1\,1\,1\,1][1\,1\,1\,0\,0\,1\,0][1\,1\,1\,0\,1\,0\,0][1\,1\,1\,1\,0\,0\,0]$
$[1\,1\,1\,1\,1\,1\,0]$

结合 SAGE 求解器和贪心算法,这 56 个向量可以由以下 13 个不等式刻画:

$$\beta[i]-\gamma[i]+(\neg\mathrm{eq}(\alpha[i],\beta[i],\gamma[i]))\geqslant 0$$
$$\alpha[i]-\beta[i]+(\neg\mathrm{eq}(\alpha[i],\beta[i],\gamma[i]))\geqslant 0$$
$$-\alpha[i]+\gamma[i]+(\neg\mathrm{eq}(\alpha[i],\beta[i],\gamma[i]))\geqslant 0$$
$$-\alpha[i]-\beta[i]-\gamma[i]-(\neg\mathrm{eq}(\alpha[i],\beta[i],\gamma[i]))\geqslant -3$$
$$\alpha[i]+\beta[i]+\gamma[i]-(\neg\mathrm{eq}(\alpha[i],\beta[i],\gamma[i]))\geqslant 0$$
$$-\beta[i]+\alpha[i+1]+\beta[i+1]+\gamma[i+1]+(\neg\mathrm{eq}(\alpha[i],\beta[i],\gamma[i]))\geqslant 0$$
$$\beta[i]+\alpha[i+1]-\beta[i+1]+\gamma[i+1]+(\neg\mathrm{eq}(\alpha[i],\beta[i],\gamma[i]))\geqslant 0$$
$$\beta[i]-\alpha[i+1]+\beta[i+1]+\gamma[i+1]+(\neg\mathrm{eq}(\alpha[i],\beta[i],\gamma[i]))\geqslant 0$$
$$\alpha[i]+\alpha[i+1]+\beta[i+1]-\gamma[i+1]+(\neg\mathrm{eq}(\alpha[i],\beta[i],\gamma[i]))\geqslant 0$$
$$\gamma[i]-\alpha[i+1]-\beta[i+1]-\gamma[i+1]+(\neg\mathrm{eq}(\alpha[i],\beta[i],\gamma[i]))\geqslant -2$$
$$-\beta[i]+\alpha[i+1]-\beta[i+1]-\gamma[i+1]+(\neg\mathrm{eq}(\alpha[i],\beta[i],\gamma[i]))\geqslant -2$$
$$-\beta[i]-\alpha[i+1]+\beta[i+1]-\gamma[i+1]+(\neg\mathrm{eq}(\alpha[i],\beta[i],\gamma[i]))\geqslant -2$$
$$-\beta[i]-\alpha[i+1]-\beta[i+1]+\gamma[i+1]+(\neg\mathrm{eq}(\alpha[i],\beta[i],\gamma[i]))\geqslant -2$$

对于两个自变量和一个因变量都是 n 比特的模加运算,共需要 $13(n-1)+1$ 个线性不等式刻画,最后可以计算得到差分概率

$$p=2^{-\sum\limits_{i=0}^{n-2}\neg\mathrm{eq}(\alpha[i],\beta[i],\gamma[i])}$$

在搜索过程中,把 $p=\sum\limits_{j=1}^{r}\sum\limits_{i=0}^{n-2}\neg\mathrm{eq}(\alpha_j[i],\beta_j[i],\gamma_j[i])$ 设置成 r 轮差分特征的目标函数,α_j,β_j,γ_j 表示第 j 轮模加操作的输入差分和输出差分,搜索目标为 $\sum\limits_{j=1}^{r}\sum\limits_{i=0}^{n-2}\neg\mathrm{eq}(\alpha_j[i],\beta_j[i],\gamma_j[i])$ 的最小值。

通过以上方法对 LEA 加密算法建模并进行搜索[147],容易得到表 8-6 中的 6 轮差分特征及其概率,通过计算得出对应差分特征的概率为 2^{-37}。

表 8-6　LEA 算法的 6 轮差分特征及其概率

差 分 特 征	$\log_2 p$
Δ_0^* (0x00000000,0x00000000,0x00000000,0x00020000)	
Δ_1^* (0x00000000,0x00000000,0x00004000,0x00000000)	-1
Δ_2^* (0x00000000,0x00000600,0x00000800,0x00000000)	-3
Δ_3^* (0x00040000,0x00000010,0x00000100,0x00000000)	-6
Δ_4^* (0x08042000,0x80000008,0x00000020,0x00040000)	-5
Δ_5^* (0x00401110,0xC4000000,0x00008004,0x08002000)	-8
Δ_6^* (0x80222188,0x22200400,0x81001400,0x00401110)	-14

基于表 8-6 中的 6 轮差分特征,再加 1 轮可以进行密钥恢复攻击,这部分作为习题。

 习题 8

（1）证明 Lai-Massey 结构是对合结构。

（2）基于 32 位处理平台实现 IDEA 和 LBlock 两个算法,并比较二者的实现效率。

（3）对 IDEA 算法进行大于 4 轮的中间相遇攻击,并写出简要过程。

（4）自学并实现 KASUMI 算法,与 MISTY1 进行效率和安全性比较。

（5）对 MISTY1 进行 6 轮恢复密钥攻击,写出简要过程,并分析需要的数据复杂度和时间复杂度。

（6）根据可分性定义,计算 LBlock 算法 S 盒的可分性。

（7）根据 KATAN-32 算法的加密变换写出解密变换过程。

（8）根据例 8-5,编写 KATAN-32 算法的可分性搜索程序,并给出 6 轮搜索结果。

（9）尝试对 KATAN-64/KATAN-128 算法进行可分性搜索。

（10）8.4.2 节中给出的相邻比特差分向量 $[\alpha[i] \quad \beta[i] \quad \gamma[i] \quad \alpha[i+1] \quad \beta[i+1] \quad \gamma[i+1]]$ 为什么只存在 56 个？请写出不存在的 8 个向量,并逐一说明其不可能存在原因。

（11）根据 8.4.2 节给出的 13 个不等式,编写搜索程序并检验表 8-6 中 6 轮差分特征的正确性。

（12）结合分组密码 LEA 的密钥扩展算法,基于 6 轮差分特征完成 7 轮 LEA 的密钥恢复攻击。

第9章 分组密码工作模式

分组密码每次加密的明文数据长度是固定的。而实际上在不同的应用场景中待加密的信息长度是不确定的,这就需要作一些处理,即采用不同的工作模式以增强加密后数据的安全性和适应性。分组密码工作模式是指以分组密码为基础,通过某种方式构造一个分组密码系统,以解决对任意长度明文加密的问题。

1980 年美国 NIST 公布了 4 种 DES 的工作模式,开启了分组密码工作模式标准的研究。时至今日国际组织已经推出多项具有不同功能的分组密码工作模式标准。本章按照功能的不同,将分组密码工作模式分为以下 3 类:

(1) 保密工作模式,例如 ECB、CBC、CFB、OFB 和 CTR。这类模式实现的是机密性,即敌手无法从密文得到明文任一比特的信息。

(2) 认证工作模式,例如 CBC-MAC、PMAC、CMAC 等。这类模式采用分组密码的消息鉴别码,实现了数据的完整性,即敌手无法伪造能通过验证的消息。

(3) 认证加密工作模式,例如 GCM、OCB、COPA 等。这类模式又称可鉴别的加密机制,同时实现了数据的机密性和完整性,即敌手既不能得到也不能伪造加密的明文信息。

关于分组密码工作模式的评价指标主要有 3 方面:安全性、性能和执行特点。

(1) 安全性指分组密码工作模式抵抗现有攻击的能力、是否具有可证明安全性、与类似模式安全性的比较、生成数据的随机性(即统计特性)以及是否基于合理的数学基础。

(2) 性能主要指计算的有效性、对空间存储的需求、是否可并行以及预处理能力。

(3) 执行特点指分组密码工作模式提供的密码服务是否灵活适用于各种平台、模式本身的抗错性以及设计结构是否简单等。

9.1 保密工作模式

2001 年 12 月,美国 NIST 公布了 AES 用于保密的 5 种工作模式,沿用了 DES 适用的 ECB、CBC、OFB 和 CFB[148],并增加了 CTR[149]。这些工作模式结合分组密码实现了数据机密性,根据自身的特点可以满足不同场景的保密需求,AES 可以由其他分组密码替换。本节假定当通信双方想使用工作模式时双方已共享了由密钥扩展算法生成的密钥 K。

在信息处理过程中,给定加密消息(明文)的长度是随机的,按分组密码的长度进行分组。当最后一组消息的长度不足时(只有 k 比特,小于分组长度),可以用一串 0 或随机选取的比特填充,不过通常要留出最后一字节说明填充的字节数;也可以将前一个明文分组中最左边 k 比特与其逐位异或后作为密文。

对于一个保密工作模式的安全性,在不同的场景下有不同的安全性评估方法和改进模式[150-154]。下面先给出两种安全性定义,分别为不可区分性和不可延展性。关于认证加密工作方案完整性的概念在 9.3 节给出。

1. 不可区分性

一般来说,不可区分性有 IND-CPA(选择明文攻击下的不可区分性)和 IND-CCA(选择密文攻击下的不可区分性)。此处 CPA(Chosen-Plaintext Attack)和 CCA(Chosen-Ciphertext Attack)指的是敌手的攻击能力,IND 即不可区分性(indistinguishability),可理解为机密性。IND-CCA 是很强的安全性质,目前很多工作模式都无法满足 IND-CCA,包括在下面将介绍的 CBC 和 CTR 模式。

可以通过左或右模型衡量不可区分性。定义左或右的随机预言机 oracle $\mathcal{E}_K(\mathcal{LR}(\cdot,\cdot,b))$(其中 $b\in\{0,1\}$),接收输入 $\{x_0,x_1\}$ 并执行以下操作:如果 $b=0$,oracle 计算 $C\leftarrow\mathcal{E}_k(x_0)$ 并返回 C;否则计算 $C\leftarrow\mathcal{E}_k(x_1)$ 并返回 C。对手对相同长度的消息对 (x_0,x_1) 进行 oracle 查询,并且必须猜测该位 b。

定义 9-1 设 $\Pi=(\mathcal{K},\mathcal{E},\mathcal{D})$ 是一个对称加密方案。令 $b\in\{0,1\}$ 和 $k\in\mathbf{N}$。令 A_{cpa} 成为访问 oracle $\mathcal{E}_K(\mathcal{LR}(\cdot,\cdot,b))$ 的攻击者的对手,令 A_{cca} 成为访问 oracle $\mathcal{E}_K(\mathcal{LR}(\cdot,\cdot,b))$ 和 oracle $\mathcal{D}_K(\cdot)$ 的攻击者的对手。考虑以下实验:

Experiment $\mathbf{Exp}_{\Pi,A_{cpa}}^{\text{ind-cpa-}b}(k)$	Experiment $\mathbf{Exp}_{\Pi,A_{cca}}^{\text{ind-cca-}b}(k)$
$K\leftarrow_R\mathcal{K}(k)$	$K\leftarrow_R\mathcal{K}(k)$
$x\leftarrow A_{cpa}^{\mathcal{E}_K(\mathcal{LR}(\cdot,\cdot,b))}(k)$	$x\leftarrow A_{cca}^{\mathcal{E}_K(\mathcal{LR}(\cdot,\cdot,b)),\mathcal{D}_K(\cdot)}(k)$
return x	return x

以上实验中要求 A_{cca} 从不对 oracle $\mathcal{E}_K(\mathcal{LR}(\cdot,\cdot,b))$ 输出的密文 C 查询 oracle $\mathcal{D}_K(\cdot)$,并且查询 oracle $\mathcal{E}_K(\mathcal{LR}(\cdot,\cdot,b))$ 的两个消息始终具有相同的长度。

对手在选择明文攻击下的不可区分优势定义为

$$\mathbf{Adv}_{\Pi,A_{cpa}}^{\text{ind-cpa}}(k)=\Pr[\mathbf{Exp}_{\Pi,A_{cpa}}^{\text{ind-cpa-1}}(k)=1]-\Pr[\mathbf{Exp}_{\Pi,A_{cpa}}^{\text{ind-cpa-0}}(k)=1]$$

对手在选择密文攻击下的不可区分优势定义为

$$\mathbf{Adv}_{\Pi,A_{cca}}^{\text{ind-cca}}(k)=\Pr[\mathbf{Exp}_{\Pi,A_{cca}}^{\text{ind-cca-1}}(k)=1]-\Pr[\mathbf{Exp}_{\Pi,A_{cca}}^{\text{ind-cca-0}}(k)=1]$$

该方案的优势函数定义如下。对任意整数 t、q_e、q_d、μ:

$$\mathbf{Adv}_{\Pi}^{\text{ind-cpa}}(k,t,q_e,\mu)=\max_{A_{cpa}}\{\mathbf{Adv}_{\Pi,A_{cpa}}^{\text{ind-cpa}}(k)\}$$

$$\mathbf{Adv}_{\Pi}^{\text{ind-cca}}(k,t,q_e,q_d,\mu)=\max_{A_{cca}}\{\mathbf{Adv}_{\Pi,A_{cca}}^{\text{ind-cca}}(k)\}$$

其中 $\max\{\cdot\}$ 是对所有 A_{cpa}、A_{cca} 取最大值。A_{cpa}、A_{cca} 受时间复杂度 t 限制。每个人最多向 oracle $\mathcal{E}_K(\mathcal{LR}(\cdot,\cdot,b))$ 进行 q_e 次查询,总计最多 μ 位。在 A_{cca} 的情况下,每个人向 oracle $\mathcal{D}_K(\cdot)$ 进行最多 q_d 次查询。如果函数 $\mathbf{Adv}_{\Pi}^{\text{ind-cpa}}(\cdot)$ 或 $\mathbf{Adv}_{\Pi}^{\text{ind-cca}}(\cdot)$ 对于任意的 $(k$ 阶)多项式时间复杂度的攻击者 A 都是可忽略的,则称方案 Π 是 IND-CPA 安全的或

IND-CCA 安全的。

2. 不可延展性

不可延展性的概念基于对安全的密码系统的认知，即攻击者除了消息长度以外不能获得有关消息的任何其他信息。"有关消息的任何其他信息"可以用关于消息 x 的一个函数描述，即 $R(x)$。

不可延展性（Non-Malleability，NM）由 Dolev 等人提出，关注的是消息数据之间的关系。给定一个关系 R 和一个消息 x 的密文，如果攻击者 A 能够生成一个密文 y 使得 $R(x,y)$ 成立，则称 A 攻击成功。如果对于每一个 A，都存在一个 A'，无须访问 x 的密文，就可以用与 A 相同的概率生成一个 z 使得 $R(x,z)=1$，则称密码系统是不可延展的。

Bellare 与 Sahai 将这一概念与不可区分性结合，用于评估对称密码方案的安全性。随后，Bellare 与 Namprempre 合作，分析了包含不可延展性在内的几种不同的安全性概念之间的关系。

定义 9-2　令 $\Pi=(\mathcal{K},\mathcal{E},\mathcal{D})$ 为一个对称加密方案。令 $b\in\{0,1\}$，$k\in\mathbf{N}$。令 $A_{\mathrm{cpa}}=(A_{\mathrm{cpa}_1},A_{\mathrm{cpa}_2})$ 为可以访问 oracle $\mathcal{E}_K(\mathcal{LR}(\cdot,\cdot,b))$ 的攻击者，令 $A_{\mathrm{cca}}=(A_{\mathrm{cca}_1},A_{\mathrm{cca}_2})$ 为可以访问 $\mathcal{E}_K(\mathcal{LR}(\cdot,\cdot,b))$ 和 oracle $\mathcal{D}_K(\cdot)$ 的攻击者。考虑以下实验：

Experiment $\mathbf{Exp}_{\Pi,A_{\mathrm{cpa}}}^{\mathrm{nm\text{-}cpa\text{-}}b}(k)$

$\quad K\leftarrow_R\mathcal{K}(k)$

$\quad (\boldsymbol{C},\boldsymbol{R})\leftarrow A_{\mathrm{cpa}_1}^{\mathcal{E}_K(\mathcal{LR}(\cdot,\cdot,b))}(k)$

$\quad \boldsymbol{P}\leftarrow\mathcal{D}_K(\boldsymbol{C})$

$\quad d\leftarrow A_{\mathrm{cpa}_2}(\boldsymbol{P},\boldsymbol{C},\boldsymbol{R})$

$\quad$ Return d

Experiment $\mathbf{Exp}_{\Pi,A_{\mathrm{cca}}}^{\mathrm{nm\text{-}cca\text{-}}b}(k)$

$\quad K\leftarrow_R\mathcal{K}(k)$

$\quad (\boldsymbol{C},\boldsymbol{R})\leftarrow A_{\mathrm{cca}_1}^{\mathcal{E}_K(\mathcal{LR}(\cdot,\cdot,b)),\mathcal{D}_K(\cdot)}(k)$

$\quad \boldsymbol{P}\leftarrow\mathcal{D}_K(\boldsymbol{C})$

$\quad d\leftarrow A_{\mathrm{cca}_2}(\boldsymbol{P},\boldsymbol{C},\boldsymbol{R})$

$\quad$ Return d

其中，算法 $\mathcal{D}_K(\boldsymbol{C})$ 以密文向量 $\boldsymbol{C}=[C_1,C_2,\cdots,C_n]$ 为输入，输出相应的明文向量 $\boldsymbol{P}=[\mathcal{D}_K(C_1),\mathcal{D}_K(C_2),\cdots,\mathcal{D}_K(C_n)]$。要求 A_{cpa_1} 输出的向量 $\boldsymbol{C}$ 中不包含 oracle $\mathcal{E}_K(\mathcal{LR}(\cdot,\cdot,b))$ 输出的密文；并且向 $\mathcal{E}_K(\mathcal{LR}(\cdot,\cdot,b))$ 查询的两个消息应具有相同的长度。定义攻击者的优势如下：

$$\mathrm{Adv}_{\Pi,A_{\mathrm{cpa}}}^{\mathrm{nm\text{-}cpa}}(k)=\Pr[\mathrm{Exp}_{\Pi,A_{\mathrm{cpa}}}^{\mathrm{nm\text{-}cpa\text{-}1}}(k)=1]-\Pr[\mathrm{Exp}_{\Pi,A_{\mathrm{cpa}}}^{\mathrm{nm\text{-}cpa\text{-}0}}(k)=1]$$

$$\mathrm{Adv}_{\Pi,A_{\mathrm{cca}}}^{\mathrm{nm\text{-}cca}}(k)=\Pr[\mathrm{Exp}_{\Pi,A_{\mathrm{cca}}}^{\mathrm{nm\text{-}cca\text{-}1}}(k)=1]-\Pr[\mathrm{Exp}_{\Pi,A_{\mathrm{cca}}}^{\mathrm{nm\text{-}cca\text{-}0}}(k)=1]$$

该方案的优势函数定义如下。对于任意整数 t、q_e、μ_e、q_d、μ_d：

$$\mathrm{Adv}_\Pi^{\mathrm{nm\text{-}cpa}}(k,t,q_e,\mu_e)=\max_{A_{\mathrm{cpa}}}\{\mathrm{Adv}_{\Pi,A_{\mathrm{cpa}}}^{\mathrm{nm\text{-}cpa}}(k)\}$$

$$\mathrm{Adv}_\Pi^{\mathrm{nm\text{-}cca}}(k,t,q_e,\mu_e,q_d,\mu_d)=\max_{A_{\mathrm{cca}}}\{\mathrm{Adv}_{\Pi,A_{\mathrm{cca}}}^{\mathrm{nm\text{-}cca}}(k)\}$$

其中 A_{cpa}、A_{cca} 受时间复杂度 t 限制，每个人最多向 oracle $\mathcal{E}_K(\cdot)$ 查询 q_e 次，总共最多 $\mu_e/2$ 比特，除此之外，A_{cca} 最多向 oracle $\mathcal{D}_K^*(\cdot)$ 查询 q_d 次，总共最多 μ_d 比特。如果函数 $\mathrm{Adv}_\Pi^{\mathrm{nm\text{-}cpa}}(\cdot)$ 或 $\mathrm{Adv}_\Pi^{\mathrm{nm\text{-}cca}}(\cdot)$ 对于任意的（k 阶）多项式时间复杂度的攻击者 A 都是可忽略的，则称方案 Π 是 NM-CPA 安全的或 NM-CCA 安全的。

9.1.1　ECB 模式

ECB（Electronic Code Book，电码本）模式是分组密码的直接应用，类似于电码本中的码字。

1. ECB 算法描述

首先将明文 M 按照分组密码要求的长度 n 进行分组,然后每个分组使用相同的密钥 K 独立加解密,各分组之间没有关联。ECB 模式对于明文的长度有限制,必须是分组长度的整数倍大小。如果输入的 M 长度不满足此条件,则返回符号 $\perp$,显示无效,需要进行 $\mathrm{Pad}_n(M)$ 处理,$\mathrm{Pad}_n(M)$ 表示将 M 分成大小为 n 的 m 个分组。

ECB 的加密算法如下:

如果 $|M| \bmod n \neq 0$,则返回 $\perp$

$M_1 M_2 \cdots M_m \leftarrow_n \mathrm{Pad}_n(M)$

对 $i=1,2,\cdots,m$,计算

$$C_i \leftarrow E_k(M_i)$$

$C \leftarrow C_1 C_2 \cdots C_m$

ECB 的解密算法如下:

如果 $|C| \bmod n \neq 0$,则返回 $\perp$

$C_1 C_2 \cdots C_m \leftarrow_n \mathrm{Pad}_n(C)$

对 $i=1,2,\cdots,m$,计算

$$M_i \leftarrow E_k^{-1}(C_i)$$

$M \leftarrow M_1 M_2 \cdots M_m$

图 9-1(a)是以分组密码 AES 为例的 ECB 算法的加密过程,图 9-1(b)是对应的解密过程。

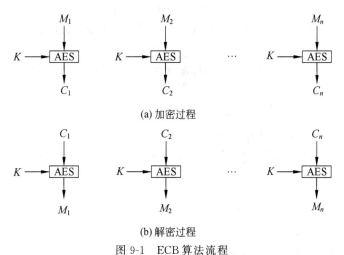

(a) 加密过程

(b) 解密过程

图 9-1　ECB 算法流程

2. ECB 模式的特点和安全性

ECB 模式的显著特点是简单、快捷,相同的明文分组加密以后得到的密文分组也相同。在实际使用中,这种工作模式的优点是简单、速度快、可并行运算。其缺点是分组加密不能隐蔽数据格式,即相同的明文分组蕴含着相同的密文分组,不能抵抗分组的重放、

嵌入、删除等攻击,加密长度只能是分组长度的倍数。

例 9-1　下面是对密文的两种重放攻击。

(1) 密文挪用攻击。

首先假设攻击者预先窃听到以下数据格式的密文:

账号 A	存入	1000 元
账号 B	取出	2000 元

根据以上数据格式,攻击者很容易就得到"存入"和"取出"这一分组加密的结果。如果攻击者自己的账号为 C,那么他从自己的账号中取出 10 000 元,那么前台发送给结算中心的数据将是

账号 C	取出	10 000 元

由于攻击者已经预先知道"存入"和"取出"对应的密文格式,他可以在网络上篡改这一数据,将上面数据中"取出"的密文直接替换成"存入"的密文。这样,数据经过解密后变成

账号 C	存入	10 000 元

很显然,在实施这一攻击的过程中攻击者并不需要知道密钥。之所以出现这种攻击的根本原因是 ECB 模式对相同的分组加密之后得到的输出结果总是一样的。因此,如果攻击者预先知道某个加密分组对应的明文,就可以想办法在加密数据中挪用和替换数据,从而达到控制部分明文的目的。

(2) 重新排列分组。

假如攻击者发现发送的消息格式为

账号 A	存入	1000 元	账号 B	存入	10 000 元

虽然他从密文并不能知道对应的账号名称,但他可以将"账号 A"和"账号 B"对应的密文互换,使得上面的消息变成

账号 B	存入	1000 元	账号 A	存入	10 000 元

攻击者能够任意篡改密文和重新排列分组的根本原因是 ECB 模式中各个明文分组加密是独立的、互不影响,因此某个分组被篡改后其他分组仍然能够正常解密。

在实际应用中,通常将 ECB 模式用于对数据库加密,可以独立地加密或解密任意一个记录,即使独立地增加或删除任意记录也不会影响其他数据。

9.1.2　CBC 模式

CBC(Cipher Block Chaining,密文分组链接)是应用最广、影响最大的分组密码工作

模式。

1. CBC 算法描述

CBC 是指每个明文分组在加密前与前一个密文分组进行异或。CBC 模式每次加密需要一个随机的初始向量 IV,用于与第一个明文分组进行异或,发送方和接收方必须都知道 IV。为了达到最大程度的安全性,IV 应该和密钥一样受到保护。解密时,每一个密文分组先进行解密,其结果再与上一个密文分组进行异或,才能得到相应的明文。

CBC 的加密算法如下:

如果 $|M| \bmod n \neq 0$,则返回 $\perp$

$M_1 M_2 \cdots M_m \leftarrow n \ \mathrm{Pad}_n(M)$

令 $C_0 = \mathrm{IV}$,对 $i=1,2,\cdots,m$,计算

$\qquad C_i \leftarrow E_k(C_{i-1} \oplus M_i)$

$C \leftarrow C_0 \ C_1 \ C_2 \cdots C_m$

CBC 的解密算法如下:

如果 $|C| \bmod n \neq 0$,则返回 $\perp$

$C_0 \ C_1 \ C_2 \cdots C_m \leftarrow n \ \mathrm{Pad}_n(C)$

对 $i=1,2,\cdots,m$,计算

$\qquad M_i \leftarrow E_k^{-1}(C_i) \oplus C_{i-1}$

$M \leftarrow M_1 \ M_2 \cdots M_m$

图 9-2(a)是以分组密码 AES 为例的 CBC 算法的加密过程,图 9-2(b)是对应的解密过程。

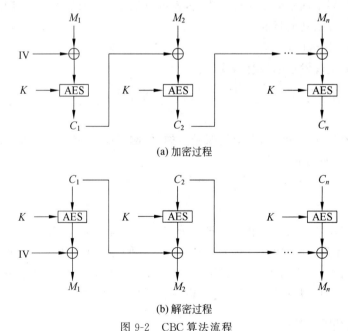

(a) 加密过程

(b) 解密过程

图 9-2　CBC 算法流程

2. CBC 模式的特点和安全性

CBC 模式的优点是解决了 ECB 模式的安全缺陷。在这种模式下，即使多个明文分组相同，输出对应密文也不相同。这是由于每个明文分组在输入 AES 加密前先与上一个密文分组进行异或，必然使相同的明文分组转化为不同的明文分组，然后再利用 AES 进行加密，最终得到不同的密文分组，因此给密码攻击者造成了困难。

CBC 模式的缺点是会出现错误传播，即密文在传播中发生错误不仅会影响对应组的正确密文，还会影响下一个密文分组的正确解密。同时，用 CBC 模式加密的消息长度只能是分组长度的整数倍，而不是任意长度。目前在许多标准（如 SSL/TLS、IPSEC、WTLS)中都使用 CBC 模式进行加密，为了能加密任意长度的消息，在加密前首先对消息按一定的方式进行填补，使其长度变为分组长度的整数倍。

值得注意的是，对不同的明文消息应使用不同的初始向量 IV；否则，若用了相同的报头格式，开始的若干分组也可能会相同，由此会给密码分析者提供一些有用的线索。

最常见填充是 PKCS♯5 和 PKCS♯7，PKCS♯5 是将消息填充为每组 8 字节，PKCS♯7 是将消息填充为每组 1～255 字节。以 PKCS♯5 为例，如果最后一块明文缺少 N 字节，就用 N 这个数填充成完整的分组。

例 9-2　以 8 字节为一组的工作模式填充为例。第一个明文只有"A"，还缺少 7 字节，所以填充 7 个 0x07；第二个明文有"HI"，缺少 6 字节，所以填充 6 个 0x06；第三个明文有"HEY"，缺少 5 字节，所以填充 5 个 0x05。

A	0x07	0x07	0x07	0x07	0x07	0x07	0x07
H	I	0x06	0x06	0x06	0x06	0x06	0x06
H	E	Y	0x05	0x05	0x05	0x05	0x05

此处令 b 表示分组的字节长度，例如 AES 中 $b=16$，DES 中 $b=8$；N 表示明文包含的分组数量。那么在 PKCS♯5 中，一个分组序列 $x_1, x_2, \cdots, x_N$ 填充有效，是指 X_N 最后一字节为 0x01，或者最后两个字节为(0x02,0x02)，以此类推。

CBC 模式存在 Last Word Oracle 攻击（这里 Oracle 是"预言机"，意为服务器返回的提示信息）。假设能够获得任意密文块 y 最后一字节对应的明文内容，如图 9-3 所示。

首先选择一个长度为 b 字节的随机序列 $r=r_1 r_2 \cdots r_b$，借助需要解密的密文块伪造密文 $r \parallel y$（$\parallel$ 表示两个分组串联），然后将其发送给 Oracle，如果 Oracle 返回的消息 $O(r \parallel y)=\text{valid}$，表示填充有效，这里最有可能的结果是解密后 $D_K(y) \oplus r$ 最后一字节内容为 0x01，因此 $D_K(y)$ 的最后一字节内容为 $r_b \oplus 0\text{x}01$，然后把这个中间值与前一个密文块的最后一字节异或，就可以得到 y 的最后一字节对应的明文内容；如果 $O(r \parallel y)=\text{invalid}$，修改 r 的值为 $r'=r_1 r_2 \cdots (r_b \oplus i)$，其中 $i=0,1,\cdots,2^b-1$，直到 Oracle 返回 valid 为止。

当然，也会出现填充为(0x02,0x02)或(0x03,0x03,0x03)这样的情况，这时 Oracle 也会返回 valid。此时从 r 最左端的一字节更改，观察是否返回消息仍为 valid。如果是，则说明从这个字节往后都是填充；否则向右移动更改 r 的字节位置。Vaudenay 给出的

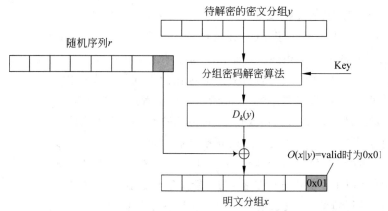

图 9-3 Last Word Oracle 攻击

Last Word Oracle 攻击的具体实施过程如算法 9-1 所示。

算法 9-1 Last Word Oracle 攻击

Require: Ciphertext block y, padding oracle O
Ensure: Last word of $D_K(y)$
 1: $r_1 r_2 \cdots r_b \Leftarrow$ random words, $i=0$
 2: $r \leftarrow r_1 r_2 \cdots r_{b-1} (r_b \oplus i)$
 3: if $O(r \| y) =$ invalid then
 4:    $i \leftarrow i+1$
 5:    go back to the step 2
 6: end if
 7: $r_b \leftarrow r_b \oplus i$
 8: for $n=b \rightarrow 2$ do
 9:    $r \leftarrow r_1 \cdots r_{b-n} (r_{b-n+1} \oplus 1) r_{b-n+2} \cdots r_b$
10:    if $O(r \| y) =$ invalid then
11:       stop and output $(r_{b-n+1} \oplus n) \cdots (r_b \oplus n)$
12:    end if
13: end for
14: output $r_b \oplus 1$

这个过程的思想就是枚举初始向量,密文 y 解密的中间值不变,通过枚举 r,使得异或后的明文产生变化,根据填充方式的特征以及返回的 Oracle 信息,判断异或后明文最后一字节的内容,从而获得中间值对应字节的内容,进一步与前一密文分组对应字节异或,得到 y 的最终明文。

在现实生活中,CBC 模式可以用于商品防伪标记,使得消费者能够对商品的真伪进行鉴定。

例 9-3 彩票销售点对于人们拿来兑奖的彩票是否是自己所发行的也需要采用一定的手段进行处理和鉴定,也就是一定要防止伪造彩票。对于彩票销售系统,处理方法如下:

(1) 选择一种合适的分组密码工作模式和一个用于认证的秘密参数(将其保存在彩

票销售系统中）。

（2）选择彩票上的一些关键信息作为要处理的明文消息，如期号、票号、股量、销售点代码等。

（3）对于上述明文消息进行处理，得到一个校验码，将明文和校验码一起用分组加密系统进行处理，将处理后得到的最后一个密文块作为认证码，标识在彩票上面。

（4）认证时，重新执行（3）的过程，将计算得到的新的认证码与彩票上面标识的认证码进行对比，从而判断彩票的真伪。

9.1.3　OFB 模式

OFB(Output FeedBack，输出反馈)模式的结构类似于序列密码的同步模式。可以将分组密码作为密钥生成器的一个组件进行密钥生成。

1. OFB 算法描述

OFB 算法首先产生一个密钥流，然后将其与明文或密文相异或进行加密或解密。OFB 如下所示。其中，IV 为初始向量，无须保密，但对每条消息必须选择不同的初始向量。

OFB 加密算法如下：

$M_1 \, M_2 \cdots M_m \leftarrow_n \mathrm{Pad}_n(M)$
令 $O_0 = \mathrm{IV}$，对 $i = 1, 2, \cdots, m-1$，计算
$\qquad O_i \leftarrow E_k(O_{i-1})$
$\qquad C_i \leftarrow M_i \oplus O_i$
对 $i = m$，计算
$\qquad O_m \leftarrow E_k(O_{m-1})$
$\qquad C_m \leftarrow M_m \oplus \mathrm{MSB}_{|M_m|}(O_m)$
$C \leftarrow O_0 \, C_1 \, C_2 \cdots C_m$

OFB 的解密算法如下：

$C_0 \, C_1 \, C_2 \cdots C_m \leftarrow_n \mathrm{Pad}_n(C)$
令 $O_0 = C_0$，对 $i = 1, 2, \cdots, m-1$，计算
$\qquad O_i \leftarrow E_k(O_{i-1})$
$\qquad M_i \leftarrow C_i \oplus O_i$
对 $i = m$，计算
$\qquad O_m \leftarrow E_k(O_{m-1})$
$\qquad M_m \leftarrow C_m \oplus \mathrm{MSB}_{|C_m|}(O_m)$
$M \leftarrow M_1 \, M_2 \cdots M_m$

图 9-4(a)是以分组密码 AES 为例的 OFB 算法的加密过程，图 9-4(b)是对应的解密过程。

2. OFB 模式的特点和安全性

OFB 模式的主要优点是无错误扩散。这对于信息冗余度较大的语言或图像等数据加密处理来说比较合适，可以容忍传输和存储过程中产生的少量错误。

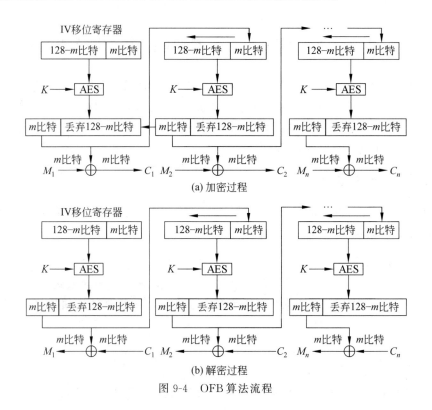

图 9-4 OFB 算法流程

OFB 模式的引入克服了 CBC 模式中存在的错误传播问题,但同时 OFB 模式也带来了序列密码的缺点——无法检测和识别攻击者对密文的篡改。由于 OFB 模式多在同步信道中运行,对手难以知道消息的起止点而使这类主动攻击并不容易奏效。OFB 模式不具有自同步能力,系统必须保持严格的同步,否则难以解密。OFB 模式的初始向量无须保密,但对每条消息必须选择不同的初始向量。

在实际应用中,OFB 模式适用于高度同步的、不容差错传播的系统,如人造卫星通信中的加密。

9.1.4 CFB 模式

CFB(Cipher FeedBack,密码反馈)模式是指密文反馈给加密算法的输入端,参与下一组明文的加密。若待加密消息必须按字符处理(如电传电报),可采用 CFB 模式。

1. CFB 算法描述

CFB 模式的加密算法使用了序列密码中的移位寄存器。首先,AES 的输入是密钥 K 和 128 级移位寄存器中的初态,设为向量 IV;AES 的输出为 128 比特,若明文分组长度为 m 比特,则选取 AES 输出位最高端(左端)的 m 比特与当前明文分组的 m 比特进行异或运算,产生一组密文。然后,移位寄存器进动 m 拍,并将上一分组加密以后的密文(m 比特)送入移位寄存器的右端,以便作为下一个明文分组的移位寄存器状态值使用。这一过程一直继续到所有明文分组加密完为止。CFB 模式也需要一个初始向量 IV,无须保密,但每条消息必须有一个不同的 IV。

CFB 的加密算法如下：

$M_1 M_2 \cdots M_{m \leftarrow n} \text{Pad}_n(M)$

令 $I_1 = \text{IV}$, $C_1 = M_1 \oplus \text{MSB}_s(E_k(I_1))$

对 $i = 2, 3, \cdots, m-1$, 计算

$\qquad I_i \leftarrow \text{LSB}_{1-s}(I_{i-1}) \parallel C_{i-1}$

$\qquad C_i \leftarrow M_i \oplus \text{MSB}_s(E_k(I_i))$

对 $i = m$, 计算

$\qquad I_m \leftarrow \text{LSB}_{1-s}(I_{m-1}) \parallel C_{m-1}$

$\qquad C_m \leftarrow M_m \oplus \text{MSB}_{|Mm|}(E_k(I_m))$

$C \leftarrow \text{IV} C_1 C_2 \cdots C_m$

CFB 的解密算法如下：

$\text{IV} C_1 C_2 \cdots C_{m \leftarrow n} \text{Pad}_n(C)$

令 $I_1 = \text{IV}$, $C_1 = M_1 \oplus \text{MSB}_s(E_k(I_1))$

对 $i = 2, 3, \cdots, m-1$, 计算

$\qquad I_i \leftarrow \text{LSB}_{1-s}(I_{i-1}) \parallel C_{i-1}$

$\qquad M_i \leftarrow C_i \oplus \text{MSB}_s(E_k(I_i))$

对 $i = m$, 计算

$\qquad I_m \leftarrow \text{LSB}_{1-s}(I_{m-1}) \parallel C_{m-1}$

$\qquad M_m \leftarrow C_m \oplus \text{MSB}_{|C_m|}(E_k(I_m))$

$M \leftarrow M_1 M_2 \cdots M_m$

利用 CFB 模式解密时，一方面当前密文分组与 AES 当前输出的 128 比特最高位的 m 比特进行异或，得到一组明文；另一方面移位寄存器进动 m 拍，当前密文分组被送入移位寄存器的右端，以便解密下一密文分组。图 9-5(a)是以分组密码 AES 为例的 CFB 算法的加密过程，图 9-5(b)是对应的解密过程。

2. CFB 模式的特点和安全性

CFB 模式的主要优点是具有自同步能力，可以处理任意长度的消息，能适应用户不同数据格式的需要，同时具备 CBC 模式的优点。

CFB 模式的缺点有两个：一是对信道错误较敏感，且会造成错误传播；二是数据加密的速度较低。

例 9-4　在基于 AES 的 CFB 模式中，当接收方收到的密文发生 1 比特错误时，存在 $\left\lfloor \dfrac{128}{n} \right\rfloor + 1$ 组错误扩散，即当传输的密文分组 C_i 出现 1 比特错误时，解密的明文分组 M_i 也有 1 比特错误，而且随后解密出来的 $\left\lfloor \dfrac{128}{n} \right\rfloor$ 个明文分组 $M_{i+1}, M_{i+2}, \cdots, M_{i+\left\lfloor \frac{128}{n} \right\rfloor}$ 全错，直至此后原 C_i 的 1 比特错误刚好移出 128 级移位寄存器，系统方可自动恢复正常。

一般在以字符为单元的加密中多选用 CFB 模式，如终端与主机或客户端与网络服务器之间的会话加密。

9.1.5　CTR 模式

1979 年，Diffie 和 Hellman 提出 CTR(Counter，计数器)模式。该模式需要计数器序

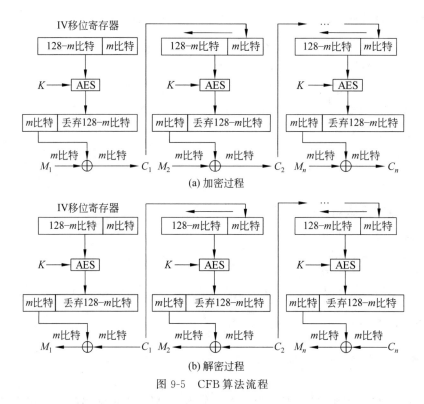

IV移位寄存器

(a) 加密过程

IV移位寄存器

(b) 解密过程

图 9-5　CFB算法流程

列 $T_1, \cdots, T_{m-1}, T_m$，通过对计数器序列调用分组加密算法得到密钥流，然后和明文异或得到密文。对计数器序列的要求是两两不同，不仅在一个消息的操作中，而且在同一密钥的所有操作中均要求所用计数器序列两两不同。

1. CTR 算法描述

依据计数器序列的产生方式，CTR 模式分为两种：一种是 R-CTR 模式，每次调用加密方案时需选取一个随机数作为计数器序列的起点；另一种是 C-CTR 模式，该加密方案利用一个计数器保持状态。

R-CTR 加密算法如下：

$M_1 \, M_2 \cdots M_m \leftarrow_n \mathrm{Pad}_n(M)$

选取随机数 R

对 $i=1, 2, \cdots, m$，计算

$\qquad C_i \leftarrow E_k([R+i]_n) \oplus M_i$

$C_m \leftarrow \mathrm{MSB}_{|M_m|}(E_k([R+m]_n)) \oplus M_m$

令 $C_0 \leftarrow [R]_n$

$C \leftarrow C_0 \, C_1 \, C_2 \cdots C_m$

R-CTR 解密算法如下：

$C_0 \, C_1 \cdots C_{m-1} \, C_m \leftarrow_n \mathrm{Pad}_n(C)$

$R \leftarrow \mathrm{StN}(C_0)$

对 $i=1, 2, \cdots, m$，计算

$$M_j \leftarrow E_k([R+i]_n) \oplus C_i$$
$$M_m \leftarrow \mathrm{MSB}_{|C_m|}(E_k([R+m]_n)) \oplus C_m$$
$$M \leftarrow M_1 \ M_2 \cdots M_m$$

算法中的 $[R]_n$ 表示将非负整数 R 写成长度为 n 的序列。

C-CTR 加密算法如下：

$$M_1 \ M_2 \cdots M_m \leftarrow_n \mathrm{Pad}_n(M)$$

如果 $\mathrm{ctr}+m \geqslant 2^n$，返回 $\bot$

对 $i = 1, 2, \cdots, m$，计算

$$\qquad C_j \leftarrow E_k([\mathrm{ctr}+j]_n) \oplus M_j$$
$$C_m \leftarrow \mathrm{MSB}_{|M_m|}(E_k([\mathrm{ctr}+m]_n)) \oplus M_m$$

令 $C_0 \leftarrow [\mathrm{ctr}]_1$

$$C \leftarrow C_0 \ C_1 \ C_2 \cdots C_m$$

$$\mathrm{ctr} \leftarrow \mathrm{ctr}+m$$

C-CTR 解密算法如下：

如果 $|C| \leqslant 1$，返回 $\bot$

$$C_0 \ C_1 \cdots C_{m-1} \ C_m \leftarrow_n \mathrm{Pad}_n(C)$$

$$\mathrm{ctr} \leftarrow \mathrm{StN}(C_0)$$

对 $i = 1, 2, \cdots, m$，计算

$$\qquad M_i \leftarrow E_k([\mathrm{ctr}+i]_n) \oplus C_i$$
$$M_m \leftarrow \mathrm{MSB}_{|C_m|}(E_k([\mathrm{ctr}+m]_n)) \oplus C_m$$

$$M \leftarrow M_1 \ M_2 \cdots M_m$$

图 9-6(a)是以分组密码 AES 为例的 CTR 算法的加密过程，图 9-6(b)是对应的解密过程。

2. CTR 模式的特点和安全性

CTR 模式的优点是安全、高效、可并行，适合任意长度的数据加密。分组密码 AES 的计算可预处理或高速并行。CTR 模式的加解密过程仅涉及加密运算，不涉及解密运算，因此不用实现解密算法。

CTR 模式的缺点是加解密双方要保持同步。

CTR 模式是美国 NIST 为分组密码开发的一种工作模式。AES-CTR 机制对于高速网络具有许多吸引人的特性。AES-CTR 机制使用 AES 分组密码加密连续的计数分组（Counter Block，CTRBLK）生成密钥流。数据在加解密时，明密文与密钥流进行异或运算。AES-CTR 机制易于实现，可以进行流水线和并行处理。多个独立的 AES 加密实现可以用于提高效率。例如，AES-CTR 机制的加密处理可以进行双机并行实现，从而达到双倍效率的吞吐量。AES-CTR 机制支持密钥流的预计算处理，能够减小数据包的时延。无论加密还是解密，AES-CTR 机制仅使用 AES 的加密操作，这使得 AES-CTR 机制相较于 AES 其他模式实现更为精简。

CTR 模式与 OFB 模式较为相似，但是前者的优势更为突出。分组密码以 CTR 模式作为序列密码运行时，只需要一个计数器序列，不同的计数器的值作为算法每次迭代的输入，而不需要依赖前一次算法迭代的结果，因此 CTR 模式可以并行运算。若有充足的内

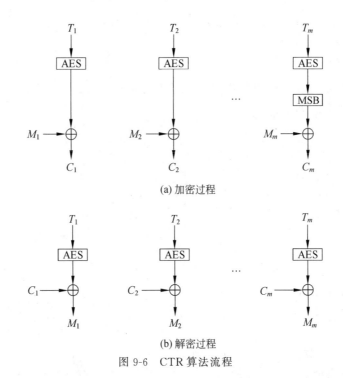

(a) 加密过程

(b) 解密过程

图 9-6　CTR 算法流程

存空间,CTR 算法以并行模式运行,将产生的密钥流序列存储于内存空间,可明显提高加解密的速度,这是 OFB 模式所无法相比的。

要产生一段密文流,OFB 模式只能按顺序执行,直到产生所需的输出,要生成某一位的密钥必须先产生在此位之前的所有的密钥位。对于 CTR 模式来说,算法的每次运行不依赖于前面的运行结果,要产生某段密钥流,只需将计数器的值设置为产生该段输出所对应的计数器值即可,而无须产生此前的密钥流序列,这有利于保密信息的随机访问。

分组密码 CTR 模式的输出依赖于计数器的值,保证所采用的计数器序列不存在相同的数值,就可以确保算法不会产生相同的输出分组。若计数器序列的周期足够大,可确保密钥流序列具有较大的周期。分组密码 OFB 模式无法保证算法每次的输入都是不同的。若某次算法的输出在此之前产生过,则在这两次输出之间的密钥流便会周期性地出现,这直接影响到密钥流的周期。

综上可见,CTR 模式比 OFB 模式有较大优势。

9.2　认证工作模式

数据的完整性保护和起源认证在现实中需求广泛,例如银行业的通信和网络服务等。在密码学中,数字签名和消息鉴别码都可以提供这两类服务。消息鉴别码(Message Authentication Code,MAC)属于对称密码体制,要求使用者事先共享一个密钥 K。为了发送消息 M,发送者首先计算 $T = \mathrm{MAC}_K(M)$,然后把 (M, T) 发送出去。在接收到 (M, T) 之后,接收者计算 $T' = \mathrm{MAC}_K(M)$。并且验证 $T = T'$ 是否成立。若是,则认为 (M, T) 有效。

现实应用中的消息鉴别码算法有很多。从设计思路看,它们主要分为 4 大类[155-161]。第 1 类采用分组密码作为基本模块,例如 CMAC,这类消息鉴别码算法也被称为分组密码的认证模式;第 2 类采用哈希函数作为基本模块,例如 HMAC;第 3 类采用泛哈希函数作为基本模块,例如 UMAC 和 Poly1305;最后一类是专门设计的,它们不采用任何密码学模块,例如 MAA(Message Authentication Algorithm,消息鉴别算法),一般称它们为专用消息鉴别码算法。限于篇幅,本节以第 1 类为例,重点介绍几个典型的分组密码认证算法,并且约定发送双方已共享密钥 K。

9.2.1　CBC-MAC

CBC-MAC 是由美国 NIST 设计并于 1985 年发布的数据认证算法(FIPS Pub 113),被 ISO/IEC 8731、ISO/IEC 9799-1 等标准采纳。CBC-MAC 采用链式结构,数据分组依次与链值分组异或并经分组密码作用获得新的链值,最终的链值经截取后作为 MAC 值。CBC-MAC 的主密钥即分组密码密钥。仅当消息长度固定时,CBC-MAC 具有可证明安全性。消息长度任意时有以下 3 种填充方法:

方法 1:消息右侧填充比特 0,直至分组长度的整数倍。

方法 2:消息右侧先填充一个比特 1,再填充比特 0,直至分组长度的整数倍。

方法 3:先在消息右侧填充比特 0,保证填 0 后的长度为分组长度 n 的整数倍,再在消息 MSG 左侧添加消息长度 MSG_LEN(采用大端表示),填充后的消息格式为 MSG_LEN|| MSG||10…00。

需要注意的是,如果在计算 MAC 前不知道完整消息的长度,则填充方法 3 不可用。

1. CBC-MAC 算法描述

CBC-MAC 算法密钥为一个分组密码密钥 K。对于任意长度的消息 M,可以使用填充方法 1、2、3,填充后的比特串长度由消息和填充方法共同决定。算法共需迭代调用 $\lceil |\mathrm{Pad}(M)|/n \rceil$ 次分组密码。CBC-MAC 算法流程如图 9-7 所示。

CBC-MAC 算法描述如下:

$M_1 M_2 \cdots M_m \leftarrow_n \mathrm{Pad}_n(M)$
令 $H_0 \leftarrow 0^n$
对 $i \leftarrow 1, 2, \cdots, m$,计算
　　$H_i \leftarrow E_K(H_{i-1} \oplus M_i)$
$T \leftarrow \mathrm{MSB}_t(H_m)$

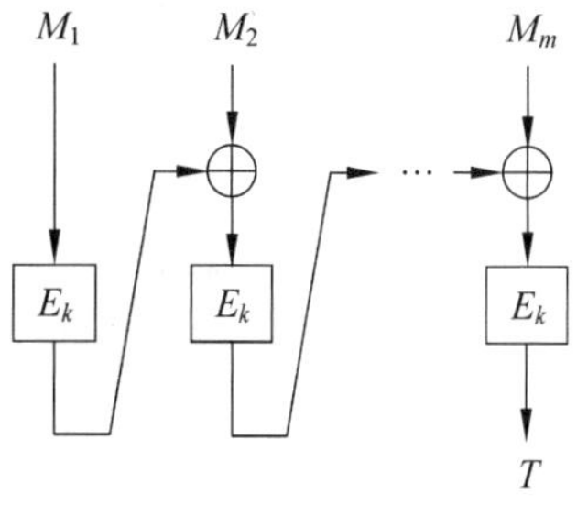

图 9-7　CBC-MAC 算法流程

2. CBC-MAC 算法的特点和安全性

CBC-MAC 采用链式结构,将消息逐分组融入链值,具有在线性,即后向链值仅受已融入的所有消息分组和前向链值影响。这种链式结构也可用于加密。采用填充方法 1、2 时,CBC-MAC 可以即时处理(顺序)输入的消息分组,不需要额外的存储空间。采用填充方法 1、2 且最终链值不截断(即 $t=n$)时,CBC-MAC 存在异或伪造攻击;采用填充方法 3 时可以抵抗这种攻击;截断最终链值(即 $t<n$)会使这种攻击的实现代价增高,但相应地

会降低抵抗伪造攻击的能力。采用填充方法 2 时，CBC-MAC 仅在消息长度固定时是可证明安全的。

文献[158-162]从不同角度对 CBC-MAC 进行了安全性证明。其中，Bellare 等人证明了 CBC-MAC 算法在消息长度固定为 mn 比特时的安全性，m 为任一正整数。该长度固定后，CBC-MAC 只能处理该比特长度的消息。当输入的消息长度有所变化时，CBC-MAC 就不再安全了，攻击者此时能很容易得到一个伪造消息。假设存在一个攻击者 A，A 得到一个长为 n 比特的消息 X 及其验证标记 T。那么，A 便可以伪造一个新的消息 $X \parallel T \oplus X$，其认证标记仍然为 T。后来，Bernstein 等人提高了 CBC-MAC 的安全上界，并证明了 CBC-MAC 除在输入消息固定为某一长度的情况下是安全的以外，也在所有输入的消息中不存在某一消息为另一个消息的前缀的时候仍然是安全的。在这种情况下，上面提到的伪造攻击就不存在了，因为消息 X 就是消息 $X \parallel T \oplus X$ 的前缀。

尽管如此，在实际应用中总会出现消息长度变化的情况，而且长度是任意的。因此，CBC-MAC 的各种改进算法也陆续被提出[160-164]，包括 EMAC、RMAC、XCBC、TMAC、OMAC 等。这些改进算法的工作集中在使 CBC-MAC 算法输入空间的消息可以是任意的长度而且长度可以变化以及减少算法需要使用的密钥数量等方面。

9.2.2　CMAC

CBC-MAC 在处理变长消息的时候是不安全的。为了弥补这个缺憾，很多 CBC-MAC 的变种被提了出来。CMAC 又称 OMAC1，是由 Iwata 和 Kurosawa 提出的 CBC-MAC 的一种改进算法。它于 2002 年 12 月被提交给美国 NIST，并于 2005 年正式以标准形式颁布，纳入 NIST SP 800-38B:2005。

CMAC 有效地解决了 CBC-MAC 的安全缺陷。它借鉴了 XCBC 的设计理念，在算法末尾的迭代调用分组密码之前增加了掩码密钥，使得 CMAC 具有可证明安全性。CMAC 使用一个分组密码密钥作为主密钥，采用密钥诱导方法得到两个掩码密钥，相较于 XCBC、TMAC 等同类算法降低了主密钥量。同时提出的 OMAC 仅在密钥诱导方法上与 CMAC 略有差别。

1. CMAC 算法描述

CMAC 算法密钥为一个分组密码密钥 K，采用密钥诱导方法，得到两个掩码密钥 K_1 和 K_2。K_1 和 K_2 的生成过程如下：

```
L←E_k(0^n)
If MSB_1(L)=0 then K_1=L<<1
    else K_1=(L<<1)⊕R_n
If MSB_1(K_1)=0 then K_2=K_1<<1
    else K_2=(K_1<<1)⊕R_n
```

一般来说，R_n 表示某个 n 次不可约二元多项式。算法中 R_n 由块中的位数决定，$R_{128}=0^{120}10000111$，$R_{64}=0^{59}11011$。其中，0^{120} 表示 120 个连续的二进制 0。

对于任意长度的消息 M，填充后的比特串长度由消息决定，分为以下两种情况：

（1）消息 M 是块的整数倍大小,则消息 M 被完整划分,此时不需要填充。

（2）消息 M 不是块的整数倍大小,则将消息 M 尽可能划分成完整的块,即除了最后一块,前面的所有块都是完整的块,将最后一块用序列 $10\cdots0$ 进行填补,形成一个完整块。

除密钥诱导操作的消耗以外,CMAC 生成算法共需迭代调用 $\lceil|M|/n\rceil$ 次分组密码,其中 n 代表块的长度。具体流程如图 9-8 所示。

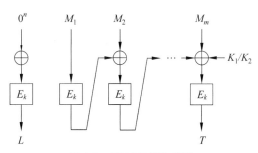

图 9-8　CMAC 算法流程

CMAC 生成算法描述如下:

$M_1 M_2 \cdots M_m \leftarrow_n \mathrm{Pad}_n(M)$

令 $H_0 = 0^n$

对 $i=1,2,\cdots,m-1$,计算

$\quad H_i \leftarrow E_K(H_{i-1} \oplus M_i)$

若 $|M| \bmod n=0$,则 $H_m \leftarrow E_K(H_{m-1} \oplus M_m \oplus K_1)$

若 $|M| \bmod n\neq0$,则 $H_m \leftarrow E_K(H_{m-1} \oplus M_m \oplus K_2)$

$T \leftarrow \mathrm{MSB}_t(H_m)$

2. CMAC 算法的特点和安全性

CMAC 的密钥诱导可以预计算,以主密钥调用分组密码,并结合有限域上的乘法生成两个掩码密钥,相较于 XCBC 等 CBC-MAC 的变种节省了密钥分配的实现代价,但需要额外的存储空间用于存储掩码密钥。根据消息长度是否为分组长度的整数倍选择使用掩码密钥,无须用填充方法进行区分,需要填充的比特个数最少;相应地,当忽略预计算的消耗时,需要调用分组密码的次数最少。

由于 CMAC 的消息格式化或填充阶段使用了密钥信息,所以对于任意长度的消息（分组个数小于 $2^{n/2}$）,CMAC 具有可证明安全性。算法设计者于 2003 年给出了改进的安全性证明,将安全界的单次查询消息最大长度改为查询消息的总长度[163]。Mitchell 分析了包含 CMAC 在内的与 XCBC 具有相似设计的消息鉴别码算法,认为 CMAC 存在安全漏洞[164]。算法设计者指出 Mitchell 分析的错误及限制,并对 CMAC 的安全性进行了补充声明[165]。Okeya 和 Iwata 对 CMAC 提出了有效的侧信道攻击,建议不仅应保护底层分组密码,还应在实现方法上对消息鉴别码算法的安全性进行分析[165]。

例 9-5　CMAC 的伪造攻击。假设攻击者收集到足够多的消息/MAC 对。首先收集 $2^{n/2}$ 个消息 $X^i(1\leqslant i\leqslant 2^{n/2})$,$X^i$ 的长度小于 n 比特,其次收集 $2^{n/2}$ 个消息 $Z^j(1\leqslant j\leqslant 2^{n/2})$,$Z^j$ 的长度等于 n 比特。由生日攻击可知,有很大的概率存在 X^{i_0} 和 Z^{j_0} 具有相同的 MAC

值,即有 $E_k((X^{i_0}\parallel 10^*)\oplus K_2)=E_k(Z^{j_0}\oplus K_1)$,因为 $E_k(\cdot)$ 是置换,所以 $K_1\oplus K_2=Z^{j_0}\oplus(X^{i_0}\parallel 10^*)$。

攻击者可以利用 $K_1\oplus K_2$ 伪造新消息的 MAC。

对消息/MAC 对 (X^{i_1},σ),其中 $X^{i_1}\ne X^{i_0}$,且 $E_k((X^{i_1}\parallel 10^*)\oplus K_2)=\sigma$,攻击者可以计算

$$E_k((X^{i_1}\parallel 10^*)\oplus(X^{i_0}\parallel 10^*)\oplus Z^{j_0}\oplus K_1)$$
$$=E_k((X^{i_1}\parallel 10^*)\oplus K_2\oplus K_1\oplus K_1)$$
$$=E_k((X^{i_1}\parallel 10^*)\oplus K_2)=\sigma$$

因此,攻击者可以伪造消息 $(X^{i_1}\parallel 10^*)\oplus(X^{i_0}\parallel 10^*)\oplus Z^{j_0}$,使其 MAC 值仍为 σ。

CMAC 攻击的复杂度常用四元组 $[a,b,c,d]$ 刻画,a 表示离线操作加(解)密分组密码的个数,b 表示已知消息/MAC 对的个数,c 表示选择消息/MAC 对的个数,d 表示离线操作 MAC 验证的个数。

此时,上述 CMAC 攻击的复杂度是 $\left[0,2^{\frac{n}{2}+1},0,0\right]$。

9.2.3　CBCR

CBCR 是张立廷等人于 2011 年提出的一个 CBC-MAC 变种算法[167]。CBCR 在算法末尾的迭代调用分组密码操作前增加了循环移位操作,以区分消息长度是否为分组长度的整数倍。

特别地,CBCR 适用于具有前缀的消息;对于不包含前缀的消息,要求在消息前添加一个前缀。前缀 I 要求长度固定且公开,用于保证前缀和消息经填充后的总长度不小于两个分组长度,从而使得 CBCR 具有可证明安全性。为了避免用户混淆前缀 I 和消息 M,前缀 I 的长度必须是固定的并且要事先告知收发双方,这是对前缀 I 的唯一限制。当前缀固定取为 0^n 时,算法特例称为 CBCR0,同美国 NIST 推荐标准 CMAC 相比,CBCR0 与其性能相当,具备其所有的优点,并且占用的内存更少。

CBCR0 的主密钥即为分组密码密钥,无须密钥诱导或存储中间密钥,适用于资源受限环境。

1. CBCR 算法描述

CBCR 算法密钥为一个分组密码密钥 K。对于固定长度的前缀 I 和任意长度的消息 M,使用与 CMAC 相同的填充方法,填充后的比特串长度由消息决定。CBCR0 算法流程如图 9-9 所示。

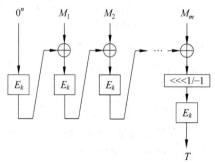

图 9-9　CBCR0 算法流程

CBCR 算法共需迭代调用 $\lceil(|I|+|M|)/n\rceil$ 次分组密码,过程如下:

第一步,处理前缀:

$$I_1\ I_2\cdots I_{I\leftarrow n}\ \mathrm{Pad}_n(I)$$
$$H_{I-2}\leftarrow 0^n$$

对 $i \leftarrow 1, 2, \cdots, I$, 计算
$$H_{I-i} \leftarrow E_K(H_{I-i-1} \oplus I_i)$$

第二步, 处理消息:

$$M_1 M_2 \cdots M_m \xleftarrow{n} \mathrm{Pad}_n(M)$$
对 $i \leftarrow 1, 2, \cdots, m-1$, 计算
$$H_i \leftarrow E_K(H_{i-1} \oplus M_i)$$
若 $|M| \bmod n = 0$, 则 $H_m \leftarrow E_K((H_{m-1} \oplus M_m) >>> 1)$
若 $|M| \bmod n \neq 0$, 则 $H_m \leftarrow E_K((H_{m-1} \oplus M_m) <<< 1)$, $T \leftarrow \mathrm{MSB}_t \, H_m$

2. CBCR 算法的特点和安全性

CBCR 作为 CBC-MAC 的新变种, 与同类算法相比较有两个明显的特征[168], 这两点保证了其处理任意长度消息的时候是可证明安全的。

第一个特征是针对内部状态值的循环移位操作, 这使得 CBCR 能够抵抗针对 CBC-MAC 的消息延长攻击。

第二个特征是定长前缀, 它也使得 CBCR 在现实中具备灵活的应用范围:

(1) 适用于存储某些协议中的消息冗余。在很多现实应用中, 输入消息鉴别码算法的信息不仅包括需要发送的消息本身, 还包括很多用于相应的密码协议等的消息冗余。例如, IPSec 的 IP 包含的常值(版本号、长度、地址)、3GPP 的特殊参数(COUNT、FRESH)。这些消息冗余都可以被当作 CBCR 中的前缀 I。

(2) 前缀部分的操作可以预计算并存储, 以避免降低算法计算效率。例如, CBCR0 算法的使用者可以预先计算并存储 $E_K(0^n)$。这节省了一次分组密码调用, 使得 CBCR0 的效率和其他 CBC-MAC 一样高, 甚至更高一些。

9.2.4　TrCBC

TrCBC 是张立廷等人于 2012 年提出的一个 CBC-MAC 变种算法[169]。为了使 CBC-MAC 能够安全地处理任意长度的消息, 许多 CBC-MAC 变种算法都是以增加密钥大小或增加分组调用次数为代价的。但 TrCBC 与之不同, 它实现了最小密钥大小和最小分组密码调用次数。

TrCBC 在 CBC-MAC 的基础上采用了特殊的截断操作, 区分消息长度是否分组长度的整数倍, 以极低的实现代价提高了算法的安全性, 使得算法在标签长度满足要求的情况下具有可证明安全性。

1. TrCBC 算法描述

TrCBC 算法密钥为一个分组密码密钥 K。对于任意长度的消息 M, TrCBC 使用与 CMAC 相同的填充方法, 填充后的比特串长度由消息和填充方法共同决定。TrCBC 算法流程如图 9-10 所示。

TrCBC 算法共需迭代调用 $\lceil |M|/n \rceil$ 次分组密码, 过程如下:

$$M_1 M_2 \cdots M_m \xleftarrow{n} \mathrm{Pad}_n(M)$$

$$H_0 \leftarrow 0^n$$

对 $i \leftarrow 1, 2, \cdots, m$, 计算

$$H_i \leftarrow E_K(H_{i-1} \oplus M_i)$$

若 $|M| \bmod n = 0$, 则 $T \leftarrow \mathrm{MSB}_t(H_m)$

若 $|M| \bmod n \neq 0$, 则 $T \leftarrow \mathrm{LSB}_t(H_m)$

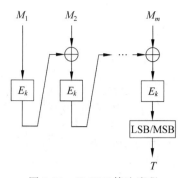

图 9-10　TrCBC 算法流程

2. TrCBC 算法的特点和安全性

相较于 CBC-MAC, TrCBC 仅在截断操作上增加了判断, 选择截取高位或低位, 与 CBC-MAC 的其他变体相比, 无须额外的分组密码调用, 也无须密钥诱导和中间密钥存储, 所需的额外实现代价接近最优。更具体地说, 它的密钥大小比 EMAC、XCBC 和 TMAC 小, 并且比 OMAC 和 GCBC 节省了一次分组密码调用。当验证单个消息时, 这种计算节省似乎可以忽略不计; 但是, 在需要对大量消息进行身份验证的情况下, 不能忽略这种计算节省。对于任意长度的消息, TrCBC 的 MAC 值的长度必须小于分组长度的一半(即 $t < n/2$), 才具有可证明安全性。

TrCBC 有一个更大的可证明安全边界[170]。这意味着在实际应用中 TrCBC 提供的安全级别较低。因此, 为了安全起见, TrCBC 的密钥应该比其他密钥更频繁地更改。由于 TrCBC 只能生成短标签, 并且具有较大的可证明安全边界, 因此, TrCBC 适用于资源有限、高速运行的环境, 或者传送的大多数信息较短、需要短标签的应用场景, 同时对安全级别要求较低。

9.3　认证加密工作模式

认证加密工作模式是兼具加密算法和消息鉴别码的功能, 能够同时保护数据机密性、完整性以及提供数据源认证的分组密码工作模式。目前的认证加密算法可以归纳为分组密码工作模式类的认证加密算法和直接设计两类。其中, 分组密码工作模式类的认证加密算法又称分组密码认证加密模式, 它以黑盒调用分组密码, 优点是方便替换底层分组密码, 比较典型的算法有 OCB、GCM、CCM、EAX 等。这方面的研究始于十几年前 NIST 对 AES 认证加密工作模式的征集, 基于成熟的分组密码, 安全性分析采用可证明安全理论。国际标准化组织和美国 NIST 都颁布了相关标准, 收录了 OCB 2.0、Key Wrap、CCM、EAX、Encrypt-then-MAC、GCM 6 种认证加密算法, 包含了不同的设计理念和应用需求的考量, 是目前具有代表性并有影响力的认证加密算法[171-178]。本章介绍其中具有代表性的 Encrypt-then-MAC、OCB、CCM 和 GCM 这 4 种认证加密算法。

在密码学中, 对认证加密算法早期多采用组合方式设计, 有如下 4 种处理方式: Hash-then-Encrypt、MAC-then-Encrypt(MtE)、Encrypt-then-MAC(EtM)、Encrypt-and-MAC(E&M)。

(1) Hash-then-Encrypt 先对数据进行哈希运算, 然后将结果添加在数据末尾, 最后使用加密算法进行加密, 表示为 $C = E(K, M \parallel H(M))$, 显然具有保密性和数据完整性。

该方式需要一个密钥 K。

（2）Mac-then-Encrypt 与 Hash-then-Encrypt 基本相同，不同点就是哈希函数被替换为 MAC 函数。在 TLS 协议中用的是 HMAC，表示为 $C = E(K_1, M \parallel \mathrm{MAC}(K_2, M))$。由于 MAC 也需要密钥，所以 MAC-then-Encrypt 需要两个密钥。

（3）Encrypt-then-MAC 与 MAC-then-Encrypt 相反，先加密，后进行 MAC 运算，公式如下：

$$C_1 = E(K_1, M), \quad C_2 = \mathrm{MAC}(K_2, C_1), \quad C = C_1 \parallel C_2$$

这个模式普遍用于 IPSec 中。

（4）Encrypt-and-MAC 普遍用于 SSH 中，公式如下：

$$C = E(K_1, M) \parallel \mathrm{MAC}(K_2, M)$$

这些构造方式的优势在于通用性，它们广泛适用于常见的加密算法和消息鉴别码算法，但是它们没有令人信服的安全性。Bellare 和 Namprempre 等分析了 MtE、EtM、E&M 的安全性，正式提出了认证加密（Authenticated Encryption，AE）的概念。在 9.1 节中已经给出了 IND-CPA、IND-CCA、NM-CPA 和 NM-CCA 的相关概念，在这里再给出认证加密工作方案完整性的有关概念。

定义 9-3　设 $\Pi = (\mathcal{K}, \mathcal{E}, \mathcal{D})$ 是一个对称的加密方案。令 $k \in \mathbf{N}$，令 A_{ptxt} 和 A_{ctxt} 是都能访问 oracle $\mathcal{E}_K(\cdot)$ 和 $D_K^*(\cdot)$ 的对手。考虑以下实验：

Experiment $\mathbf{Exp}_{\Pi, A_{\mathrm{ptxt}}}^{\mathrm{int\text{-}ptxt}}(k)$	Experiment $\mathbf{Exp}_{\Pi, A_{\mathrm{ctxt}}}^{\mathrm{int\text{-}ctxt}}(k)$
$K \leftarrow_R \mathcal{K}(k)$	$K \leftarrow_R \mathcal{K}(k)$
If $A_{\mathrm{ptxt}}^{\mathcal{E}_K(\cdot), D_K^*(\cdot)}(k)$ makes a query C to the oracle $D_K^*(\cdot)$ such that $D_K^*(C)$ returns 1, and $M \stackrel{\mathrm{def}}{=} D_k(C)$ was never a query to $\mathcal{E}_K(\cdot)$ then return 1 else return 0	If $A_{\mathrm{ctxt}}^{\mathcal{E}_K(\cdot), D_K^*(\cdot)}(k)$ makes a query C to the oracle $D_K^*(\cdot)$ such that $D_K^*(C)$ returns 1，and C was never a response of $\mathcal{E}_K(\cdot)$ then return 1 else return 0

攻击者的优势定义如下：

$$\mathrm{Adv}_{\Pi, A_{\mathrm{ptxt}}}^{\mathrm{int\text{-}ptxt}}(k) = \Pr[\mathrm{Exp}_{\Pi, A_{\mathrm{ptxt}}}^{\mathrm{int\text{-}ptxt}}(k) = 1]$$

$$\mathrm{Adv}_{\Pi, A_{\mathrm{ctxt}}}^{\mathrm{int\text{-}ctxt}}(k) = \Pr[\mathrm{Exp}_{\Pi, A_{\mathrm{ctxt}}}^{\mathrm{int\text{-}ctxt}}(k) = 1]$$

该方案的优势函数定义如下。对任意整数 t、q_e、q_d、μ：

$$\mathrm{Adv}_{\Pi}^{\mathrm{int\text{-}ptxt}}(k, t, q_e, q_d, \mu) = \max_{A_{\mathrm{ptxt}}}\{\mathrm{Adv}_{\Pi, A_{\mathrm{ptxt}}}^{\mathrm{int\text{-}ptxt}}(k)\}$$

$$\mathrm{Adv}_{\Pi}^{\mathrm{int\text{-}ctxt}}(k, t, q_e, q_d, \mu) = \max_{A_{\mathrm{ctxt}}}\{\mathrm{Adv}_{\Pi, A_{\mathrm{ctxt}}}^{\mathrm{int\text{-}ctxt}}(k)\}$$

其中最大值是针对所有的 $A_{\mathrm{ptxt}}/A_{\mathrm{ctxt}}$，$A_{\mathrm{ptxt}}/A_{\mathrm{ctxt}}$ 的时间复杂度为 t，对 oracle $\mathcal{E}_K(\cdot)$ 的查询不超过 q_e 次，对 oracle $D_K^*(\cdot)$ 的查询不超过 q_d 次，这样所有 oracle 查询的长度之和最多为 μ 位。如果函数 $\mathrm{Adv}_{\Pi, A}^{\mathrm{int\text{-}ptxt}}(\cdot)$ 或 $\mathrm{Adv}_{\Pi, A}^{\mathrm{int\text{-}ctxt}}(\cdot)$ 对于任意的 $(k$ 阶）多项式时间复杂度的攻击者 A 是可忽略的，则称方案 Π 是 INT-PTXT 安全的或 IND-CTXT 安全的。

对于带密钥的 3 种认证加密方式，假设给定的加密方案是 IND-CPA 安全的，给定的 MAC 弱不可伪造，有表 9-1 中的安全性结果；假设给定的加密方案是 IND-CPA 安全的，给定的 MAC 强不可伪造，则有表 9-2 中的安全性结果。

表 9-1　带密钥的 3 种认证加密方式的安全性结果 1

构 成 方 式	机 密 性			完 整 性	
	IND-CPA	IND-CCA	NM-CPA	INT-PTXT	INT-CTXT
MAC-then-encrypt	安全	不安全	不安全	安全	不安全
Encrypt-then-MAC	安全	不安全	不安全	安全	不安全
Encryption-and-MAC	不安全	不安全	不安全	安全	不安全

表 9-2　带密钥的 3 种认证加密方式的安全性结果 2

构 成 方 式	机 密 性			完 整 性	
	IND-CPA	IND-CCA	NM-CPA	INT-PTXT	INT-CTXT
MAC-then-encrypt	安全	不安全	不安全	安全	不安全
Encrypt-then-MAC	安全	安全	安全	安全	安全
Encryption-and-MAC	不安全	不安全	不安全	安全	不安全

9.3.1　Encrypt-then-MAC

Encrypt-then-MAC 是一个安全的通用组合认证加密工作模式,现已被收录在 ISO/IEC 19772:2007 中,简称 EtM 模式。

1. Encrypt-then-MAC 算法描述

Encrypt-then-MAC 算法,顾名思义,就是加密时先加密再认证,解密时先认证再解密。Encrypt-then-MAC 算法流程如图 9-11 所示。

Encrypt-then-MAC 的加密认证算法如下:

对 $i \leftarrow 1, 2, \cdots, m$,计算
$\qquad C[i] \leftarrow E_K(M[i])$;
$C = C[1] \parallel C[2] \parallel \cdots \parallel C[m]$
令 $T = \mathrm{MAC}_K(C)$
返回 $C \parallel T$

Encrypt-then-MAC 的认证解密算法如下:

令 $T' = \mathrm{MAC}_K(C)$
如果 $T' \neq T$,则返回 INVALID
否则,对 $i \leftarrow 1, 2, \cdots, m$ 计算
$\qquad M[i] = D_K(C[i])$
则 $M = M[1] \parallel M[2] \parallel \cdots \parallel M[m]$

2. Encrypt-then-MAC 算法的特点和安全性

Encrypt-then-MAC 算法结构简单,通用性强,广泛适用于常见的加密算法和认证算法。但它的加密算法和认证算法完全独立,实现效率低下,成本较高。根据 Bellare 与

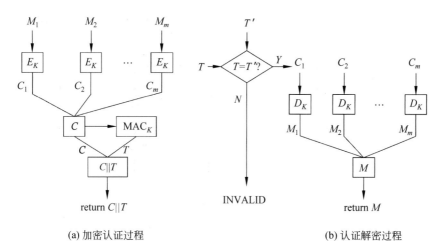

(a) 加密认证过程　　　　　　　　　(b) 认证解密过程

图 9-11　Encrypt-then-MAC 算法流程

Namprempre 的分析,先加密后认证的方式相较于另外两种方式(先认证后加密或两部分同时独立执行)可以获得最佳的安全性,即,当给定的加密方案是 IND-CPA 安全且认证方案强不可伪造时,先加密后认证的组合模式在机密性和完整性上都可达到安全要求[179]。

由于这种实现认证加密的方案可以直接基于已有的加密模式和认证模式的组件获得,在实际应用中便于升级实现,因此 ISO/IEC 在制定(2009 年)和修订(2020 年)关于认证加密模式的标准 ISO/IEC 19772 时将其作为一个独立的模式列入。

在 ISO/IEC 19772 标准中,规定发送方和接收方必须协定的内容包括:

- 一个保密工作模式。
- 一个认证工作模式。
- 一个生成(K_1, K_2)的方案,其中 K_1 用于分组密码,K_2 用于 MAC 计算。

ISO/IEC 19772 标准还给出了从密钥 K 中获取(K_1, K_2)的两种可能方案:

方案一:K 的选择使得 K 的可能值的数量至少与分组密码密钥的可能值的数量一样,并且至少与 MAC 密钥的可能值的数量一样。

方案二:(K_1, K_2)可以从 K 或 $h(K)$ 获得。其中 h 是 ISO/IEC 10118 中的哈希函数。更一般地,(K_1, K_2)可以使用 ISO/IEC 11770-6 中规定的派生函数从密钥 K 获得。

9.3.2　OCB

OCB(Offset Codebook)是 ISO/IEC、IETF 等曾采用的标准算法之一。OCB 利用掩码伪装明文和密文,最后一块消息分情况处理,标签的生成利用校验和的方式。OCB 算法流程如图 9-12 所示。OCB 具有可并行计算、消息长度任意、加密保长、底层分组密码调用次数接近最优等特点。

1. OCB 算法描述

在给出具体算法描述之前,先作如下规定:
对 $A_1 \in \{0,1\}^l, A \in \{0,1\}^n, l < n, A_1 \oplus A = A_1 \oplus \mathrm{MSB}_l(A)$。

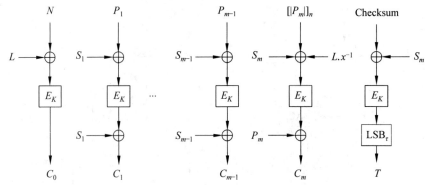

图 9-12　OCB 算法流程

$$L \cdot x = \begin{cases} L \ll 1, & \mathrm{MSB}_1(L)=0 \\ (L \ll 1) \oplus 0^{120}10000111, & \mathrm{MSB}_1(L)=1 \end{cases}$$

$$L \cdot x^{-1} = \begin{cases} L \gg 1, & \mathrm{LSB}_1(L)=0 \\ (L \gg 1) \oplus 10^{120}1000011, & \mathrm{LSB}_1(L)=1 \end{cases}$$

令 $\gamma^n = (\gamma_1, \gamma_2, \gamma_3, \cdots)$ 是一个格雷码，有 $\gamma_i \cdot L = (\gamma_{i-1} \cdot L) \oplus L(\mathrm{ntz}(i))$，其中 $\gamma_1 \cdot L = L$，$\mathrm{ntz}(i)$ 代表 i 的二元表示中最低位 0 的个数，$L(j) = L \cdot x^j (j \geqslant -1)$。

OCB 的加密认证算法如下：

输入初始值 N 和明文 $P_1, \cdots, P_{m-1}, P_m$（其中 $|P_1| = \cdots = |P_{m-1}| = n$，$|P_m| = u$），选择 MAC 值的长度为 τ，输出 $\rho = C \parallel T$

$$L = E_K(0^n)$$
$$C_0 = E_K(N \oplus L)$$

对 $i = 1, 2, \cdots, m$，计算

$$S_i = \gamma \cdot L \otimes C_0$$

对 $i = 1, 2, \cdots, m-1$，计算

$$C_i = E_K(P_i \oplus S_i) \oplus S_i$$
$$X_m = [|P_m|]_n \oplus L \cdot x^{-1} \oplus S_m$$
$$Y_m = E_K(X_m)$$
$$C_m = Y_m \oplus P_m$$

则 $C = C_1 C_2 \cdots C_m$

$$\mathrm{Checksum} = P_1 \oplus \cdots \oplus P_{m-1} \oplus C_m 0^* \oplus Y_m$$
$$T = \mathrm{LSB}_\tau[E_K(\mathrm{Checksum} \oplus S_m)]$$

OCB 的解密验证过程如下：

输入初始值 N 和密文 $\rho = C \parallel T = C_1 C_2 \cdots C_m T$

输出 M

$$L = E_K(0^n)$$
$$C_0 = E_K(N \oplus L)$$

对 $i = 1, 2, \cdots, m$，计算

$$S_i = \gamma \cdot L \oplus C_0$$

对 $i = 1, 2, \cdots, m-1$，计算

$$P_i = D_K(C_i \oplus S_i) \oplus S_i$$
$$X_m = [\,|\,C_m\,|\,]_n \oplus L \cdot x^{-1} \oplus S_m$$
$$Y_m = E_K(X_m)$$
$$P_m = Y_m \oplus C_m$$

则 $P = P_1 P_2 \cdots P_m$

$$\text{Checksum} = P_1 \oplus \cdots \oplus P_{m-1} \oplus C_m 0^* \oplus Y_m$$
$$T' = \text{LSB}_\tau[E_K(\text{Checksum} \oplus S_m)]$$

如果 $T = T'$，返回 M

否则返回 INVALID

在上面的算法中，0^* 表示 $n - u$ 比特填充。

2. OCB 算法的特点和安全性

OCB 模式具有如下优点：OCB 不需要将明文长度添加为分组长度的倍数，密文长度短；OCB 几乎和 CTR 一样快，每块消息的处理只需在调用 AES 之外增加简单的异或运算，密文验证平均只需要 1.02 个额外的 AES 调用；对临时值的要求低，仅要求不重复使用；只有一个密钥，降低了分组密码密钥扩展算法的时间和存储的空间；OCB 并行性好，支持全并行处理；需要一个不重复使用的初始向量；具有近乎最优的分组密码调用次数；支持任意长度的明文且明文长度不必预先知道，大多数 OCB 计算是彼此独立的，允许利用计算资源加速算法的软件和硬件实现；OCB 是在线的，在开始处理之前不需要知道所有明文或关联数据，并且可以任何顺序处理，当关联数据在一系列加密中保持不变或者多个加密的关联数据相同时，不需要每次重新计算关联数据，可减少计算量。

OCB 的安全性及功能与 GCM 类似，但在许多环境中，OCB 的软件实现更高效。此外，OCB 标签可以截断到较短的长度。当底层分组密码为 PRP 或 SPRP 时，OCB 在 CPA 和 CCA 下都可以达到较强的安全性。Ferguson 指出，当出现碰撞时，OCB1 会丧失其认证安全，并给出了针对 OCB 的碰撞攻击[150]，因此需要限制 OCB 在同一密钥下处理数据的总量，以保证其安全性。Sun 等人论证了 OCB1、OCB2、OCB3 等都不能抵御碰撞攻击，OCB2 的安全性证明归约为 XEX ∗ 可调分组密码的安全性[180]。2020 年，Inoue 和 Iwata 等人发现 OCB2 不满足 XEX ∗ 安全性证明的前提条件，进一步给出了 OCB2 的伪造攻击和明文恢复[181]。

9.3.3　CCM

CCM 是 IEEE 802.11 的 3 个参与制定者 Ferguson、Housley 和 Whiting 为避免 OCB 模式的知识产权问题而设计的一种通用的认证加密分组密码模式。CCM 调用分组密码的次数是 OCB 的两倍，但是设计者称：在许多环境中这不是一个问题。尽管存在对 CCM 的诸多批评，在 2004 年 5 月公布的文件 SP 800-38C 中，美国 NIST 仍然将 CCM 列为 AES 的认证加密模式的建议标准，同时 CCM 也被 IEEE 指定为用于无线局域网的标准（IEEE 802.11），并被包含在 RFC 3610 中。CCM 仅被定义为用于 128 位的分组密码，

如 AES。CCM 模式可以很容易地扩展到其他大小的分组情况,但这需要进一步的定义。

1. CCM 算法描述

CCM 算法流程如图 9-13 所示。

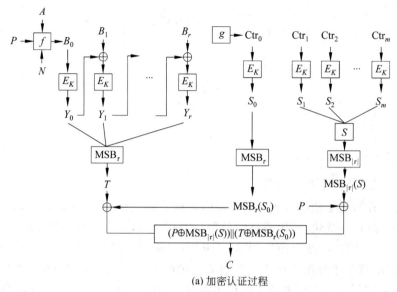

(a) 加密认证过程

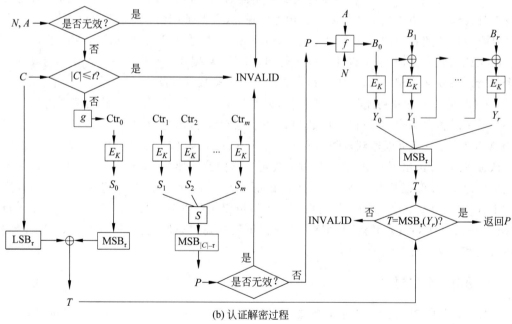

(b) 认证解密过程

图 9-13　CCM 算法流程

CCM 的加密认证算法如下:

输入:临时值 N、密钥 K、消息 P 和相关数据 A

输出:密文 C

$$f(N, A, P) = B_0 \parallel B_1 \parallel \cdots \parallel B_r, |B_i| = n, 0 \leqslant i \leqslant r$$

$$Y_0 = E_K(B_0)$$

对 $i \leftarrow 1, 2, \cdots, r$，计算

$$Y_i = E_K(B_i \oplus Y_{i-1})$$

$$T = \text{MSB}_\tau(Y_r)$$

利用计数器生成函数 g 生成计数块 $\text{Ctr}_0, \text{Ctr}_1, \cdots, \text{Ctr}_m$，其中 $m = \left\lceil \dfrac{|P|}{128} \right\rceil$

对 $i \leftarrow 1, 2, \cdots, m$ 计算

$$S_i = E_K(\text{Ctr}_j)$$

$$S = S_1 \parallel S_2 \parallel \cdots \parallel S_m$$

返回 $C = (P \oplus \text{MSB}_{|P|}(S)) \parallel (T \oplus \text{MSB}_\tau(S_0))$

CCM 的解密验证算法如下：

输入：临时值 N、密钥 K、相关数据 A 和密文 C

输出：消息 P 或 INVALID

如果 $|C| \leqslant t$，返回 INVALID

利用计数器生成函数 g 生成计数块 $\text{Ctr}_0, \text{Ctr}_1, \cdots, \text{Ctr}_m$，其中 $m = \lceil (|C| - \tau)/128 \rceil$

对 $j \leftarrow 0, 1, \cdots, m$，计算 $S_j = E_K(\text{Ctr}_j)$

则 $S = S_1 \parallel S_2 \parallel \cdots \parallel S_m$

$P = \text{MSB}_{|C|-\tau}(C) \oplus \text{MSB}_{|C|-\tau}(S)$

$T = \text{LSB}_\tau(C) \oplus \text{MSB}_\tau(S_0)$

如果 N、A 或者 P 是无效的，则返回 INVALID

否则令 $f(N, A, P) = B_0 \parallel B_1 \parallel \cdots \parallel B_r$

$$Y_0 = E_K(B_0)$$

对 $i \leftarrow 1, 2, \cdots, r$，计算 $Y_i = E_K(B_i \oplus Y_{i-1})$

如果 $T \neq \text{MSB}_\tau(Y_r)$，则返回 INVALID

否则返回 P

2. CCM 算法的特点和安全性

CCM 的优点是：认证加密同时完成；可以加密任意长度的消息；可以快速处理消息，密文没有参与认证；不需要对分组密码求逆，因此可使用其他伪随机函数；不受专利的限制；可证明安全的。

CCM 的缺点是：将 CTR 与 CBC-MAC 相结合，设计复杂；不是在线的，加密前必须知道消息的长度；加密过程不能进行预处理；标签的长度是可变化的（16 的整数倍，建议使用 64 比特以上），降低了系统的安全性，因为攻击者可以选择一个适合自己的值实施攻击；不能并行运算。

CCM 的设计者称，如果密钥 K 为 256 位或更大，则此分组密码模式对于仅限于 2^{128} 步操作的攻击者是安全的。针对所有分组密码模式都可以进行中间相遇攻击，最后确定密钥 K。如果可以进行这些攻击，那么这种以及任何其他分组密码模式的理论强度限制为 $2^{n/2}$，其中 n 是密钥的位数。身份认证的强度则受到 M 的限制。较小的密钥大小（例如 128 位）的用户应采取预防措施，使预计算攻击更加困难。必须避免重复使用相同的临

时值(当然使用不同的密钥)。一种解决方案是在临时值中包含一个随机值。当然,临时值中也需要一个数据包计数器。由于临时值的大小有限,因此临时值中的随机值提供了一定程度的额外安全性。

RSA实验室的Jonsson给出了CCM的安全证明[182]。他的论文证明表明,CCM提供了一定程度的机密性和真实性,与其他经过身份认证的加密模式(例如OCB模式)一致。

9.3.4 GCM

GCM由McGrew和Viega设计,是采用分组密码与泛哈希函数的认证加密算法。当消息为空时,GCM即退化为消息鉴别码算法,称为GMAC。GCM于2007年被收录于美国NIST颁布的标准SP800-38D,随后作为采用泛哈希函数的消息鉴别码算法又被收录于国际标准ISO/IEC 9797-3：2011。

GCM将加密模式CTR与泛哈希函数结合,将关联数据、加密所得密文经泛哈希函数GHASH得到标签。利用泛哈希函数的特性,GCM在硬件上可以达到高速、低耗、低延迟;在软件上,使用表驱动(table-driven)的域运算可以达到优异的性能。

GCM限定分组密码的分组长度为128比特,分组密码密钥即为GCM的算法密钥。哈希密钥由主密钥控制下的分组密码加密全零分组得到,临时值不能重复使用。

1. GCM算法描述

GCM算法采用一个128比特的分组密码。算法密钥即为分组密码密钥K,密钥长度由分组密码决定,临时值N的长度任意。对于任意长度的关联数据A、任意长度的消息M(长度小于2^{64}个分组),标签T的比特长度t是8的倍数,且满足$96 \leq t \leq 128$(在特定情况下可以取$t=32$或64),ε表示空串。

GCM的加密认证算法由初始化、加密、生成标签3部分组成,解密认证算法由初始化、验证标签、解密3部分组成。具体流程如图9-14所示。解密认证只需交换M_i和C_i的位置即可,其中$1 \leq i \leq m$。

GCM的加密认证算法如下:

```
//初始化
利用主密钥生成哈希密钥
K_H ← E_k(0^128)
计算初始计数器值
如果 |N|=96,则 X_0 ← N ‖ 0^31 1
否则 X_0 ← GHASH(K_H,ε,N)
//加密
M_1 M_2 ··· M_m ←_n M
对 i←1,2,···,m-1,计算
    X_i ← incr(X_{i-1})
    C_i ← E_k(X_i) ⊕ M_i
```

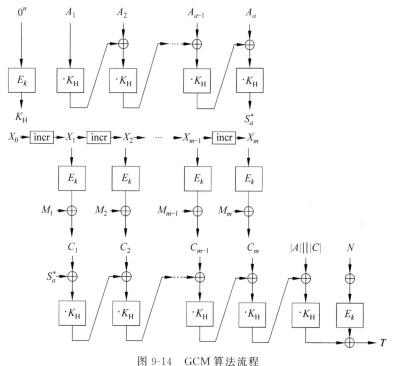

图 9-14 GCM 算法流程

$X_m \leftarrow \mathrm{incr}(X_{m-1})$

$C_m \leftarrow \mathrm{MSB}_{|M_m|}(X_m) \oplus M_m$

$C \leftarrow C_1\ C_2 \cdots C_m$

//生成标签

$G \leftarrow \mathrm{GHASH}(K_\mathrm{H}, A, C)$

$T \leftarrow \mathrm{MSB}_t(G \oplus E_k(X_0))$

输出 $C \parallel T$

GCM 的解密认证算法如下：

//初始化

与加密方向相同

//验证标签

用与加密方向相同的方式生成标签 T'

如果 $T = T'$，则执行解密

否则输出 $\perp$

//解密

$C_1 \cdots C_{m-1}\ C_m \leftarrow_n C$

对 $i \leftarrow 1, 2, \cdots, m-1$，计算

　　$X_i \leftarrow \mathrm{incr}(X_{i-1})$

　　$M_i \leftarrow E_k(X_i) \oplus C_i$

$X_m \leftarrow \mathrm{incr}(X_{m-1})$

$M_m \leftarrow \mathrm{MSB}_{|C_m|}(X_m) \oplus C_m$

$$M \leftarrow M_1 \cdots M_{m-1} \, M_m$$

输出 M

GCM 算法中的参数和函数定义如下：

（1）函数 incr 用计数器更新函数，以 128 比特的计数器值 X 为输入，经简单的变换，输出 128 比特的 Y。具体定义如下：

$$Y \leftarrow \mathrm{MSB}_{96}(X) \parallel \left[\mathrm{int}_b (\mathrm{LSB}_{32}(X)) \oplus 1 \bmod 2^{32} \right]_{32}$$

忽略进制转换操作时，可简写为

$$Y \leftarrow \mathrm{MSB}_{96}(X) \parallel (\mathrm{LSB}_{32}(X) \oplus 1 \bmod 2^{32})$$

（2）多项式哈希函数 GHASH 以 128 比特的哈希密钥 K_H、消息 X 和 Y 为输入，以递归的形式将哈希密钥以乘法的形式逐分组与消息结合并求和，最终输出一个 128 比特的分组 S^*。具体定义如下：

$$X_1 X_2 \cdots X_{x \leftarrow 128} \mathrm{Pad}_{128}(X)$$
$$Y_1 Y_2 \cdots Y_{y \leftarrow 128} \mathrm{Pad}_{128}(Y)$$

令 $S_0 \leftarrow 0^{128}$

对 $i \leftarrow 1, 2, \cdots, x$，计算

$$S_i \leftarrow (S_{i-1} \oplus X_i) \cdot K_H \quad （若 x = 0，则略过此步骤）$$

对 $i \leftarrow 1, 2, \cdots, y$，计算

$$S_{x+i} \leftarrow (S_{x+i-1} \oplus Y_i) \cdot K_H \quad （若 y = 0，则略过此步骤）$$

$$S^* \leftarrow S_{x+y} \oplus ([\mid X \mid]_{64} \parallel [\mid Y \mid]_{64})) \cdot K_H$$

生成 S^* 的步骤等价于

$$S^* \leftarrow X_1 \cdot K_H^{x+y+1} \oplus \cdots \oplus X_x \cdot K_H^{y+2} \oplus Y_1 \cdot K_H^{y+1} \oplus \cdots \oplus Y_y \cdot K_H^{2}$$
$$\oplus ([\mid X \mid]_{64} \parallel [\mid Y \mid]_{64})) \cdot K_H$$

2. GCM 算法的特点和安全性

GCM 采用泛哈希函数与分组密码工作模式相结合，在性能方面相较于 CCM 等算法具有较大优势。当消息为空时，GCM 退化为消息鉴别码算法 GMAC。

GMAC 算法的安全性基于所采用的分组密码和多项式哈希函数的安全性。McGrew 和 Viega 认为 GCM 算法的安全性主要基于分组密码等价于伪随机置换的特性，并从可证明安全角度给出了 GCM 的安全界[183]。Iwata 等人修正了算法的安全界，指出当临时值的长度限定为 96 比特时 GCM 算法的安全性最高[184]。

鉴于多项式哈希函数的特性，关于其弱密钥的攻击成果较为丰富[185-189]。Saarinen 指出 GCM 存在比预期更大的弱密钥集合。Procter 和 Cid 则直接利用多项式哈希函数的性质，针对采用此类函数的算法给出了由多项式根构成的弱密钥集合以及相应的攻击。Ferguson 指出，当 GCM 使用短标签时，GCM 算法以较高概率存在伪造攻击。2006 年，Joux 在临时值重用的假设下给出了 GCM 算法的密钥恢复攻击。随后，Handschuh 和 Preneel 利用弱密钥对 Joux 给出的攻击进行了扩展。

习题 9

（1）采用 C 语言实现 AES-128 CMAC 算法，根据以下已知条件对 T 进行计算。

密钥 K	2B7E1516 28AED2A6 ABF71588 09CF4F3C
$E_k(0^{128})$	7DF76B0C 1AB899B3 3E42F047 B91B546F
K_1	FBEED618 35713366 7C85E08F 7236A8DE
K_2	F7DDAC30 6AE266CC F90BC11E E46D513B
例 1：Mlen0	
M	空串
T	
例 2：Mlen＝128	
M	6BC1BEE2 2E409F96 E93D7E11 7393172A
T	
例 3：Mlen＝320	
M	6BC1BEE2 2E409F96 E93D7E11 7393172A AE2D8A57 1E03AC9C 9EB76FAC 45AF8E51 30C81C46 A35CE411
T	

（2）比较 CBCR0 与 CMAC 的性能，并分析 CBCR0 在占用内存上的优势。

（3）比较 CMAC、CBCR、TrCBC 并完成表 9-3。其中，Key len 表示密钥长度，Tag len 表示标签长度，♯E invo 表示认证消息 M 需要调用的密码次数，Memory 表示生成标签时内部状态值和临时值的内存占用量，$\parallel X \parallel_n = \max\{1, \lceil |X|/n \rceil\}$。

表 9-3 题（3）用表

	Domain	Key len	Tag len	♯E invo	Memory
CBC-MAC	$\{0,1\}^{ln}$	k	$\tau < n$	$l = \parallel M \parallel_n$	n
CMAC					
OMAC2	$\{0,1\}^*$	k	$\tau < n$	$\parallel M \parallel_n$	$3n$
CBCR					
CBCR0	$\{0,1\}^*$	k	$\tau < n$	$\parallel M \parallel_n$	$2n$
TrCBC					

（4）在 AES 的 ECB 模式中，若在密文的传输过程中某一块发生了错误，则只有相应的明文组会受影响。然而，在 CBC 模式中，这种错误具有扩散性。例如，C_i 的错误传输

会影响到明文组 M_i 和 M_{i+1}。回答以下问题。

① M_{i+1} 以后的块是否会受到影响？

② 假设 M_i 本来就有一位发生了错误，这个错误要扩散至多少个密文组？对接收者解密后的结果有什么影响？

（5）在 8 位的 CFB 模式（采用 AES）中，若传输中一个密文字符发生了一位错误，这个错误将传播多远？

（6）完成表 9-4。

表 9-4 题（6）用表

工作模式	加密	解密
电码本模式	$C_j = E_k[M_j], j=1,2,\cdots,n$	$M_j = D_k[C_j], j=1,2,\cdots,n$
密码分组链接模式	$C_1 = E_k[M_1 \oplus \mathrm{IV}]$ $C_j = E_k[M_j \oplus C_{j-1}] j=2,3,\cdots,n$	
密码反馈模式		$M_j = C_j \oplus K_j (j=1,2,\cdots,n)$ $M_j = C_j \oplus K_j (j=1,2,\cdots,n)$ K_j 是 M_{j-1} 从右边进入 128 级反馈移位寄存器，经过 AES 加密后左边的 n 比特
输出反馈模式	$C_j = M_j \oplus K_j (j=1,2,\cdots,n)$ K_j 是 K_{j-1} 从右边进入 128 级反馈移位寄存器，经过 AES 加密后左边的 n 比特	$M_j = C_j \oplus K_j (j=1,2,\cdots,n)$ K_j 是 K_{j-1} 从右边进入 128 级反馈移位寄存器，经过 AES 加密后左边的 n 比特
计数器模式		

（7）分组密码保密工作模式主要有哪些？各有什么特点？

（8）分组密码认证加密工作模式是利用分组密码设计的，主要用来解决隐私性和真实性的问题的密码方案。如何评价一种分组密码认证加密工作模式？

（9）如何提升 OCB 的抵御碰撞攻击时的安全性？为什么 OCB 性能优越却未能大范围使用？

（10）CCM 模式通过哪两种模式结合实现了其认证和加密的作用？哪一部分影响了它的性能？

参 考 文 献

[1] SHANNON C E. Communication theory of secrecy systems[J]. The Bell system technical journal，1949，28(4)：656-715.

[2] NBS. Data Encryption Standard：FIPS PUB 46[S]. National Bureau of Standards，1977.

[3] BIHAM E，SHAMIR A. Differential cryptanalysis of DES-like cryptosystems[J]. Journal of CRYPTOLOGY，1991，4(1)：3-72.

[4] MATSUI M. Linear cryptanalysis method for DES cipher[C]//Workshop on the Theory and Application of Cryptographic Techniques.Berlin，Heidelberg：Springer，1993：386-397.

[5] LAI X，MASSEY J L. A proposal for a new block encryption standard[C]//Workshop on the Theory and Application of Cryptographic Techniques. Berlin，Heidelberg：Springer，1990：389-404.

[6] LAI X. On the design and security of block ciphers[D]. ETH Zurich，1992.

[7] DAEMEN J，KNUDSEN L，RIJMEN V. The block cipher Square[C]//International Workshop on Fast Software Encryption. Berlin，Heidelberg：Springer，1997：149-165.

[8] RIJMEN V，DAEMEN J，PRENEEL B，et al. The cipher SHARK[C]//International Workshop on Fast Software Encryption.Berlin，Heidelberg：Springer，1996：99-111.

[9] MASSEY J L. SAFER K-64：a byte-oriented block-ciphering algorithm[C]//International Workshop on Fast Software Encryption. Berlin，Heidelberg：Springer，1993：1-17.

[10] NIST. Advanced Encryption Standard (AES)[S]. Federal Information Processing Standards Publication，2001.

[11] DAEMEN J，RIJMEN V. The design of Rijndael[M]. New York：Springer-Verlag，2002.

[12] NIST. Federal Information Processing Standards Publication 197 (FIPS PUB 197)：Specification for the Advanced Encryption Standard (AES)[S]. 2001.

[13] NESSIE. New European Schemes for Signatures，Integrity，and Encryption[EB/OL]. (2004-04-19). https://www.cosic.esat.kuleuven.be/nessie.

[14] CRYPTREC. Cryptography Research and Evaluation Committees[EB/OL]. http://www.cryptrec.go.jp/english/.

[15] KWON D，KIM J，PARK S，et al. New block cipher：ARIA[C]//International Conference on Information Security and Cryptology.Berlin，Heidelberg：Springer，2003：432-445.

[16] 国家密码管理局. 国家密码管理局第 7 号——无线局域网产品和含有无线局域网功能的产品有关的密码事宜公告[EB/OL]. (2006-01-06). http://www.sca.gov.cn/sca/xwdt/2006-01/06/content_1002355.shtml.

[17] BELLARE M，KILIAN J，ROGAWAY P. The security of cipher block chaining[C]//Annual International Cryptology Conference.Berlin，Heidelberg：Springer，1994：341-358.

[18] FOUQUE P A，MARTINET G，POUPARD G. Practical symmetric on-line encryption[C]//International Workshop on Fast Software Encryption. Berlin，Heidelberg：Springer，2003：362-375.

[19] BELLARE M，GUÉRIN R，ROGAWAY P. XOR MACs：new methods for message authentication using finite pseudorandom functions[C]//Annual International Cryptology Conference. Berlin，

Heidelberg：Springer，1995：15-28.

[20]　BELLARE M，NAMPREMPRE C. Authenticated encryption：Relations among notions and analysis of the generic composition paradigm［C］//International Conference on the Theory and Application of Cryptology and Information Security.Berlin，Heidelberg：Springer，2000：531-545.

[21]　KRAWCZYK H. The order of encryption and authentication for protecting communications（or：How secure is SSL?）［C］//Annual International Cryptology Conference. Berlin，Heidelberg：Springer，2001：310-331.

[22]　LISKOV M，RIVEST R L，WAGNER D. Tweakable block ciphers［C］//Annual International Cryptology Conference.Berlin，Heidelberg：Springer，2002：31-46.

[23]　WANG P，FENG D，WU W. On the security of tweakable modes of operation：TBC and TAE ［C］//International Conference on Information Security. Berlin，Heidelberg：Springer，2005：274-287.

[24]　XIANG Z，ZHANG W，BAO Z，et al. Applying MILP method to searching integral distinguishers based on division property for 6 lightweight block ciphers［C］//International Conference on the Theory and Application of Cryptology and Information Security. Berlin，Heidelberg：Springer，2016：648-678.

[25]　任炯炯，张仕伟，李曼曼，等. 基于 SAT 的 ARX 不可能差分和零相关区分器的自动化搜索［J］.电子学报，2019，47（12）：2524-2532.

[26]　CSRC. Hash functions ［EB/OL］.（2018-8-27）. https：//csrc. nist. gov/projects/hash-functions/ sha-3-project.

[27]　CSRC. Announcing request for nominations for lightweight cryptographic algorithms ［EB/OL］.（2020-6-22）. https：//csrc. nist. gov/News/2018/requesting-nominations-for-lightweight-crypto-algs.

[28]　NIST. Submission requirements and evaluation criteria for the lightweight cryptography standardization process［EB/OL］. https：//csrc.nist.gov/projects/lightweightcryptography.

[29]　国家密码管理局. 信息安全技术 祖冲之序列密码算法 第 1 部分：算法描述：GB/T 33133.1—2016［S］. 国家密码管理局，2016.

[30]　SHANNON C E. A mathematical theory of communication［J］. Bell Systems Technical Journal，1948，27（4）：623-656.

[31]　BELLARE M，KOHNO T. Hash function balance and its impact on birthday attacks［C］//International conference on the theory and applications of cryptographic techniques. Berlin，Heidelberg：Springer，2004：401-418.

[32]　KERCKHOFFS A. La cryptographic militaire［J］. Journal des sciences militaires，1883：5-38.

[33]　MATSUI M. On correlation between the order of S-boxes and the strength of DES［C］//Workshop on the Theory and Application of of Cryptographic Techniques. Berlin，Heidelberg：Springer，1994：366-375.

[34]　SUN S W，HU L，WANG P，et al. Automatic security evaluation and（related-key）differential characteristic search：application to SIMON，PRESENT，LBlock，DES（ L）and other bit-oriented block ciphers ［C］// Proceedings of International Conference on the Theory and Application of Cryptology and Information Security. Berlin：Springer，2014：158-178.

[35]　KNUDSEN L R. Truncated and higher order differentials［C］//International Workshop on Fast Software Encryption. Berlin，Heidelberg：Springer，1994：196-211.

[36] BIHAM E，BIRYUKOV A，SHAMIR A. Cryptanalysis of Skipjack reduced to 31 rounds using impossible differentials［C］// Jacques Stern. Advances in Cryptology—Eurocrypt'99. Czech Republic：Berlin，Heidelberg：Springer，1999：12-23.

[37] KIM J，HONG S，SUNG J，et al. Impossible differential cryptanalysis for block cipher structures ［C］// International Conference on Cryptology. Berlin，Heidelberg：Springer，2003：82-96.

[38] LUO Y，LAI X，WU Z，et al. A unified method for finding impossible differentials of block cipher structures[J]. Information Sciences，2014，263：211-220.

[39] MATSUI M. The first experimental cryptanalysis of the Data Encryption Standard[C]//Annual International Cryptology Conference. Berlin，Heidelberg：Springer，1994：1-11.

[40] CHO J Y. Linear cryptanalysis of reduced-round PRESENT[C]//Cryptographers' Track at the RSA Conference.Berlin，Heidelberg：Springer，2010：302-317.

[41] BOGDANOV A，WANG M. Zero correlation linear cryptanalysis with reduced data complexity ［C］//International Workshop on Fast Software Encryption.Berlin，Heidelberg：Springer，2012：29-48.

[42] BOGDANOV A，LEANDER G，NYBERG K，et al. Integral and multidimensional linear distinguishers with correlation zero[C]//International Conference on the Theory and Application of Cryptology and Information Security.Berlin，Heidelberg：Springer，2012：244-261.

[43] LUCKS S. The saturation attack—a bait for Twofish［C］//International Workshop on Fast Software Encryption.Berlin，Heidelberg：Springer，2001：1-15.

[44] LAI X. Higher order derivatives and differential cryptanalysis［J］. Communications and Cryptography：Two Sides of One Tapestry，1994：227-233.

[45] KNUDSEN L，WAGNER D. Integral cryptanalysis［C］//International Workshop on Fast Software Encryption.Berlin，Heidelberg：Springer，2002：112-127.

[46] Z'ABA M R，RADDUM H，HENRICKSEN M，et al. Bit-pattern based integral attack[C] // International Workshop on Fast Software Encryption. Berlin，Heidelberg：Springer，2008：363-381.

[47] TODO Y. Structural evaluation by generalized integral property［C］//Annual International Conference on the Theory and Applications of Cryptographic Techniques. Berlin，Heidelberg：Springer，2015：287-314.

[48] TODO Y. Integral cryptanalysis on full MISTY1［J］. Journal of Cryptology，2017，30（3）：920-959.

[49] DIFFIE W，HELLMAN M E. Special feature exhaustive cryptanalysis of the NBS data encryption standard[J]. Computer，1977，10(6)：74-84.

[50] DUNKELMAN O，KELLER N，SHAMIR A. Improved single-key attacks on 8-round AES-192 and AES-256[J]. ASIACRYPT 2010，158-176.

[51] DERBEZ P，FOUQUE P A. Exhausting Demirci-Selçuk meet-in-the-middle attacks against reduced-round AES[C]//International workshop on fast software encryption.Berlin，Heidelberg：Springer，2013：541-560.

[52] DERBEZ P，FOUQUE P A. Automatic search of meet-in-the-middle and impossible differential attacks[C]//Annual International Cryptology Conference. Berlin，Heidelberg：Springer，2016：157-184.

[53] SHI D，SUN S，DERBEZ P，et al. Programming the Demirci-Selçuk meet-in-the-middle attack

with constraints[C]//Advances in Cryptology—ASIACRYPT 2018. Berlin：Springer-Verlag，2018：3-34.

[54] BIRYUKOV A，WAGNER D. Slide attacks[C]//International Workshop on Fast Software Encryption.Berlin，Heidelberg：Springer，1999：245-259.

[55] JAKOBSEN T，KNUDSEN L R. The interpolation attack on block ciphers[C] //International workshop on fast software encryption.Berlin，Heidelberg：Springer，1997：28-40.

[56] COURTOIS N，KLIMOV A，PATARIN J，et al. Efficient algorithms for solving overdefined systems of multivariate polynomial equations[C]//International Conference on the Theory and Applications of Cryptographic Techniques. Berlin，Heidelberg：Springer，2000：392-407.

[57] BOGDANOV A，KHOVRATOVICH D，RECHBERGER C. Biclique cryptanalysis of the full AES[C]// Advances in Cryptology—ASIACRYPT 2011. Berlin：Springer-Verlag，2011：344-371.

[58] BIHAM，E. New types of cryptanalytics attacks using related keys[J]. Cryptal，1994，7(4)：229-246.

[59] GUO J，JEAN J，NIKOLIC I，et al. Invariant subspace attack against Midori64 and the resistance criteria for S-box designs[J].IACR Trans. Symmetric Cryptol，2016(1)：33-56.

[60] KANDA M. Practical security evaluation against differential and linear cryptanalyses for Feistel ciphers with SPN round function[C]//International Workshop on Selected Areas in Cryptography. Berlin，Heidelberg：Springer，2000：324-338.

[61] BEAULIEU R，SHORS D，SMITH J，et al. The SIMON and SPECK families of lightweight block ciphers[J/OL]. IACR Cryptology ePrint Archive，2013：2013/404.https://eprint.iacr.org/2013/404.pdf.

[62] BIRYUKOV A，ROY A，VELICHKOV V. Differential analysis of block ciphers SIMON and SPECK[C] //International Workshop on Fast Software Encryption. Berlin，Heidelberg：Springer，2014：546-570.

[63] BIRYUKOV A，VELICHKOV V，CORRE Y L. Automatic Search for the Best Trails in ARX：Application to Block Cipher Speck[C]//International Conference on Fast Software Encryption. Berlin，Heidelberg：Springer，2016.

[64] SUZAKI T，MINEMATSU K. Improving the generalized Feistel[C] //International Workshop on Fast Software Encryption.Berlin，Heidelberg：Springer，2010：19-39.

[65] PATARIN J. Generic attacks on Feistel schemes[C]//International Conference on the Theory and Application of Cryptology and Information Security.Berlin，Heidelberg：Springer，2001：222-238.

[66] SASAKI Y. Double-SP is weaker than Single-SP：rebound attacks on feistel ciphers with several rounds[C]//INDOCRYPT. Berlin，Heidelberg：Springer，2012：265-282.

[67] SUN B，LIU Z，RIJMEN V，et al. Links among impossible differential，integral and zero correlation linear cryptanalysis[C]//Annual Cryptology Conference.Berlin，Heidelberg：Springer，2015：95-115.

[68] HOANG V T，ROGAWAY P. On generalized Feistel networks [C]//Annual Cryptology Conference.Berlin，Heidelberg：Springer，2010：613-630.

[69] LUO Y，LAI X，ZHOU Y. Generic attacks on the Lai-Massey scheme[J]. Designs，Codes and Cryptography，2017，83(2)：407-423.

[70] LI R L，LI C，SU J S，et al. Security evaluation of MISTY structure with SPN round function[J].

Computers & Mathematics with Applications：An International Journal,2013,65(9):1264-1279.

[71] WEBSTER A F, TAVARES S E. On the design of S-boxes[C]//Conference on the theory and application of cryptographic techniques.Berlin，Heidelberg：Springer，1985：523-534.

[72] ADAMS C，TAVARES S. The structured design of cryptographically good S-boxes[J]. Journal of Cryptology，1990，3(1)：27-41.

[73] O'CONNOR L. Enumerating nondegenerate permutations[C]//Workshop on the Theory and Application of Cryptographic Techniques.Berlin，Heidelberg：Springer，1991：368-377.

[74] DETOMBE J，TAVARES S. Constructing large cryptographically strong S-boxes [C]// International Workshop on the Theory and Application of Cryptographic Techniques. Berlin，Heidelberg：Springer，1992：165-181.

[75] MILLAN W. How to improve the nonlinearity of bijective S-boxes[C]//Australasian Conference on Information Security and Privacy.Berlin，Heidelberg：Springer，1998：181-192.

[76] MATSUI M. New block encryption algorithm MISTY[C]//International Workshop on Fast Software Encryption. Berlin，Heidelberg：Springer，1997：54-68.

[77] ANDERSON R，BIHAM E，KNUDSEN L. Serpent：A proposal for the advanced encryption standard[J]. NIST AES Proposal，1998，174：1-23.

[78] SHIBUTANI K，ISOBE T，HIWATARI H，et al. Piccolo：an ultra-light-weight blockcipher [C]//Proceedings of the 13th International Workshop on Cryptographic Handware and Embedded Systems. Berlin：Springer-Verlag，2011：342-357.

[79] LIM C H. CRYPTON：A new 128-bit block cipher[C]//Proceedings of the First Advanced Encryption Standard Candidate Conference，Ventura，California，National Institute of Standards and Technology (NIST)，August 1998.

[80] LIM C H. A revised version of CRYPTON：CRYPTON V1. 0[C]//International Workshop on Fast Software Encryption. Berlin，Heidelberg：Springer，1999：31-45.

[81] STOFFELEN K. Optimizing S-box implementations for several criteria using SAT solvers[C] // International Conference on Fast Software Encryption. Berlin，Heidelberg：Springer，2016：140-160.

[82] LU Z，WANG W，HU K，et al. Pushing the limits：searching for implementations with the smallest area for lightweight S-boxes [C]//International Conference on Cryptology in India. Springer，Cham，2021：159-178.

[83] BERTONI G，DAEMEN J，PEETERS M，et al. Keccak[C]//Annual International Conference on the Theory and Applications of Cryptographic Techniques.Berlin，Heidelberg：Springer，2013：313-314.

[84] SATOH A，MORIOKA S，TAKANO K，et al. A compact Rijndael hardware architecture with S-box optimization[C]//International Conference on the Theory and Application of Cryptology and Information Security.Berlin，Heidelberg：Springer，2001：239-254.

[85] KELLY M，KAMINSKY A，KURDZIEL M，et al. Customizable sponge-based authenticated encryption using 16-bit S-boxes[C]//MILCOM 2015. IEEE，2015：43-48.

[86] 吴文玲，冯登国，张文涛. 分组密码的设计与分析[M]. 北京：清华大学出版社，2009.

[87] AOKI K，ICHIKAWA T，KANDA M，et al. Camellia：a 128-bit block cipher suitable for multiple platforms—design and analysis [C]//International Workshop on Selected Areas in Cryptography.Berlin，Heidelberg：Springer，2000：39-56.

[88] KRANZ T, LEANDER G, STOFFELEN K, et al. Shorter linear straight-line programs for MDS matrices[J]. IACR Transactions on Symmetric Cryptology, 2017: 188-211.

[89] LI S, SUN S, LI C, et al. Constructing low-latency involutory MDS matrices with lightweight circuits [J]. IACR Trans. Symmetric Cryptol, 2019(1): 84-117.

[90] GUO Z, WU W, GAO S. Constructing lightweight optimal diffusion primitives with Feistel structure[C] //International Conference on Selected Areas in Cryptography. Springer, Cham, 2015: 352-372.

[91] LI X, WU W. Constructing binary matrices with good implementation properties for low-latency block ciphers based on Lai-Massey structure[J/OL]. The Computer Journal, 2021. https://doi.org/10.1093/comjnl/bxab151.

[92] SUGITA M, KOBARA K, IMAI H. Security of reduced version of the block cipher Camellia against truncated and impossible differential cryptanalysis[C]//International Conference on the Theory and Application of Cryptology and Information Security. Berlin, Heidelberg: Springer, 2001: 193-207.

[93] HATANO Y, SEKINE H, KANEKO T. Higher order differential attack of Camellia (Ⅱ)[C]// International Workshop on Selected Areas in Cryptography. Berlin, Heidelberg: Springer, 2002: 129-146.

[94] DUO L, LI C, FENG K Q. Square like attack on Camellia[C]// ICICS 2007, LNCS 4861. Berlin: Springer-Verlag, 2007: 269-283.

[95] LI Y J, WU W L, ZHANG L, et al. Improved integral attacks on reduced round Camellia[J]. Cryptology ePrint Archive, 2011.

[96] 李艳俊, 吴文玲, 郑秀林. SP-GFS 结构的积分性质研究[J]. 电子与信息学报, 2014, 36(8): 1798-1803.

[97] 李艳俊, 张伟, 欧海文, 等. Camellia-128 的截断差分攻击改进[J]. 计算机应用研究, 2013, 30(7): 2128-2131.

[98] BOGDANOV A, KNUDSEN L R, LEANDER G, et al. PRESENT: an ultra-lightweight block cipher[C]//International Workshop on Cryptographic Hardware and Embedded Systems. Berlin, Heidelberg: Springer, 2007: 450-466.

[99] 冯登国, 裴定一. 密码学导引[M]. 北京: 科学出版社, 1999.

[100] BLONDEAU C, NYBERG K. Links between truncated differential and multidimensional linear properties of block ciphers and underlying attack complexities [C]//Eurocrypt. 2014, 14: 165-182.

[101] OHKUMA K. Weak keys of reduced-round PRESENT for linear cryptanalysis [C] // International Workshop on Selected Areas in Cryptography. Berlin, Heidelberg: Springer, 2009: 249-265.

[102] BLONDEAU C, PEYRIN T, WANG L. Known-key distinguisher on full PRESENT[C] // Advances in Cryptology—CRYPTO 2015. Berlin: Spring-Verlag, 2015. 455-474.

[103] GILBERT H, MINIER M. A Collision Attack on 7 Rounds of Rijndael[C] //AES Candidate Conference. 2000, 230-241.

[104] ZHANG W T, WU W L, FENG D G. New results on impossible differential cryptanalysis of reduced AES[C]//International Conference on Information Security and Cryptology. Berlin, Heidelberg: Springer, 2007: 239-250.

[105] BIRYUKOV A. Related-key cryptanalysis of the full AES-192 and AES-256[C]//Advances in Cryptology—ASIACRYPT 2009. Lect. Notes Comput. Sci, 2009, 5912.

[106] DEMIRCI H, SELÇUK A A. A meet-in-the-middle attack on 8-round AES[C]//International Workshop on Fast Software Encryption.Berlin, Heidelberg: Springer, 2008: 116-126.

[107] BIRYUKOV A, DE CANNIERE C, LANO J, et al. Security and performance analysis of ARIA [J]. Final Report, KU Leuven ESAT/SCD-COSIC, 2004, 3: 4.

[108] WU W L, ZHANG W T, FENG D G. Impossible differential cryptanalysis of reduced-round ARIA and Camellia[J]. Journal of Computer Science and Technology, 2007, 22(3): 449-456.

[109] FLEISCHMANN E, GORSKI M, LUCKS S. Attacking reduced rounds of the ARIA block cipher[J]. Cryptology ePrint Archive, 2009.

[110] LI Y J, WU W L, ZHANG L. Integral attacks on reduced-round ARIA block cipher[C]// International Conference on Information Security Practice and Experience.Berlin, Heidelberg: Springer, 2010: 19-29.

[111] 吴文玲, 张蕾, 郑雅菲, 等. 分组密码 uBlock[J]. 密码学报, 2019, 6(6): 690-703.

[112] ZHANG L, ZHANG W T, WU W L. Cryptanalysis of reduced-round SMS4 block cipher[C]// Australasian Conference on Information Security and Privacy. Berlin, Heidelberg: Springer, 2008: 216-229.

[113] ETROG J, ROBSHAW M J B. The cryptanalysis of reduced-round SMS4[C]//International Workshop on Selected Areas in Cryptography. Berlin, Heidelberg: Springer, 2008: 51-65.

[114] LIU F, JI W, HU L, et al. Analysis of the SMS4 block cipher[C]//Australasian Conference on Information Security and Privacy.Berlin, Heidelberg: Springer, 2007: 158-170.

[115] 孙翠玲, 卫宏儒. SMS4 算法的不可能差分攻击研究[J]. 计算机科学, 2015, 42(7): 191-193,228.

[116] ZHANG W T, WU W L, FENG D G, et al. Some new observations on the SMS4 block cipher in the Chinese WAPI standard[C]//International Conference on Information Security Practice and Experience.Berlin, Heidelberg: Springer, 2009: 324-335.

[117] WU W L, ZHANG L. LBlock: a lightweight block cipher[C]//International Conference on Applied Cryptography and Network Security.Berlin, Heidelberg: Springer, 2011: 327-344.

[118] SASAKI Y, WANG L. Comprehensive study of integral analysis on 22-round LBlock[C]// International Conference on Information Security and Cryptology.Berlin, Heidelberg: Springer, 2012: 156-169.

[119] WANG Y, WU W L. Improved multidimensional zero-correlation linear cryptanalysis and applications to LBlock and TWINE[C]//Australasian Conference on Information Security and Privacy. Springer, Cham, 2014: 1-16.

[120] XU H, JIA P, HUANG G, et al. Multidimensional zero-correlation linear cryptanalysis on 23-round LBlock-s[C]//International Conference on Information and Communications Security. Springer, Cham, 2015: 97-108.

[121] CHEN J, MIYAJI A. Differential cryptanalysis and Boomerang cryptanalysis of LBlock[C]// International Conference on Availability, Reliability, and Security.Berlin, Heidelberg: Springer, 2013: 1-15.

[122] SHIRAI T, SHIBUTANI K, AKISHITA T, et al. The 128-bit block cipher CLEFIA[C]//

International Workshop on Fast Software Encryption. Berlin, Heidelberg：Springer，2007：181-195.

[123] YUKIYASU T，ETSUKO T，MAKI S，et al. Impossible differential cryptanalysis of CLEFIA [C]// Fast Software Encryption 2008，LNCS 5086. Berlin：Springer-Verlag，2008：398-411.

[124] ZHANG W Y，HAN J. Impossible differential analysis of reduced round CLEFIA. Inscrypt 2008，LNCS 5487，pp. 181-191. Springer，2008.

[125] 唐学海，李超，谢端强. CLEFIA 密码的 Square 攻击[J]. 电子与信息学报，2009. 31(9)：2260-2263.

[126] LI Y J，WU W L，YU X L. Improved integral attacks on reduced-round CLEFIA block cipher [C]// Web Information Systems and Applications-WISA 2011. LNCS 7115. Berlin：Springer-Verlag，2011：28-40.

[127] WAGNER D. The Boomerang attack [C]// International Workshop on Fast Software Encryption. Berlin，Heidelberg：Springer，1999：156-170.

[128] KELSEY J，KOHNO T，SCHNEIER B. Amplified Boomerang attacks against reduced-round MARS and Serpent[C]// Fast Software Encryption—FSE 2000，LNCS 1978. Berlin：Springer-Verlag，2001：75-93.

[129] BIHAM E，DUNKELMAN O，KELLER N，The rectangle attack-rectangling the Serpent[C]// Advances in Cryptology，proceedings of EUROCRYPT 2001，LNCS 2045. Springer，2001：340-357.

[130] DUNKELMAN O，KELLER N，SHAMIR A. A practical-time related-key attack on the KASUMI cryptosystem used in GSM and 3G telephony[C]// CRYPTO-2010. LNCS 6223. Springer，2010：393-410.

[131] MAO M，QIN Z. Sandwich-Boomerang attack on reduced round CLEFIA[J]. High Technology Letters，2014，01(20)：48-53.

[132] BIHAM E，BIRYUKOV A，SHAMIR A. Miss in themiddle attacks on IDEA and Khufu[C] // International Workshop on Fast Software Encryption. Berlin，Heidelberg：Springer，1999：124-138.

[133] DEMIRCI H，SELÇUK A A，TÜRE E. A new meet-in-the-middle attack on the IDEA block cipher[C] //Selected Areas in Cryptography：10th Annual International Workshop，SAC 2003，Ottawa，Canada，August 14-15，2003，Revised Papers. Springer，2004，3006：117.

[134] BIHAM E，DUNKELMAN O，KELLER N. New cryptanalytic results on IDEA[C]//Advances in Cryptology—ASIACRYPT 2006.

[135] BIHAM E，DUNKELMAN O，KELLER N. A new attack on 6-round IDEA[C]//International Workshop on fast Software Encryption. Berlin，Heidelberg：Springer，2007：211-224.

[136] KHOVRATOVICH D，LEURENT G，RECHBERGER C. Narrow-Bicliques：cryptanalysis of full IDEA[C]// Advances in Cryptology—EUROCRYPT 2012. Berlin，Heidelberg：Springer，2012：392-410.

[137] BABBAGE S，FRISCH L. On MISTY1 Higher order differential cryptanalysis[C]//ICISC 2000，LNCS 2015. Berlin：Springer-Verlag，2001：22-36.

[138] TSUNOO Y，SAITO T，SHIGERI M，et al. Higher order differential attacks on reduced-round MISTY1[C]//ICISC 2008. LNCS 5461. Berlin：Springer-Verlag，2009：415-431.

[139] DUNKELMAN O，KELLER N. An improved impossible differential attack on MISTYI[C]//

Advances in Cryptology—ASIACRYPT'O8. LNCS 5350. Berlin：Springer-Verlag，2008：441-454.

[140] JIA K，LI L. Improved impossible differential attacks on reduced-round MISTY1［C］// International Workshop on Information Security Applications. Berlin，Heidelberg：Springer，2012：15-27.

[141] DE CANNIERE C，DUNKELMAN O，KNEŽEVIĆ M. KATAN and KTANTAN—a family of small and efficient hardware-oriented block ciphers［C］//International Workshop on Cryptographic Hardware and Embedded Systems. Berlin，Heidelberg：Springer，2009：272-288.

[142] KNELLWOLF S，MEIER W，NAYA-PLASENCIA M. Conditional differential cryptanalysis of NLFSR-based cryptosystems［C］// Advances in Cryptology—ASIACRYPT 2010. Berlin，Heidelberg：Springer，2010：130-145.

[143] ISOBE T，SASAKI Y，CHEN J. Related-key Boomerang attacks on KATAN32/48/64［C］// Information Security and Privacy：18th Australasian Conference，ACISP 2013，Brisbane，Australia，July 1-3，2013. Proceedings 18. Berlin，Heidelberg：Springer，2013：268-285.

[144] ISOBE T，SHIBUTANI K. All subkeys recovery attack on block ciphers：extending meet-in-the-middle approach［C］//Selected Areas in Cryptography—SAC 2013. Berlin，Heidelberg：Springer，2013：202-221.

[145] HONG D，LEE J K，KIM D C，et al. LEA：a 128-bit block cipher for fast encryption on common processors［C］//International Workshop on Information Security Applications. Springer，Cham，2013：3-27.

[146] LIPMAA H，MORIAI S. Efficient algorithms for computing differential properties of addition ［M］//Fast Software Encryption. Berlin，Heidelberg：Springer. 2002，336-350.

[147] BAGHERZADEH E，AHMADIAN Z. MILP-based automatic differential search for LEA and HIGHT block ciphers［J］. IET Information Security，2020，14(5)：595-603.

[148] NIST. Federal Information Processing Standards Publication 81(FIPS PUB 81)：DES Modes of Operation［S］. 1980.

[149] NIST. NIST Special Publication 800-38A，Recommendation for Block Cipher Modes of Operation：Methods and Techniques［S］. 2001.

[150] FERGUSON N. NIST public comments for symmetric key block ciphers：collision attacks on OCB［EB/OL］. (2015-01-06). https：//www.cs.ucdavis.edu/～rogaway/ocb/.

[151] BELLARE M，BOLDYREVA A，KNUDSEN L R，et al. Online ciphers and the hash-CBC construction［C］//Advances in Cryptology—CRYPTO 2001. Berlin，Heidelberg：Springer，2001：292-309.

[152] HALEVI S，ROGAWAY P A Tweakable enciphering mode［R］. CRYPTO 2003：482-499，2003.

[153] BARD G V. Modes of encryption secure against blockwise-adaptive chosen-plaintext attack［J］. IACR cryptology eprint archive，2006.

[154] PHAN C W，GOI B M. On the security bounds of CMC，EME，EME＋ and EME＊ modes of operation［C］// International Conference on Information and Communications Security. Berlin，Heidelberg：Springer，2005.

[155] DWORKIN M J. Recommendation forblock cipher modes of operation：the CMAC mode for authentication［J］. 2005.

[156] BELLARE M，CANETTI R，KRAWCZYK H. Keying hash functions for message authentication

[C]//International Cryptology Conference on Advances in Cryptology. Berlin：Springer-Verlag，1996.

[157] BLACK J，HALEVI S，KRAWCZYK H，et al. UMAC：Fast and secure message authentication [J]. Advances in Cryptology Crypto，1999. DOI：10.1007/3-540-48405-1_14.

[158] BERNSTEIN D J. The poly1305-AES message-authentication code[J]. Berlin，Heidelberg：Springer，2005. DOI：10.1007/11502760_3.

[159] ISO. Banking-approved algorithm for message authentication Part2：Message authentication algorithm：ISO 8731/2：1992[S].

[160] GLIGOR V D，DONESCU P. Fast encryption and authentication：XCBC encryption and XECB authentication modes［C］//International Workshop on Fast Software Encryption. Berlin，Heidelberg：Springer，2001：92-108.

[161] KUROSAWA K，IWATA T. TMAC：two-key CBC MAC[C]//Cryptographers' Track at the RSA Conference. Berlin，Heidelberg：Springer，2003：33-49.

[162] IWATA T，KUROSAWA K. OMAC：one-key CBC MAC[C]//International Workshop on Fast Software Encryption. Berlin，Heidelberg：Springer，2003：129-153.

[163] IWATA T，KUROSAWA K. On the security of a new variant of OMAC[C]// Information Security and Cryptology-ICISC 2003. Department of Computer and Information Sciences，Ibaraki University 4-12-1 Nakanarusawa，Hitachi，Ibaraki 316-8511，Japan，2004.

[164] MITCHELL C J. Partial key recovery attacks on XCBC，TMAC and OMAC［C］//IMA International Conference on Cryptography and Coding. Berlin，Heidelberg：Springer，2003：155-167.

[165] IWATA K T. On Thesecurity of two new OMAC variants[J]. Japanese Journal of Ichthyology，2003，32(1)：128.

[166] OKEYA K，IWATA T. Side channel attacks on message authentication codes[C]//European Workshop on Security in Ad-hoc and Sensor Networks. Berlin，Heidelberg：Springer，2005：205-217.

[167] 张立廷，吴文玲，张蕾，等. CBCR：采用循环移位的 CBC MAC[J]. 中国科学：信息科学，2011，41(6)：694-703.

[168] NANDI M. Fast and secure CBC-type MAC algorithms[C]// International Workshop on Fast Software Encryption：FSE 2009. NIST，2009. DOI：10.1007/978-3-642-03317-9_23.

[169] ZHANG L，WU W L，WANG P，et al. TrCBC：Another look at CBC-MAC[J]. Information Processing Letters，2012，112(7)：302-307.

[170] GAŽI P，PIETRZAK K，TESSARO S. The exact PRF security of truncation：tight bounds for keyed sponges and truncated CBC［C］//Annual Cryptology Conference. Berlin，Heidelberg：Springer，2015：368-387.

[171] KRAWCZYK H. The order of encryption and authentication for protecting communications（or：How secure is SSL ?）［C］//Advances in Cryptology—CRYPTO 2001. Berlin，Heidelberg：Springer，2001：310-331. DOI：10.1007/3-540-44647-8 19.

[172] BELLARE M，ROGAWAY P. Encode-then-Encipher encryption：how to exploit nonces or redundancy in plaintexts for efficient cryptography［C］. In：Advances in Cryptology—ASIACRYPT 2000. Berlin，Heidelberg：Springer，2000：317-330. DOI：10.1007/3-540-44448-3 24.

[173] ROGAWAY P. Authenticated-encryption with associated-data［C］// Proceedings of the 9th

ACM Conference on Computer and Communications Security. ACM，2002：98-107. DOI：10.
1145/586110.586125.

[174]　MCGREW D A，VIEGA J. The Galois/Counter mode of operation（GCM）[J]. Submission to
NIST Modes of Operation Process，2004，20.

[175]　BELLARE M，ROGAWAY P，WAGNER D. The EAX mode of operation[C]//Fast Software
Encryption—FSE2004. Berlin，Heidelberg：Springer，2004：389-407. DOI：10.1007/978-3-540-
25937-4 25.

[176]　ROGAWAY P. Efficient instantiations of tweakable block ciphers and refinements to modes OCB
and PMAC[C].//Advances in Cryptology—ASIACRYPT 2004.Berlin，Heidelberg：Springer，
2004：16-31. DOI：10.1007/978-3-540-30539-22.

[177]　KROVETZ T，ROGAWAY P. The software performance of authenticated-encryption modes
[C]//Fast Software Encryption—FSE 2011.Berlin，Heidelberg：Springer，2011：306-327. DOI：
10.1007/978-3-642-21702-9 18.

[178]　KROVETZ T，ROGAWAY P. The OCB authenticated-encryption algorithm[R]. 2014.

[179]　BELLARE M，NAMPREMPRE C. Authenticated encryption：Relations among notions and
analysis of the generic composition paradigm[C]//International Conference on the Theory and
Application of Cryptology and Information Security. Berlin，Heidelberg：Springer，2000：
531-545.

[180]　SUN Z，WANG P，ZHANG L. Collision attacks on variant of OCB mode and its series[C]//
International Conference on Information Security and Cryptology.Berlin，Heidelberg：Springer，
2012：216-224.

[181]　INOUE A，IWATA T，MINEMATSU K，et al. Cryptanalysis of OCB2：attacks on authenticity
and confidentiality[J]. Journal of Cryptology，2020，33（4）：1871-1913.

[182]　JONSSON J. On the security of CTR＋ CBC-MAC[C]//International Workshop on Selected
Areas in Cryptography. Berlin，Heidelberg：Springer，2002：76-93.

[183]　MCGREW D A，VIEGA J. The security and performance of the Galois/Counter mode（GCM）of
operation[C]//Progress in Cryptology—INDOCRYPT 2004. Berlin，Heidelberg：Springer，
2004：343-355. DOI：10.1007/978-3-540-30556-9 27.

[184]　IWATA T，OHASHI K，MINEMATSU K. Breaking and repairing GCM security proofs[C]//
Advances in Cryptology—CRYPTO 2012. Berlin，Heidelberg：Springer，2012；31-49.

[185]　SAARINEN M J O. Cycling attacks on GCM，GHASH and other polynomial MACs and hashes
[C]//Fast Software Encryption.Berlin，Heidelberg：Springer，2012：216-225.

[186]　PROCTER G，CID C. On Weak keys and forgery attacks against polynomial-based MAC
schemes[C]//Fast Software Encryption. Berlin，Heidelberg：Springer，2013：287-304.

[187]　FERGUSON N. Authentication weaknesses in GCM[J/OL]. Comments submitted to NIST
Modes of operation Process，2005. https://csrc. nist. gov/csrc/media/projects/block-cipher-
techniques/documents/ bcm/comments/cwc-gcm/ferguson2.pdf.

[188]　JOUX A. Authentication failures in NIST version of GCM[J]. NIST Comment，2006：3.

[189]　HANDSCHUH H，PRENEEL B. Key-recovery attacks on universal hash function based MAC
algorithms[C]//CRYPTO 2008. LNCS 5157. Berlin，Heidelberg：Springer 2008：144-161.

[190]　GUO J，PEYRIN T，POSHMANN A. The photon family of lightweight Hash functions[C]//
Advances in Cryptology Conference. 2011；222-239.

[191]　TIAN W，HU B .Integral cryptanalysis on two block ciphers Pyjamask and uBlock[J].IET

Information Security，2020(2). DOI：10.1049/iet-ifs.2019.0624.

[192]　MAO Y，WU W，WANG B，et al. Improved division property for ciphers with complex linear layers[C]//Information Security and Privacy，ACISP 2022. Lecture Notes in Computer Science，vol 13494. Cham：Springer，2022：106-124.

图 书 资 源 支 持

感谢您一直以来对清华版图书的支持和爱护。为了配合本书的使用，本书提供配套的资源，有需求的读者请扫描下方的"书圈"微信公众号二维码，在图书专区下载，也可以拨打电话或发送电子邮件咨询。

如果您在使用本书的过程中遇到了什么问题，或者有相关图书出版计划，也请您发邮件告诉我们，以便我们更好地为您服务。

我们的联系方式：

清华大学出版社计算机与信息分社网站：https://www.SHUIMUSHUHUI.com/

地　　址：北京市海淀区双清路学研大厦 A 座 714

邮　　编：100084

电　　话：010-83470236　010-83470237

客服邮箱：2301891038@qq.com

QQ：2301891038（请写明您的单位和姓名）

资源下载：关注公众号"书圈"下载配套资源。

资源下载、样书申请

书圈

图书案例

清华计算机学堂

观看课程直播